轻松看懂
建筑电气施工图

主　编　张树臣
副主编　龚　威　苏　刚
参　编　潘　雷　王首彬　孙红跃　彭桂力

U0247426

中国电力出版社
CHINA ELECTRIC POWER PRESS

内　容　提　要

全书共分 7 章，分别介绍了建筑电气工程图识图基本知识、轻松看懂建筑变配电工程图、轻松看懂动力及照明施工图、轻松看懂防雷接地工程图、轻松看懂建筑设备电气控制工程图、轻松看懂建筑弱电系统图以及建筑电气施工图设计实例。

本书对设计原理和识图方法讨论深入，分析具体，针对性强，内容精练，并采用了大量的、具有代表性的工程实例，图文并茂，浅显易懂，便于读者理解、掌握和应用。

本书可用于大中专院校相关专业的教科书及师生的参考书籍，还可作为建筑电气工程类技术人员的培训教材，还适合于从事建筑电气设计、工程施工、管理维修人员阅读。

图书在版编目（CIP）数据

轻松看懂建筑电气施工图/张树臣主编. —北京：中国电力出版社，2014.7（2019.8 重印）

ISBN 978 - 7 - 5123 - 5725 - 9

Ⅰ.①轻…　Ⅱ.①张…　Ⅲ.①房屋建筑设备-电气设备-建筑安装-工程施工-建筑制图-识别　Ⅳ.①TU85

中国版本图书馆 CIP 数据核字（2014）第 060206 号

中国电力出版社出版、发行

（北京市东城区北京站西街 19 号　100005　http：//www. cepp. sgcc. com. cn）

三河市航远印刷有限公司印刷

各地新华书店经售

*

2014 年 7 月第一版　2019 年 8 月北京第五次印刷

787 毫米×1092 毫米　16 开本　18.25 印张　445 千字　2 插页

印数 7001—8000 册　定价 **45.00 元**

前　言

　　随着建筑电气技术的飞速发展，伴随城市化建设步伐的加快，建筑业已成为当今最具活力的行业之一。由于新技术、新系统的不断引入更新，建筑智能化已成为承载着多种相关现代化科学技术的载体。同时，建筑电气智能化的管理，建筑电气安装工程也发生了很大变化。如建筑物内装备了先进的楼宇自控系统，对建筑物内配电线路的布置、电气安全、用电设备等提出了新的要求，使得建筑电气施工图在数量和内容上较前都有着很多的不同。

　　建筑电气施工图是指导施工的重要依据，识读建筑电气施工图是相关工程技术人员、施工人员必备的基本技能。本书以建筑电气工程图识读的基本知识和方法为主线，强调了在理解电气系统图原理的基础上，如何掌握快速识图的方法和技巧。书中深入浅出地介绍了各种电气工程的基本知识、系统的组成原理以及识图的方法步骤，重点剖析了多个典型工程系统的实例，引导读者逐步熟悉识图的过程和技巧。

　　本书与其同类书有所不同，它既通俗易懂、图文并茂，又不失其先进性，满足了读者对新技术的渴求。书中的内容反映了现代建筑电气技术的现状和发展，书中的很多实例是作者们近年主持或参与的设计方案，具有较强的时代感和实用性。为将前述知识能够尽快地应用于工程实践之中，在第 7 章给读者展现了 4 个完整的建筑电气工程实例，并作了详细分析，使读者能够将建筑电气工程图识读的基本知识和方法融会贯通、灵活应用。

　　本书内容取材新颖，实用性强，较紧密地结合工程实践，是建筑电气工程技术人员具有实用价值的读物之一。它不仅可以作为大、中专学生的教科书及参考书，还可适用于建筑电气工程技术人员阅读和自学。

　　本书由天津城建大学张树臣担任主编，龚威、苏刚担任副主编，参加本书编写工作的还有潘雷、王首彬、彭桂力、孙红跃。在编写的过程中，得到了其他教师和专业工程技术人员的帮助，在此一并表示感谢。

　　本书参考了国内外许多同行的论著及应用成果，在此谨致谢意。

　　由于编者水平有限，时间仓促，书中难免有不妥和错误之处，恳请广大读者批评指正。

目　录

第 1 章

建筑电气工程图识图基本知识

1.1 建筑电气工程图概述

1.1.1 建筑电气工程图的组成和内容

电气工程的门类很多，细分起来有几十种，其中，我们常把电气装置安装工程中的变配电装置、35kV 及以下架空线路和电缆线路、照明、动力、桥式起重机电气线路、电梯、通信、广播系统、电缆电视、火灾自动报警及自动化消防系统、防盗保安系统、空调及冷库电气装置建筑物内微机监测控制系统及自动化仪表等，与建筑物关联的新建、扩建和改造的电气工程统称为建筑电气工程。

电气工程图是阐述电气工程的结构和功能，描述电气装置的工作原理，提供安装接线和维护使用信息的施工图。由于每一项电气工程的规模不同，所以反映该项工程的电气图种类和数量也不尽相同，通常一项工程的电气工程图由以下几部分组成。

1. 首页

首页内容包括电气工程图的图纸目录、图例、设备明细表、设计说明等。图纸目录一般先列出新绘制的图纸，后列出本工程选用的标准图，最后列出重复使用的图，内容有序号、图纸名称、编号、张数等；图例一般是列出本套图纸涉及的一些特殊图例；设备明细表只列出该项电气工程一些主要电气设备的名称、型号、规格和数量等；设计说明主要阐述该电气工程设计的依据、基本指导思想与原则，补充那些在图样中不易表达的或可以用文字统一说明的问题，如工程上的土建概况，工程的设计范围，工程的类别、防火、防雷、防爆及符合级别，电源概况，导线、照明电器、开关及插座选型，电气保安措施，自编图形符号，施工安装要求和注意事项等。

2. 电气系统图

电气系统图又称配电系统图，主要表示整个工程或其中某一项的供电方式和电能输送之间的关系，有时也用来表示某一装置各主要组成部分间的电气关系。

系统图用单线绘制，图中虚线所框的范围为一个配电盘或配电箱。各配电盘、配电箱应标明其标号及所用的开关、熔断器等电气设备的型号、规格。配电干线及支线应用规定的文字符号表明导线的型号、截面积、根数、敷设方式（如果是穿管敷设还要表明管材和管径）。对各支路部分标出其回路编号、用电设备名称、设备容量及计算电流。

电气系统图有变配电系统图、动力系统图、照明系统图、弱电系统图等。电气系统图只表示电气回路中各元器件的连接关系，不表示元器件的具体情况、具体安装位置和具体接线方法。大型工程的每个配电盘、配电箱应单独绘制其系统图。一般工程设计，可将几个系图绘制到一张图纸上，以便查阅。对小型工程或较简单的设计，可将系统图和平面图绘制在同一张图纸上。

3. 电气平面图

电气平面图是表示各种电气设备与线路平面位置的，是进行建筑电气设备安装的重要依据。电气平面图包括外电总电气平面图和各专业电气平面图。外电总电气平面图是以建筑总平面图为基础，绘制出变配电所、架空线路、地下电力电缆等的具体位置并注明有关施工方法的图纸。在有些外电总电气平面图中还注明了建筑物的面积、电气负荷分类、电气设备容量等。专业电气平面图有动力电气平面图、照明电气平面图、变配电所电气平面图、防雷与接地平面图、弱电平面图等。专业电气平面图是在建筑平面图的基础上绘制的，由于电气平面图缩小的比例较大，因此不能表示电气设备的具体位置，只能反映电气设备之间的相对位置关系。

4. 设备布置图

设备布置图表示各种电气设备平面与空间的位置、安装方式及其相互关系。一般由平面图、立面图、断面图、剖面图及各种构建详图等组成，设备布置图一般都是按照三面视图的原理绘制的，与机械工程图没有原则性区别。

5. 电路图

电路图又称电气原理图或原理接线图，是用图形符号并按工作顺序排列，详细表示电路、设备或成套装置的全部基本组成和连接关系，而不考虑其实际位置的一种简图。主要用于设备的安装接线和调试，电路图多数采用功能布局法绘制，能够看清整个系统的动作顺序，便于电气设备安装施工过程中的校验和调试。

6. 安装接线图

安装接线图又称大样图，表示某一设备内部各种电气元件之间位置关系和接线关系，用来电气安装、接线、设备检修，它是与电路图相对应的一种图。

7. 主要设备材料表及预算

电气材料表是把某一电气工程所需的主要设备、元件、材料和有关数据列成表格，表示其名称、符号、型号、规格、数量、备注等内容。应与图联系起来阅读，根据建筑电气施工图编制的主要设备材料表和预算，作为施工图设计文件提供给建设单位。

1.1.2 建筑电气工程图的阅读方法

动力配电系统图和平面图是电气工程图的主要图纸，是编制工程造价和施工方案，进行安装施工和运行维修的重要依据之一。由于动力配电平面图涉及的知识面较广，在阅读动力配电系统图和平面图时，除要了解系统图和平面图的特点与绘制基本知识外，还要掌握一定的电工基本知识和施工基本知识。一套建筑电气工程图包含很多内容，图纸也有很多张，一般应按照以下顺序依次阅读和必要的相互对照参阅。具体的读图方法如下。

1. 阅读标题栏和图纸目录

了解工程名称、项目内容、设计日期等。

2. 阅读设计说明

了解工程总体概况及设计依据，了解图纸中未能表达清楚的有关事项。如供电电源的来源，电压等级，线路敷设方式，设备安装方式，补充使用的非国标图形符号，施工时应注意的事项等。有些分项局部问题是在各分项工程的图纸上说明的,看分项工程图纸时,也要先看设计说明。

3. 阅读电气系统图

各分项图纸中都包含系统图,如变配电工程供电系统图,电力工程的电力系统图,电气照明工程的照明系统图以及各种弱电工程的系统图等。看系统图的目的是了解系统的基本组成、主要电气设备、元件等连接关系及它们的规格、型号、参数等,掌握该系统的基本情况。

4. 阅读电路图和接线图

了解系统中用电设备的电气自动控制原理,用来指导设备的安装和控制系统的调试。因为电路多是采用功能布局法绘制的,看图时应该根据功能关系从上到下或从左至右逐个回路的阅读,在进行控制系统的配线和调试工作中,还可以配合阅读接线图进行。

5. 阅读平面布置图

平面布置图是建筑电气工程图纸中的重要图纸之一,是用来表示设备安装位置、线路敷设部位、敷设方法及所用电缆导线型号、规格、数量、管径大小的,是安装施工、编制工程预算的主要依据图纸,必须熟读。

6. 阅读安装接线图

安装接线图是按照机械制图方法绘制的用来详细表示设备安装方法的图纸,也是用来指导施工和编制工程材料计划的重要图纸。

7. 阅读设备材料表

设备材料表是提供该工程所使用的设备、材料的型号、规格和数量,编制购置主要设备、材料计划的重要依据之一。

总之,阅读图纸的顺序没有统一的规定,可根据需要,灵活掌握,并有所侧重。在阅读方法上,可采取先粗读,后细读,再精读的步骤。

粗读就是先将施工图从头到尾大概浏览一遍,主要了解工程的概况,做到心中有数。细读就是按照读图程序和要点仔细阅读每一张施工图,有时一张图纸需要阅读多遍。为了更好地利用图纸指导施工,使之安装质量符合要求,阅读图纸时,还应配合阅读有关施工及检验规范、质量检验评定标准以及全国通用电气装置标准图集,以详细了解安装技术要求及具体安装方法等。

精读就是将施工图中的关键部位及设备、贵重设备及元件、电力变压器、大型电动机及机房设施、复杂控制装置的施工图仔细阅读,系统掌握中心作业内容和施工图要求。

1.2 建筑电气工程图的一般规定

1.2.1 建筑工程图的格式与幅面尺寸

1. 图纸格式

一张图纸的完整图面是由边框线、图框线、标题栏、会签栏等组成的,其格式如图1-1所示。

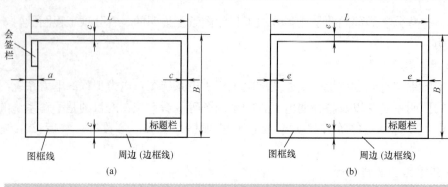

图 1-1　图纸格式示例

（a）留装订边；（b）不留装订边

2. 图纸幅面尺寸

有边框线所围成的图面，成为图纸的幅面。幅面尺寸共分为 5 类：A0、A1、A2、A3 和 A4，其尺寸见表 1-1。其中 A0、A1 和 A2 号图纸一般不可加长，A3 和 A4 号图纸可根据需要加长，加长后图纸幅面尺寸见表 1-2。

表 1-1　　　　　图纸的基本幅面尺寸　　　　　mm

幅面代号	A0	A1	A2	A3	A4
宽×长	841×1189	594×841	841×1189	297×420	210×297
留装订边边宽（c）	10	10	10	5	6
不留装订边边宽（e）	20	20	10	10	10
装订侧边宽（a）	25				

表 1-2　　加长幅面尺寸　　mm

代号	尺寸
A3×3	420×891
A3×4	420×1189
A4×3	297×630
A4×4	297×841
A4×5	297×1051

1.2.2　电气工程图的标题栏和图幅分区

1. 标题栏

标题栏又称图标，它是用以确定图纸的名称、图号、张次、更改和有关人员签署的内容的栏目，位于图纸的右下方。标题栏的格式，目前我国还没有统一规定，各设计单位标题栏格式可能不一样，常用的标题栏格式，如图 1-2 所示。

图 1-2　标题栏一般格式

2. 图幅分区

一些幅面较大、内容复杂的电气图，需要进行分区，以便于在读图或更改图的过程中，能迅速找到相应的部分。

图幅分区的方法一般是将图纸相互垂直的两边各自加以等分。分区的数目视图的复杂程度而定，但要求每边必须为偶数，每一分区的长度在 25~75mm。竖边方向分区代号用大写拉丁字母从上到下编号，横边方向分区代号用阿拉伯数字从左到右编号，如图 1-3 所示。这样，图纸上内容在图上位置可被唯一确定。

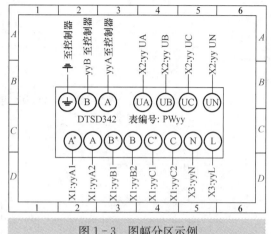

图 1-3 图幅分区示例

1.2.3 电气施工图的绘图要求

1. 绘图比例

大部分电气图都是采用图形符号绘制的，是不按比例的。但位置图即施工平面图、电气构建详图一般是按比例绘制的，且多用缩小比例会制。通用的缩小比例系数为 1：10、1：20、1：50、1：100、1：200、1：500。最常用比例为 1：100，即图纸上图线长度为 1，其实际长度为 100。

对于选用的比例应在标题栏比例一栏中注明。标注尺寸时，不论选用放大比例还是缩小比例，都必须是物体的实际尺寸。

2. 图线

绘制电气图所用各种线条成为图线，图线的线型、线宽及用途见表 1-3。

表 1-3　　　　　　　　　　　图线及其应用

图线名称	图线形式	代号	图线宽度（mm）	电气图应用
粗实线	——————	A	$b=0.5\sim2$	母线，总线，主电路图
细实线	————	B	约 $b/3$	可见导线，各种电气连接线，信号线
虚线	- - - - - -	F	约 $b/3$	不可见导线，辅助线
细点划线	—·—·—·—	G	约 $b/3$	功能和结构图框线
双点划线	—··—··—	K	约 $b/3$	辅助图框线

3. 指引线

指引线用于指示注释的对象，其末端指向被注释处，并在其末端加注不同标记，如图 1-4 所示。

4. 中断线

在电气工程图中，为了简化制图，广泛使用中断线的表示方法，常用的表示方法如图 1-5 和图 1-6 所示。

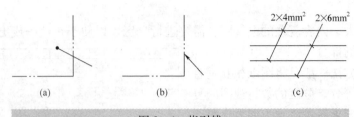

图1-4 指引线

（a）末端在轮廓线内；（b）末端在轮廓线上；（c）末端在电路线上

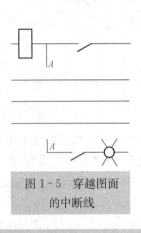

图1-5 穿越图面
的中断线

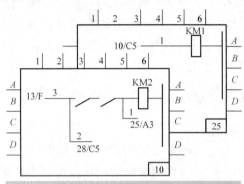

图1-6 引向另一图纸的导线
的中断线

1.2.4 建筑图的特征标志

（1）方向、风向频率标记如图1-7所示。

（2）安装标高如图1-8所示。

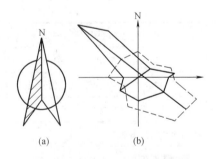

图1-7 方向、风向频率标记

（a）方向标记；（b）风向频率标记

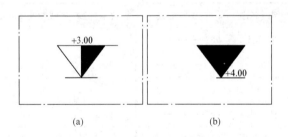

图1-8 安装标高表示方法

（a）室内标高；（b）室外标高

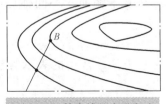

图1-9 等高线的表示方法

（3）等高线如图1-9所示。

（4）定位轴线：凡承重墙、柱、梁等承重构件的位置所画的轴线，称为定位轴线，如图1-10所示。电力、照明和弱电布置等电气工程图通常是在建筑平面、断面图基础上完成的，在这类图纸上一般标建筑物定位轴线。

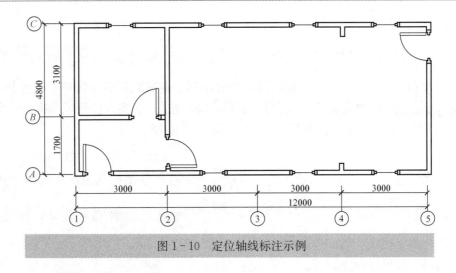

图 1-10 定位轴线标注示例

1.3 建筑电气工程施工图中常见图形符号、文字符号、标注

1.3.1 建筑电气工程图的图形符号

建筑电气图形符号的种类很多，一般都画在电气系统图、平面图、原理图和接线图上，用以标明电气设备、装置、元器件和电气线路在电气系统中的位置、功能和作用。常见的建筑电气图形符号和常用平面图用图形符号详见附录 A 和附录 B。

1.3.2 建筑电气工程图的文字符号

建筑电气工程图的文字符号分为基本文字符号和辅助文字符号两种。一般标注在电气设备、装置、元器件图形符号上或其近旁，以表明电气设备、装置和元器件的名称、功能、状态和特征。

1. 基本文字符号

基本文字符号分为单字母符号和双字母符号。单字母符号用大写的拉丁字母将各种电气设备、装置和元器件划分为 23 大类，每大类用一个专用字母符号表示，如 M 表示电动机，C 表示电容器类等。

双字母符号是由一个表示种类的单字母符号与另一个表示功能的字母结合而成，其组合形式以单字母符号在前，而另一字母在后的次序标出。如 KA 表示交流继电器，KM 表示接触器等。

2. 辅助文字符号

辅助文字符号用以表示电气设备、装置和元器件以及线路的功能、状态和特征，如 ON 表示开关闭合，RD 表示红色信号灯等。辅助文字符号也可放在表示种类的单字母符号后边，组合成双字母符号。

3. 补充文字符号

如果基本文字符号和辅助文字符号不够使用，还可进行补充。当区别电路图中相同设备或电器元件时，可使用数字序号进行编号，如"1T"（或 T1）表示 1 号变压器，"2T"（或

T2）表示 2 号变压器等。

1.3.3　电气设备及线路的标注方法

电气工程图中常用一些文字（包括汉语拼音字母、英文）和数字按照一定的格式书写，来表示电气设备及线路的规格型号、标号、容量、安装方式、标高及位置等。这些标注方法在实际工程中的用途很大，电气设备及线路的标注方法必须熟练掌握。

1. 用电设备的标注

用电设备的标注一般为 $\dfrac{a}{b}$ 或 $\dfrac{a}{b}+\dfrac{c}{d}$，如 $\dfrac{20}{7.5}$ 表示这台电动机在系统中的编号为第 20，电动机的额定功率为 7.5kW；$\dfrac{20}{7.5}+\dfrac{100}{0.6}$ 表示这台电动机的编号为第 20，额定功率为 7.5kW，低压断路器脱扣器的电流为 100A，安装标高为 0.6m。

2. 电力和照明设备的标注

（1）一般标注方法为 $a\dfrac{b}{c}$ 或 $a-b-c$，如 $2\dfrac{Y200L-4}{15}$ 或 $2-(Y200L-4)-15$。表示这台电动机在该系统中的编号为第 2，型号为 Y 系列笼型异步电动机，机座中心高度为 200mm，机座为长机座，4 极，额定功率为 15kW。

（2）需要标注引入线规格时的标注方法为 $a\dfrac{b-c}{d(e\times f)-g}$，如 $2\dfrac{(Y200L-4)-15}{BV(4\times16)SC25-FC}$。表示这台电动机在系统中的编号为第 2，型号为 Y 系列笼型异步电动机，机座中心高度为 200mm，机座为长机座，4 极，额定功率为 15kW，四根 16mm^2 的橡胶绝缘铜芯导线穿直径为 25mm 的焊接钢管，沿地板埋地敷设引入电源负荷线。

有关电气工程图中表达线路敷设方式标注的文字代号及电气工程图中表达线路部位标注文字代号见表 1-4、表 1-5。

表 1-4　电气工程图中表达线路敷设方式标注的文字代号

表达内容	标注代号	
	新代号	旧代号
用塑料线槽敷设	PR	XC
用硬质塑料管敷设	PC	VG
用半硬塑料管槽敷设	PEC	ZVG
用可挠型塑制管敷设	—	—
用薄电线管敷设	TC	DG
用厚电线管敷设	—	—
用焊接钢管敷设	SC	G
用金属线槽敷设	SR	GC
用电缆桥架敷设	CT	—
用瓷夹敷设	PL	CJ
用塑制夹敷设	PCL	VT
用蛇皮管敷设	CP	—
用瓷瓶式或瓷柱式绝缘子敷设	K	CP

表 1-5　电气工程图中表达线路敷设部位标注的文字代号

表达内容	标注代号	
	新代号	旧代号
沿钢索敷设	SR	S
沿屋架或层架下弦敷设	BE	LM
沿柱敷设	CLE	ZM
沿墙敷设	WE	QM
沿天棚敷设	CE	PM
吊顶内敷设	ACE	PNM
暗敷在梁内	BC	LA
暗敷在柱内	CLC	ZA
暗敷在屋面内或顶板内	CC	PA
暗敷在地面内或地板内	FC	DA
暗敷在不能进入的吊顶内	ACC	PND
暗敷在墙内	WC	QA

3. 配电线路的标注

配电线路的标注一般为

$$a-b-(c\times d+n\times h)e-f \qquad (1-1)$$

式中　a——这条线路在系统中的编号（如支路号）；

　　　b——导线的型号；

　　　c——导线的根数；

　　　d——导线的标称截面积；

　　　e——线路的敷设方式和穿管直径；

　　　f——线路的敷设部位。

例如 $12-BV(3\times10+1\times6)SC20-FC$，表示这条线路在系统中的编号为第 12，聚氯乙烯绝缘铜芯导线 $10mm^2$ 的三根和 $6mm^2$ 的一根穿直径为 20mm 的焊接钢管沿地板埋地敷设。

在工程中若采用三相四线制供电一般采用上述的标注方式；如果为三相三线制供电，则式（1-1）中的 n 和 h 则为 0；如为三相五线制供电，若采用专用保护中性线，则 n 为 2；若用铜管作为接零保护的公共用线，则 n 为 1。

上述三例的回路编号在实际工程中有时不单独采用数字，有时在数字的前面或后面常标有字母，如 WL15 或 15WL 等。这个字母是设计者为了区分复杂且多个回路时设置的，在制图标准中没有定义，读图时应按照设计者的标注来理解。

4. 照明灯具的标注

（1）照明灯具的一般标注方法为

$$a-b\frac{c\times d\times l}{e}f \qquad (1-2)$$

式中　a——灯具数量；

　　　b——灯具型号；

　　　c——灯具内灯泡的数量；

　　　d——单只灯泡的功率，W；

　　　e——灯具安装的高度，m；

　　　f——暗装方式；

　　　l——光源种类。

如 $8-YZ40RR\frac{2\times40}{2.5}Ch$，表示这个房间或某一区域安装 8 盏型号为 YZ40RR 的荧光灯，直管型、日光色，每盏灯 2 根 40W 灯管，用链吊安装，安装高度 2.5m（指灯具底部与地面距离）。光源种类 l，因灯具型号已标出光源种类，设计时可不标出。

（2）灯具吸顶安装的标注方法为

$$a-b\frac{c\times d\times l}{-}$$

式中，符号与一般标注方法中的符号意义相同。吸顶安装时，安装方式和安装高度就不再标注了，如某房间或某一区域灯具标注为 $4-JXD6\frac{2\times60}{-}$ 表示该房间安装 4 只型号为 JXD6 的灯具，每只灯具有 2 只 60W 的白炽灯泡，吸顶安装。

光源种类 l 主要指：白炽灯（IN）、荧光灯（FL）、荧光高压汞灯（Hg）、高压钠灯（Na）、碘钨灯（I）、红外线灯（IR）、紫外线灯（UV）等。

有关标注方法中照明灯具安装方式标注的代号及意义见表 1-6。

表 1-6　　　　　　　　　　照明灯具安装方式标注的代号及意义

表达内容	标注代号		表达内容	标注代号	
	新代号	旧代号		新代号	旧代号
线吊式	CP	—	嵌入式（嵌入不可进入的顶棚）	R	R
自在器线吊式	CP	X	顶棚内安装（嵌入可进入的顶棚）	CR	DR
固定线吊式	CPI	XI	墙壁内安装	WR	BR
防水线吊式	CP2	X2	台上安装	T	T
吊线器式	CP3	X3	支架上安装	SP	J
链吊式	Ch	L	壁装式	W	B
管吊式	P	G	柱上安装	CL	Z
吸顶式或直附式	S	D	座装	HM	ZH

5. 开关及熔断器的标注

(1) 开关及熔断器的一般标注方法为

$$a\,\frac{b}{c/i}\quad 或\quad a-b-c/i \tag{1-3}$$

式中　a——设备编号；

　　　b——设备型号；

　　　c——额定电流，A；

　　　i——整定电流，A。

如 $5\,\dfrac{DZ20Y-200}{200/200}$ 或 $5-(DZ20Y-200)200/200$，表示设备编号为 5，开关型号为 DZ20Y-200，即额定电流为 200A 的低压空气断路器，断路器的整定值为 200A。

(2) 需要标注引入线的规格时标注方法为

$$a\,\frac{b-c/i}{d(e\times f)-g} \tag{1-4}$$

式中　a——设备编号；

　　　b——设备型号；

　　　c——额定电流，A；

　　　i——整定电流，A；

　　　d——导线型号；

　　　e——导线根数；

　　　f——导线截面积，mm^2；

　　　g——导线敷设方式及部位。

如 $5\,\dfrac{DZ20Y-200-200/200}{BV(3\times50)K-BE}$，表示设备编号为 5，开关型号为 DZ20Y-200，即额定电流为 200A 的低压空气断路器，断路器的整定值为 200A，所用导线为塑料绝缘铜线，三根

$50mm^2$，用瓷瓶式绝缘子沿屋架敷设。

　6.电缆的标注

　　电缆的标注方式基本与配电线路标注方式相同，当电缆与其他设施交叉时的标注用下面的方式

$$\frac{a-b-c-d}{e-f} \tag{1-5}$$

式中　a——保护管根数；

　　　b——保护管直径，mm；

　　　c——管长，m；

　　　d——地面标高，m；

　　　e——保护管埋设深度，m；

　　　f——交叉点坐标；

如$\frac{4-100-8-1.0}{0.8-f}$，表示 4 根保护管，直径 100mm，管长 8m 于标高 1.0m 处埋深 0.8m，交叉坐标一般用文字标注，如与××管道交叉，××管道详见管道平面布置图。

第 2 章

轻松看懂建筑变配电工程图

2.1 供电系统概述

2.1.1 电力系统的组成

1. 电力系统的组成

电力系统是由发电厂、变电所、电力线路和电能用户组成的一个整体。图2-1所示为电力系统的示意图。

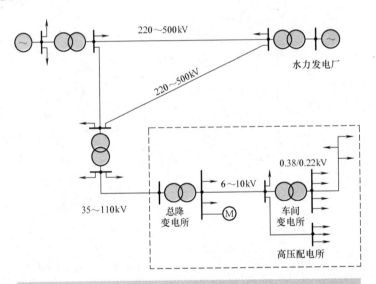

图2-1　电力系统示意图

为了充分利用动力资源，降低发电成本，发电厂往往远离城市和电能用户，这就需要输送和分配电能，将发电厂发出的电能经过升压、输送、降压和分配送到用户，如图2-2所示。

（1）发电厂。发电厂是生产电能的场所，在发电厂可以把自然界中的一次能源转换为用户可以直接使用的二次能源——电能。根据发电厂所取用的一次能源不同，主要有火力发电、水力发电、核能发电、太阳能发电、地热发电、潮汐发电、风能发电等发电形式。

（2）变电所。变电所的功能是接受电能、变换电压和分配电能。变电所由电力变压器、配电装置和二次装置等构成。按变电所的性质和任务不同，分为升压变电所和降压变电所，按变电所的地位和作用不同，又分为枢纽变电所、地区变电所和用户变电所。

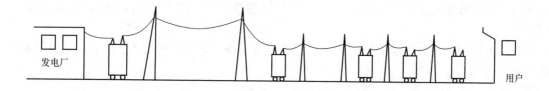

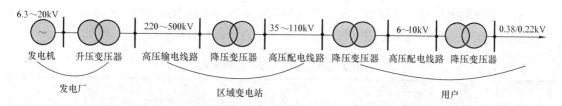

图2-2 从发电厂到用户的发电、输电、配电过程

(3)电力线路。电力线路将发电厂、变电所和电能用户连接起来，完成输送电能和分配电能的任务。电力线路有各种不同的电压等级，通常将220kV及以上的电力线路称为输电线路，110kV及以下的电力线路称为配电线路。配电线路又分为高压配电线路（110kV）、中压配电线路（35～6kV）和低压配电线路（0.38/0.22kV）。

(4)电能用户。电能用户又称电力负荷，指所有消耗电能的用电设备或用电单位。

2. 供配电系统的组成

供配电系统是电力系统的重要组成部分，它是由总降压变电所、高压配电所、配电线路、车间变电所或建筑物变电所和用电设备组成。图2-3所示为供配电系统结构框图。

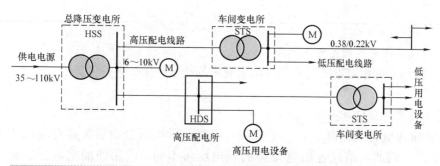

图2-3 供配电系统结构框图

由图2-3可以看出，总降压变电所是用户电能供应的枢纽。它将35～110kV的外部供电电源电压降为6～10kV高压配电电压，供给高压配电所、车间变电所或建筑物变电所和高压用电设备。

高压配电所集中接收6～10kV电压，再分配到附近各车间变电所或建筑物变电所和高压用电设备。一般负荷分散、厂区大的大型企业需要设置高压配电所。

配电线路分为6～10kV高压配电线路和0.38/0.22kV低压配电线路。高压配电线路将总降压变电所与高压配电所、车间变电所或建筑物变电所和高压用电设备连接起来。低压配电线路将车间变电所或建筑物变电所0.38/0.22kV的电压送给各低压用电设备。

车间变电所或建筑物变电所将6～10kV电压降为0.38/0.22kV电压,供低压用电设备使用。

用电设备按用途可分为动力用电设备、工艺用电设备、电热用电设备、实验用电设备和照明用电设备等。

2.1.2 电力系统电压

电力系统的电压是有等级的,电力系统的额定电压包括电力系统中各种发电、供电、用电设备的额定电压。我国规定的三相交流电网和电力设备的额定电压见表2-1。

表2-1　　　　　　　　　　我国交流电网和电力设备的额定电压

分类	电网和用电设备额定电压（kV）	发电机额定电压（kV）	电力变压器额定电压（kV）	
			一次绕组	二次绕组
低压	0.38	0.4	0.38/0.22	0.4/0.23
	0.66	0.69	0.66/0.38	0.69/0.4
高压	3	3.15	3，3.15	3.15，3.3
	6	6.3	6，6.3	6.3，6.6
	10	10.5	10，10.5	10.5，11
	—	13.8，15.75，18，20，22，24，26	13.8，15.75，18，20，22，24，26	—
	35	—	35	38.5
	66	—	66	72.6
	110	—	110	121
	220	—	220	242
	330	—	330	363
	500	—	550	550

1. 电网(线路)的额定电压

电网(线路)的额定电压只能选用国家规定的额定电压,它是各类电气设备额定电压的基本依据。

2. 用电设备的额定电压

当线路输送电力负荷时,要产生压降,沿线路的电压分布通常是首端高于末端,如图2-4所示。因此,沿线各用电设备的端电压将不同,线路的额定电压实际就是线路首端和末端电压的平均值。为使各用电设备的电压偏移差异不大,用电设备的额定电压与同级电网(线路)的额定电压相同。

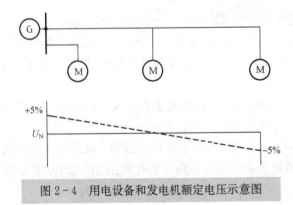

图2-4　用电设备和发电机额定电压示意图

3. 发电机的额定电压

由于用电设备的电压偏移为±5%,而线路的允许电压降为10%,这就要求线路首端电压为额定电压的105%,末端电压为额定电压的95%。因此发电机的额定电压应为线路额定电压的105%。

4. 电力变压器的额定电压

（1）变压器一次绕组的额定电压。当电力变压器直接与发电机相连时，如图 2-5 中的变压器 T1，其一次绕组额定电压应与发电机额定电压相同，即高于同级电网额定电压的 5%。

当电力变压器不与发电机相连而是连接在线路上时，如图 2-5 中的变压器 T2，则可将其看成是线路的用电设备，其一次绕组额定电压与相连接的电网额定电压相同。

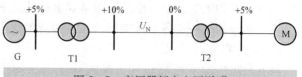

图 2-5 变压器额定电压说明

（2）变压器二次绕组的额定电压。当变压器二次侧供电线路较长时，如图 2-5 中的变压器 T1，其二次绕组额定电压应比相联电网额定电压高 10%，其中有 5% 用于补偿变压器满负荷运行时内部绕组约 5% 的电压降；此外变压器满负荷输出的二次电压还要高于所连电网额定电压的 5%，以补偿线路上的电压降。

变压器二次侧供电线路不长（如为低压电网，或直接供给低压用电设备）时，如图 2-5 中的变压器 T2，其二次绕组额定电压只需高于所连电网额定电压的 5%，仅考虑补偿变压器满负荷运行时绕组内部 5% 的电压降。

2.1.3 电力负荷的分级和对供电的要求

我国将电力负荷按其对供电可靠性的要求及中断供电在政治、经济上造成的损失或影响的程度划分为 3 级。

1. 一级负荷

一级负荷为中断供电将造成人身伤亡者；中断供电将在政治、经济上造成重大损失者，如重大设备损坏、重大产品报废、用重要原料生产的产品大量报废、国民经济中重点企业的连续生产过程被打乱而需要长时间恢复等；中断供电将影响有重大政治、经济影响的用电单位的正常工作负荷。

一级负荷中应由两个独立电源供电。所谓独立电源，就是当一个电源发生故障时，另一个电源应不致同时受损坏。在一级负荷中的特别重要负荷，除上述两个独立电源外，还必须增设应急电源。为保证特别重要负荷的供电，严禁将其他负荷接入应急供电系统。应急电源一般有独立于正常电源的发电机组、干电池、蓄电池、供电网络中有效的独立于正常电源的专门馈电线路。

2. 二级负荷

二级负荷为中断供电将在政治、经济上造成较大损失者，如主要设备损坏、大量产品报废、连续生产过程被打乱而需较长时间才能恢复，重点企业大量减产等；中断供电系统将影响重要用电单位的正常工作负荷者；中断供电将造成大型影剧院、大型商场等较多人员集中重要公共场所秩序混乱的。

二级负荷中应由两回线路供电。供电变压器应有两台，从而做到当电力变压器发生故障或电力线路发生常见故障时，不致中断供电或中断供电后能迅速恢复。

3. 三级负荷

三级负荷为不属于一级和二级负荷者。

三级负荷对供电电源没有特殊要求，一般由单回路电力线路供电。

2.1.4　工作接地与保护接地

1. 工作接地

为保证电力系统和电气设备在正常和事故情况下可靠地运行，人为地将电力系统的中性点及电气设备的某一部分直接或经消弧线圈与大地作金属连接，称为工作接地。

2. 保护接地

将在故障情况下可能呈现危险的对地电压的设备外露可导电部分进行接地称为保护接地。

低压配电系统的保护接地按接地形式，分为 TN 系统、TT 系统和 IT 系统三种，其中 TN 系统比较常见。

（1）TN 系统。TN 系统的电源中性点直接接地，并引出有中性线（N 线）、保护线（PE 线）和保护中心线（PEN 线），属于三相四线制或三相五线制系统。如果系统中的 N 线与 PE 线全部共用一根线（PEN 线），则此系统称为 TN‐C 系统，如图 2‐6（a）所示。在 TN‐C 系统中，由于 PEN 线兼起 PE 线和 N 线的作用，节省了一根导线，但在 PEN 线上通过三相不平衡电流，在其作用下产生的电压降使电气设备外露导电部分对地带电压，三相不平衡电流造成外壳电压很低，并不会在一般场所造成人身事故，但它可以对地引起火花，不适宜在医院、计算机中心场所及爆炸危险场所使用。TN‐C 系统不适用于无电工管理的住宅楼，这种系统没有专用的 PE 线，而是与中性线（N 线）合为一根 PEN 线，住宅楼内如果因维护管理不当使 PEN 线中断，电源 220V 对地电压将经相线和设备内绕组传导至设备外壳，使设备外壳呈现 220V 对地电压，电击危险很大。另外，PEN 线不允许被切断，不能作电气隔离，电气检修时可能因 PEN 线对地带电压而引起人身电击事故。在 TN‐C 系统中，不能安装剩余电流动作保护器（RCD），因此当发生接地故障时，相线和 PEN 线的故障

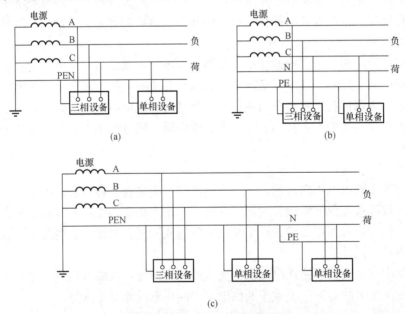

图 2‐6　低压配电的 TN 系统
(a) TN‐C 系统；(b) TN‐S 系统；(c) TN‐C‐S 系统

电流在电流互感器中的磁场互相抵消，RCD将检测不出故障电流而不动作，所以在住宅楼内不应采用TN-C系统。

如果系统中的N线与PE线完全分开，则此系统称为TN-S系统，如图2-6（b）所示。

当设备相线漏电碰壳后，直接短路，可采用过电流保护器切断电源；当N线断开，如三相负荷不平衡，中性点电位升高，但外壳无电位，PE线也无电位；TN-S系统PE线首末端应做重复接地，以减少PE线断线造成的危险；TN-S系统适用于工业、大型民用建筑。目前，单独使用独立变压器供电的变配电所距施工现场较近的工地基本上都采用了TN-S系统，与逐级漏电保护相配合，可保障施工安全用电。

如果系统中的前一部分N线与PE线合用为PEN线，而后一部分N线与PE线全部或部分分开，则此系统称为TN-C-S系统，如图2-6（c）所示。

当电气设备发生单相碰壳，同TN-S系统；当N线断开，故障同TN-S系统；TN-C-S系统中的PE线应重复接地，而N线不宜重复接地。PE线连接的设备外壳在正常运行时始终不会带电，所以TN-C-S系统提高了操作人员及设备的安全性。施工现场一般当变压器距离现场较远或没有施工专用变压器时采用TN-C-S系统。

从对三种系统的分析可以看出，TN-C系统在实际运行中存在很多缺陷，而TN-S供电系统，克服了TN-C供电系统的缺陷，所以现在施工现场不再使用TN-C系统。在使用TN-C-S系统时，应注意从住宅楼电源进线配电箱开始即将PEN线分为PE线和中性线N，使住宅楼内不再出现PEN线。

（2）TT系统。TT系统的电源中性点直接接地，并引出有N线，属于三相四线制系统。设备外露可导电部分均经与系统接地点无关的各自的接地装置单独接地，如图2-7所示。

（3）IT系统。IT系统的电源中性点不接地或经$1k\Omega$阻抗接地，通常不引出N线，属于三相三线制系统。设备外露可导电部分均经各自的接地装置单独接地，如图2-8所示。

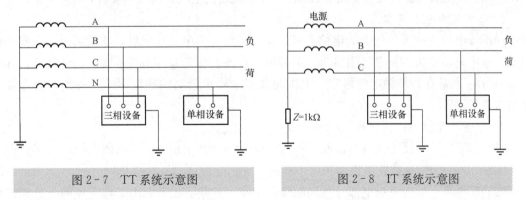

图2-7 TT系统示意图　　　　　　　　图2-8 IT系统示意图

必须注意，在同一低压配电系统中，保护接地与保护接零不能混用。否则，当采用保护接地的设备发生单相接地故障时，危险电压将通过大地串至中性线以及采用保护接零的设备外壳上。

2.1.5 低压配电系统的等电位连接

按照GB 50054—1995《低压配电设计规范》的规定，采用接地故障保护时，应在建筑物内作等电位连接，当电气装置或其某一部分的接地故障保护不能满足规定要求时，尚应在局部范围内作局部等电位连接。

1. 总等电位连接

总等电位连接是在建筑物进线处，将 PE 线或 PEN 线与电气装置接地干线，建筑物内的各种金属管道（如水管、燃气管、采暖管和空调管道等），以及建筑物金属构建等都接向总等电位连接端子板，使它们都具有基本相等的电位，如图 2-9 所示。

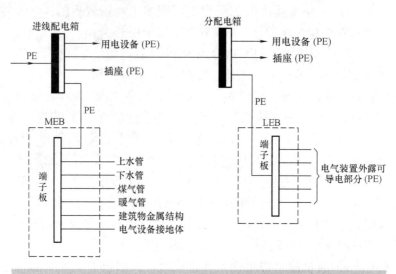

图 2-9 总等电位连接和局部等电位连接
MEB—总等电位连接；LEB—局部等电位连接

总等电位连接靠均衡电位而降低接触电压，同时也能消除从电源线路引入建筑物的危险电压，实际上其兼有电源进线重复接地的作用，是建筑物内电气装置的一项基本安全措施。

2. 局部等电位的连接

局部等电位连接又称辅助等电位连接，是在远离总等电位连接处，非常潮湿、有腐蚀性物质、触电危险性大的局部范围内进行的等电位连接，作为总等电位连接的一种补充，如图 2-9 所示。通常在容易触电的浴室、卫生间及安全要求极高的胸腔手术室等地，宜作局部等电位连接。

3. 等电位连接导线的选择

（1）总等电位连接主母线的截面积规定，应不小于其中最大 PE 线截面积的一半，但不小于 6mm²。采用铜导线，其截面积可不超过 25mm²。

（2）连接两个外露可导电部分的局部等电位线，其截面积不应小于接至该两处外露可导电部分的较小 PE 线的截面积。

（3）连接装置外露可导电部分与装置外可导电部分的局部等电位连接线，其截面积不应小于相应 PE 线截面积的一半。

（4）PE 线、PEN 线和等电位连接线及引至接地装置的接地干线等，在安装竣工后，均应检测其导电是否良好，绝不允许有接触不良的现象。为此，在水表、煤气表处，导电不良的管道连接处应加跨接线。

2.2 变配电工程的电气设备

2.2.1 高压电气一次设备

变电站中，承担传输和分配电能到各用电场所的配电线路称为一次电路或主电路。一次电路中所有电气设备称为一次设备。

1. 电力变压器

变配电系统中使用的变压器是三相电力变压器。由于电力变压器容量大，工作温升高，因此要采用不同结构方式加强散热。电力变压器按照散热方式可分为油浸式和干式两大类。

（1）油浸式电力变压器。油浸式电力变压器是把绕组和铁芯浸泡在油中，用油作介质散热。由于容量和工作环境不同，油浸式电力变压器可分为自然风冷、强迫风冷和强迫油循环风冷式等。油浸式电力变压器外形与结构如图2-10和图2-11所示。由于维护、安全等原因，目前在民用建筑中，油浸式电力变压器已很少被采用。

图2-10 10kV全封闭油浸式变压器　　　　　图2-11 35kV普通型油浸式变压器

（2）干式电力变压器。干式电力变压器是把绕组和铁芯置于气体（空气或SF_6气体）中，依靠空气对流进行冷却。简单地说，干式变压器就是指铁芯和绕组不浸渍在绝缘油中的变压器。

在结构上可分为两种类型：固体绝缘包封绕组和不包封绕组。

干式变压器结构特点：铁芯采用优质冷轧晶粒取向硅钢片，铁芯硅钢片采用45°全斜接缝，使磁通沿着硅钢片接缝方向通过；绕组有缠绕式、环氧树脂加石英砂填充浇注、玻璃纤维增强环氧树脂浇注（即薄绝缘结构）和多股玻璃丝浸渍环氧树脂缠绕式。为使铁芯和绕组结构更稳固，常采用玻璃纤维增强环氧树脂浇注。高压绕组一般采用多层圆筒式或多层分段式结构；低压绕组一般采用层式或箔式结构。

干式变压器形式有开启式、封闭式和浇注式三种。

开启式是一种常用的形式，其器身与大气直接接触，适应于比较干燥而洁净的室内（环境温度20℃时，相对湿度不应超过85%），一般有空气自冷和风冷两种冷却方式；封闭式变压器身处在封闭的外壳内，与大气不直接接触（由于密封，散热条件差，主要用于矿山，它属于是防爆型的）；浇注式用环氧树脂或其他树脂浇注作为主绝缘，它结构简单，体积小，适用于较小容量的变压器。由于干式电力变压器具有无油、难燃、无污染、智能化、损耗低、安全、防爆、免维护、体积小、重量轻，可直接深入负荷中心进行供电的特点，可广泛用于商业中心、高层建筑、机场、港口、油库、指挥中心等重要场所。绝缘等级为 F 或 H 的 SC（B）10 系列 10kV 级和 SCB9 系列 35kV 级三相树脂绝缘干式配电变压器外形与结构如图 2-12 和图 2-13 所示。

图 2-12　SC（B）10 系列 10kV 树脂绝缘干式变压器

图 2-13　SCB9 系列 35kV 三相树脂绝缘干式配电变压器

（3）变压器型号。变压器型号用汉语拼音字母和数字表示，其排列顺序如图 2-14 所示。如 S9-1000/10 表示三相铜绕组油浸式（自冷式）变压器，设计序号为 9，容量为 1000kVA，高压绕组额定电压为 10kV。

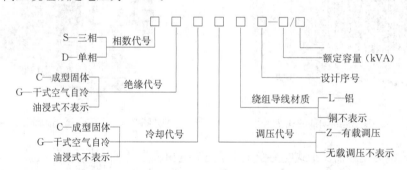

图 2-14　电力变压器型号表示和含义

按照国际电工委员会（IEC）标准推荐的容量系列，三相电力变压器容量等级是按 $\sqrt[10]{10}\approx$ 1.26 的倍数递增的。电力变压器容量有 100kVA、125kVA、160kVA、200kVA、250kVA、315kVA、400kVA、500kVA、630kVA、800kVA、1000kVA、1250kVA、1600kVA、2000kVA 等。

2. 高压断路器

高压断路器是供电系统及变电站中的重要电气设备，其文字符号为 QF，图形符号为 。高压断路器的主要功能是既可在正常情况下通断负荷电流，又能在出现短路故障时在保护装置作用下切断短路电流。

断路器按其用的灭弧介质不同，大致分为以下几种。

（1）油断路器。油断路器分为多油和少油断路器。多油断路器油量多，油的作用有灭弧、绝缘作用，多油断路器是早期设计产品，由于体积大，用油量多而难以维护，目前基本不再使用。少油断路器用油量较少，体积较多油断路器小，所耗材料少，成本较低，20 世纪80 年代是国内较常用的断路器，目前在建筑配电中基本不用了。图 2 - 15 是 SN10 - 10 型高压少油压断路器外形图。

（2）真空断路器。真空断路器具有触头开距小，燃弧时间短，触头在开断故障电流时烧伤轻微等特点，因此真空断路器所需的操作能量小，动作快。它同时还具有体积小、重量轻、维护工作量小，能防火、防爆，操作噪声小的优点，所以，目前在供配电系统中被广泛使用。图 2 - 16 是 ZN28A - 12 型真空断路器外形和结构图。

图 2 - 15　SN10 - 10 型高压少油
压断路器外形图

图 2 - 16　ZN28A - 12 型真空
断路器外形和结构图

（3）SF_6 断路器。六氟化硫（SF_6）气体具有很高的介电强度和很好的灭弧性能，它是一种惰性气体，不燃，无毒、无味，性能稳定。特别是 SF_6 气体在电弧中能捕捉自由电子而形成负离子，负离子行动迟缓，有利于再结合的进行，电弧易于熄灭，它的灭弧能力比空气强 100 倍，也优于压缩空气，用 SF_6 灭弧也可做成各种气吹的方式。总之，SF_6 断路器采用具有优良灭弧能力和绝缘能力，SF_6 气体作为灭弧介质，具有开断能力强、动作快、体积小等优点，但金属消耗多，价格较贵。近年来 SF_6 断路器发展很快，在高压和超高压系统中得到广泛地应用。尤其以 SF_6 断路器为主体的封闭式组合电器，是高压和超高压电器的重要发展方向。图 2 - 17 是 35kV SF_6 断路器外形图。

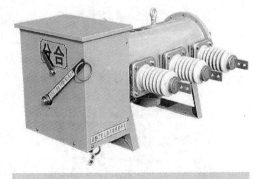

图 2 - 17　SF_6 断路器外形图

（4）空气断路器。空气断路器是以压缩空气作为灭弧介质，此种介质防火、防爆、无毒、无腐蚀性，取用方便。空气断路器属于他能式断路器，靠压缩空气吹动电弧使之冷却，在电弧达到零值时，迅速将弧道中的离子吹走或使之复合而实现灭弧。空气断路器开断能力强，开断时间短，但结构复杂，工艺要求高，有色金属消耗多，因此，空气断路器一般应用在 110kV 及以上的电力系统中。高压断路器型号表示和含义如图 2 - 18 所示。

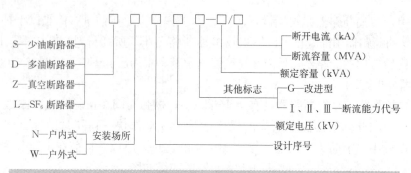

图 2-18 断路器型号表示和含义

3. 高压隔离开关

高压隔离开关的主要功能是隔离高压电源，以保证其他设备和线路的安全检修以及人身安全。隔离开关断开后具有明显的可见断开间隙，保证绝缘可靠。由于隔离开关没有灭弧装置，所以不能带负荷拉、合闸，但可以通断一定的小电流，如励磁电流不超过 2A 的空载变压器、电流不超过 5A 的空载线路及电压互感器和避雷器电路等。高压隔离开关分为户内式和户外式两类，按照有无接地可分为不接地、单接地和双接地三类。高压隔离开关的型号表示和含义如图 2-19 所示。

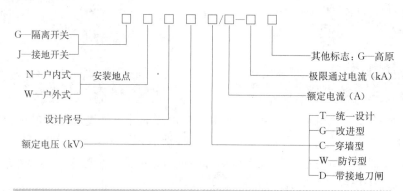

图 2-19 高压隔离开关的型号表示和含义

图 2-20 GN19-12ST 系列户内
高压隔离开关外形

10kV 高压隔离开关型号较多，图 2-20 是 GN19-12ST 系列户内高压隔离开关的外形与结构。

GN19-12ST 系列户内高压隔离开关（简称隔离开关）为额定电压 12kV，三相交流 50Hz 的户内装置。GN19-12ST 系列户内高压隔离开关的每相导电部分通过三个支柱绝缘子固定在底架上，GN19-10CST 型三相平行安装，导电部分由触刀和静触头组成，每相触刀中间均连有拉杆绝缘子，拉杆绝缘子与安装在底架上的主轴相连，主轴通过拐臂与连杆和操动机构相连，操动机构与连动杆（用户自备）接至辅助开关一起连动。

导电部分主要由触刀与静触头组成，静触头装在两端的支柱绝缘子上，每相触刀由两片槽型铜片组成，它不仅增大了触刀散热面积，对降低温升有利，而且提高了触刀的机械强度，使开关的动稳定性提高，触刀一端通过轴销（螺栓）安装在静触头上，其接触触刀的另一端与静触头可分连接，而触刀接触压力靠两端接触弹簧来维持。

4. 高压负荷开关

高压负荷开关有简单的灭弧装置，是用于接通和切断正常负荷电流和过负荷电流，但不能切断短路电流。通常负荷开关与管型熔断器串联使用。负荷开关断开后，与隔离开关一样具有明显的断开间隙。

高压负荷开关的型号表示和含义如图2-21所示。

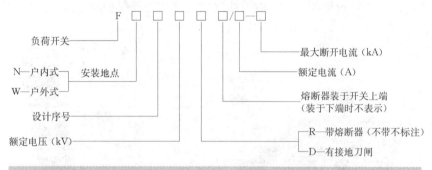

图2-21　高压负荷开关型号表示和含义

图2-22是FZN21-12D型户内高压真空负荷开关外形与结构。FZN21-12D型户内高压真空负荷开关系列适用于三相交流50Hz的户内高压开关设备，广泛用于额定电压为12kV的电力系统中。开关具有关合、承载、开断负荷及过负荷电流的能力；也可开断、关合空载长线、空载变压器及电容器。FZN21-12D型户内高压真空负荷开关—熔断器组合电器，是该负荷开关与熔断器组合而成，除具有上述功能外，还具有保护功能。

5. 高压熔断器

高压熔断器主要是利用熔体电流超过一定值时，熔体本身产生的热量自动地将熔体熔断从而切断电路的一种保护设备，其主要功能是对电路及其设备进行短路和过负荷保护。高压熔断器主要有户内限流熔断器（RN）系列、户外跌落式熔断器（RW）系列、并联电容器单台保护用高压熔断器BRW型三

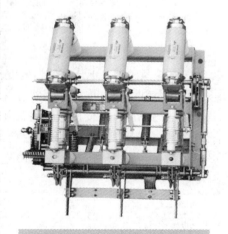

图2-22　FZN21-12D型户内高压真空负荷开关外形与结构

种类型。较常用的为前两种，RN系列的高压熔断器采用石英砂灭弧，分断较迅速；户外跌落式熔断器利用熔体在封闭的消弧管内的电弧产生的气体吹弧，同时熔丝熔断使熔管释放，即跌落，在触头弹力及自重作用下断开，形成断开间隙，因此称为跌落式。高压熔断器的型号表示和含义如图2-23所示。

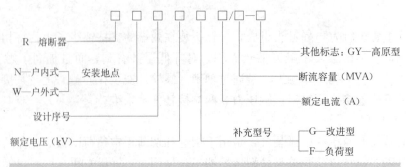

图2-23　高压熔断器型号表示和含义

图2-24和图2-25分别是RN2、3-12型和RW-7型高压熔断器外形与结构，其中RW-7系列户外高压限流熔断器用于电力线路的过载和短路保护及电压互感器的短路保护。

图2-24　RN2、3-12型户内高压
熔断器外形与结构

图2-25　RW-7型户外高压
熔断器外形与结构

6. 互感器

（1）电压互感器。电压互感器是变换电压设备，其原理与变压器相同，是将高压变成低压，便于测量和控制。电压互感器有单相和三相之分，三相电压互感器根据需要又有星形和三角形接法的不同。在使用中应注意电压互感器一、二次侧不能短路，且二次侧的一端和铁芯必须接地，在接线时，必须注意端子极性。电压互感器的型号表示和含义表示方法如图2-26所示。图2-27是JDZ-10电压互感器外形结构。

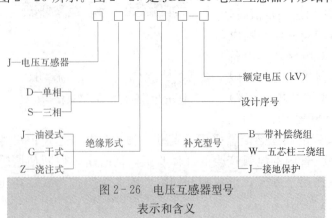

图2-26　电压互感器型号
表示和含义

图2-27　JDZ-10电压
互感器外形结构

（2）电流互感器。电流互感器是变换电流的设备，其原理与变压器相同，是将大电流变成小电流，便于测量和控制。电流互感器的特点是一侧绕组匝数较少且导线较粗，一般二次侧绕组匝数比一次侧高得多，导线相对较细。电流互感器的一次绕组串联在主电路中，二次绕组与仪表、继电器电流线圈串联使用，形成闭合回路，由于这些线圈阻抗很小，工作时二次回路接近短路状态。使用时注意电流互感器在工作时二次不得开路，由于二次侧匝数较多，开路将感应出危险的高压，危及人身和设备安全，此外没有二次侧电流的磁势对一次侧磁势的抵消作用将导致磁通剧增，铁芯磁路严重饱和和产生过热损坏互感器。二次回路接线必须牢固可靠，不允许在二次侧接入开关或熔断器。为防止一、二次绕组间绝缘击穿时，一次侧高压窜入二次侧，二次侧有一端必须接地。电流互感器的型号表示和含义表示方法如图 2-28 所示。图 2-29 是 LFC-10 电流互感器外形结构。

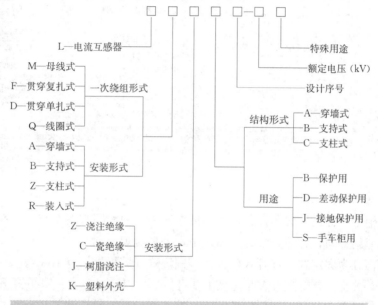

图 2-28　电流互感器型号表示及含义

7. 高压避雷器

高压避雷器是电力保护系统中保护电气设备免受雷电或由操作引起的内部过电压损害的设备。目前使用的高压避雷器主要有保护间隙避雷器、管型避雷器、阀型避雷器、氧化锌避雷器。金属氧化物避雷器是电力系统各类电气设备（变压器、电抗器、发电机、电动机、断路器、接触器等）绝缘配合的基础，由高压避雷器的保护性能确定电力系统所有电气设备的内外绝缘指标（短时工频耐压、雷电冲击耐压和操作冲击耐压等）。此类避雷器采用以氧化锌为主的多元素金属氧化物粉末烧制，具有优异的非线性伏—安特性，陡波响应快，通流容量大。有间隙产品采用自吹间隙，带均压照射结构，降低了放电的分散性，冲击系数小。复合绝缘外套的采用，顺应了国际电力产品小型化、安全化、免维护的发展趋势。高分子有机复合材料与传统的陶瓷和玻璃等无机

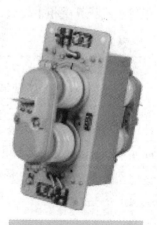

图 2-29　LFC-10 电流
互感器外形结构

材料相比，具有体积小、重量轻、耐污秽、免清扫、防爆防震动的优点，是集成化、模块化的中高压输变电成套设备中首选的防雷元件。金属氧化物避雷器型号表示及含义如图 2-30 所示，图 2-31 是 6-126kV 氧化锌避雷器的外形结构。

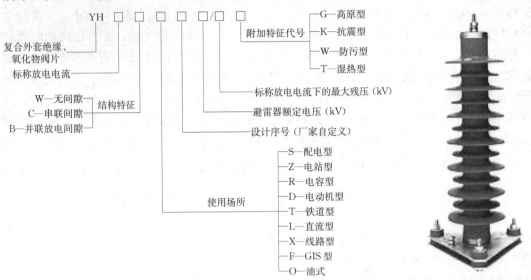

图 2-30　避雷器型号表示及含义

图 2-31　6～126kV 氧化锌避雷器外形结构

8. 高压开关柜

高压开关柜是一种高压成套设备，在柜内按照一定的线路方案将有关一次设备和二次设备组装，从而节约空间，方便安装，可靠供电，外形美观。

高压开关柜分为固定式、移开式两大类。固定式开关柜中，有 KGN、XGN 系列箱型固定式金属封闭开关柜。移开式开关柜主要有 JYN 系列、KYN 系列。移开式开关柜中没有隔离开关，因为断路器在移开后能形成断开点，故不需要再装隔离开关。

按照功能划分，主要有馈线柜、电压互感器柜、高压电容器柜、电能计量柜、高压环网柜等。高压开关柜主要型号及含义见表 2-2。

表 2-2　　　　　　　　　　　高压开关柜主要型号及含义

型　号	型号含义
JTN2—10，35	J—间隔式金属封闭；Y—移开式；N—户内；2—设计序号；10，35—额定电压（kV）
GFC—7B（F）	G—固定式；F—封闭式；C—手车式；7B—设计序号；（F）—防误型
KYN□—10，35	K—金属铠装；Y—移开式；N—户内；□—设计序号
KGN—10	K—金属铠装；G—固定式；N—户内
XGN2—10	X—箱型开关柜；G—固定式
HXGN□—12Z	H—环网柜；X—箱型开关柜；G—固定式；□—设计序号；12—最高工作电压 12kV；Z—带真空负荷开关
GR—1	G—固定式；R—电容器；1—设计序号
PJ1	PJ—电能计量柜；1—（整体式）仪表安装方式

2.2.2 低压电气一次设备

1. 低压断路器

低压断路器用作交、直流线路的过载、短路或欠电压保护，被广泛应用于建筑照明、动力配电线路、用电设备，作为控制开关和保护设备，也可用于不频繁启动电动机的操作或转换电路。

低压断路器分为万能式断路器和塑料外壳式断路器两大类，目前我国万能式断路器主要生产有 DW15、DW16、DW17（ME）、DW45 等系列，塑壳断路器主要生产有 DZ20、CM1、TM30 等系列，常用断路器的外形结构如图 2-32～图 2-35 所示。

图 2-32 ZBW1-2000 框架
断路器外形结构

图 2-33 DW15 系列框架
断路器外形结构

图 2-34 ME 系列框架
断路器外形结构

图 2-35 常用 DZ 系列断路器外形结构

断路器内部附件包括辅助触头、报警触头、分励脱扣器和欠电压脱扣器。

辅助触头：与断路器主电路分、合机构机械上连动的触头，主要用于断路器分、合状态的显示，接在断路器的控制电路中通过断路器的分合，对其相关电器实施控制或连锁。万能式断路器有六对触头（三动合、三动断），DW45有8对触头（四动合、四动断）。

报警触头：用于断路器事故的报警触头，且此触头只有当断路器脱扣分断后才动作，主要用于断路器的负载出现过载短路或欠电压等故障时自由脱扣，报警触头从原来的动合位置转换成闭合位置，接通辅助线路中的指示灯或电铃、蜂鸣器等，显示或提醒断路器的故障脱扣状态。由于断路器发生因负载故障而自由脱扣的几率不大，因而报警触头的寿命是断路器寿命的1/10。报警触头的工作电流一般不会超过1A。

分励脱扣器：一种用电压源激励的脱扣器，它的电压可与主电路电压无关。分励脱扣器是一种远距离操纵分闸的附件。当电源电压等于额定控制电源电压的70％～110％的任一电压时，就能可靠分断断路器。分励脱扣器是短时工作制，线圈通电时间一般不能超过1s，否则线会被烧毁。塑壳断路器为防止线圈烧毁，在分励脱扣线圈串联一个微动开关，当分励脱扣器通过衔铁吸合，微动开关从动断状态转换成动合，由于分励脱扣器电源的控制线路被切断，即使人为地按住按钮，分励线圈始终不再通电就避免了线圈烧损情况的产生。当断路器再扣合闸后，微动开关重新处于动断位置。

欠电压脱扣器：在它的端电压降至某一规定范围时，使断路器有延时或无延时断开的一种脱扣器，当电源电压下降（甚至缓慢下降）到额定工作电压的70％～35％，欠电压脱扣器应运作，欠电压脱扣器在电源电压等于脱扣器额定工作电压的35％时，欠电压脱扣器应能防止断路器闭全；电源电压等于或大于85％欠电压脱扣器的额定工作电压时，在热态条件下，应能保证断路器可靠闭合。因此，当受保护电路中电源电压发生一定的电压降时，能自动断开断路器切断电源，使该断路器以下的负载电器或电气设备免受欠电压的损坏。使用时，欠电压脱扣器线圈接在断路器电源侧，欠电压脱扣器通电后，断路器才能合闸，否则断路器合不上闸。

外部附件包括电动操作机构、释能电磁铁、转动操作手柄、加长手柄、手柄闭锁装置和接线方式。

电动操作机构，用于远距离自动分闸和合闸断路器的一种附件，电动操作机构有电动机操作机构和电磁铁操作机构两种，电动机操作机构为塑壳式断路器壳架等级额定电流400A及以上断路器和万能式断路器，电磁铁操作机构适用于塑壳断路器壳架等级额定电流225A及以下断路器。无论是电磁铁或电动机，它们的吸合和转动方向都是相同的，仅由电动操作机构内部凸轮的位置来达到合、分，断路器在用电动机构操作时，在额定控制电压的85％～110％的任一电压下，应能保证断路器可靠闭合。

释能电磁铁：适用于万能式断路器有电动机预储能机构（由电动储能机构使它的操作弹簧机构储能）。当用户按下按钮，电磁铁线圈激励后，电磁铁闭合使储能弹簧释放，断路器合闸。

转动操作手柄，适用于塑壳断路器，在断路器的盖上装转动操作手柄的机构，手柄的转轴装在它的机构配合孔内，转轴的另一头穿过抽屉柜的门孔，旋转手柄的把手装在成套装置的门上面所露出的转轴头，把手的圆形或方形座用螺钉固定在门上，这样的安装能使操作者在门外通过手柄的把手顺时针或逆时针转动，来确保断路器的合闸或分闸。同时转动手柄能保证断路器处于合闸时，柜门不能开启；只有转动手柄处于分闸，开关板的门才能打开。在紧急情况下，断路器处于"合闸"而需要打开门板时，可按动转动手柄座边上的红色释放按钮。

加长手柄：一种外部加长手柄，直接装于断路器的手柄上，一般用于600A及以上的大容量断路器上，进行手动分合闸操作。

手柄闭锁装置：在手柄框上装设卡件，手柄上打孔然后用挂锁锁起来。主要用于断路器处于合闸工作状态时，不允许其他人分闸而引起停电事故，或断路器负载侧电路需要维修或不允许通电时，以防被人误将断路器合闸，从而保护维修人员的安全或用电设备的可靠使用。

接线方式：断路器的接线方式有板前、板后、插入式、抽屉式，其中板前接线是常见的接线方式。低压断路器的型号表示和含义表示方法如图2-36所示。

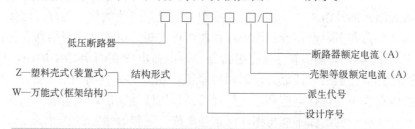

图2-36　低压断路器型号表示及含义

2. 低压熔断器

低压熔断器主要用于低压系统中设备及线路的过载和短路保护，其类型比较多，大致可分为表2-3所示的几种类型。

表2-3　　　　　　　　　　　　　低压熔断器的分类及用途

主要类型	主要型号	用　　途
无填料密闭管式	RM10、RM7（无限流特性）	用于低压电网、配电设备中，做短路保护和防止连续过载之用
有填料封闭管式	RT系列如RL6、RL7、RL96（有限流特性）	用于500V以下导线和电缆及电动机控制线路，RLS2为快速式
	RT系列如RT0、RT11、RT14（有限流特性）	用于要求较高的导线和电缆及电气设备的过载和短路保护
	RS0、RS3系列快速熔断器（有较强的限流特性）	RS0适用于750V，480A以下线路晶闸管元件及成套装置的短路保护 RS3适用于1000V，700A以下线路晶闸管元件及成套设备的短路保护
自复式	RZ1型	与断路器配合使用

低压熔断器型号表示和含义如图2-37所示。

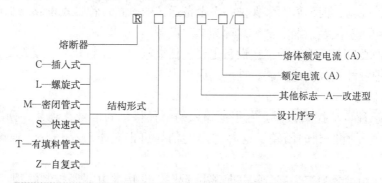

图2-37　低压熔断器型号表示及含义

(1) RL1B 系列熔断器。RL1B 系列熔断器是一种新型的实用的具有断相保护的填料封闭管式熔断器，其主要由载熔件（瓷帽）、熔断体（芯了）、底座及微动开关组成。熔体内装有熔体并填有石英砂，熔断体端面有明显的熔断指示。当熔体熔断时，指示器跳出，通过载熔件上的观察孔（玻璃）可以观察到。微动开关动作后，其触头去切断控制电路的电源。通体熔断后，不能再用，需要重新更换。

(2) RT0 型有填料封闭管式熔断器。RT0 型有填料封闭管式熔断器主要由瓷熔管、熔体（栅状）和底座三部分组成。熔管由高强度陶瓷制成，内装优质石英砂。熔体为栅状铜熔体，具有变截面小孔和引燃栅。变截面小孔可使熔体在短路电流通过时熔断，将长弧分割为多段短弧，引燃栅具有等电位作用，使粗弧分细，电弧电流在石英砂中燃烧，形成狭沟灭弧。这种熔断器具有较强的灭弧能力，因而有限流作用。熔体还具有"锡桥"，利用"冶金效应"可使熔体在较小的短路电流和过负荷时熔断。熔体熔断后，其熔断指示器（红色）弹出。以示提醒，熔断后的熔体不能再用，需重新更换，更换时采用载熔件（操作手柄）进行操作。

(3) NT 系列熔断器。NT 系列熔断器（国内型号为 RT16 系列）是引进德国 AEG 公司制造技术生产的一种高分断能力熔断器，广泛应用于低压开关柜中，适用于 660V 及以下电力网络及配电装置做过载和短路保护之用。该系列熔断器由熔管、熔体和底座组成，外形结构与 RT0 有些相似，熔管为高强度陶瓷管，内装优质石英砂，熔体采用优质材料制成。其主要特点是体积小、重量轻、功耗小、分断能力强。

3. 低压开关柜

低压开关柜又叫低压配电屏，是按照一定的线路方案将低压设备组装在一起的成套配电装置。其结构形式主要有固定式和抽屉式两大类。低压抽屉式开关柜适用于额定电压 380V，交流 50Hz 的低压配电系统中做受电、馈电、照明、电动机控制及功率因数补偿来使用。目前有 GCK1、GCL1、GCJ1、GCS 等系列。抽屉式低压开关柜馈电回路多，体积小，占地少，但结构复杂，加工精度要求高、价格高。

低压固定式开关柜目前广泛使用的主要有 GGD、PGL1 和 PGL2 系列，GGD 型开关柜柜体采用通用的形式，柜体上、下两端均有不同数量的散热槽孔，使密封的柜体自上而下形成自然通风道，达到散热目的。

2.2.3　变配电系统二次设备

用来测量、控制、信号显示和保护一次设备运转的电路，称二次电路。二次电路中的所有电气设备（如测量仪表、继电器等）称为二次设备。

二次设备种类繁多，传统的二次设备主要包括继电器、控制开关、仪表及信号设备。近年来在大用户中分散式微机保护装置被广泛应用。

1. 保护继电器

继电器是一种自动控制电器，它根据输入的一种特定的信号达到某一预定值时而自动动作，接通或断开所控制的回路。这种特定的信号可以是电流、电压、温度、压力和时间等。

继电器的结构可分为三个部分：一是测量元件，反映继电器所控制的物理量（即电流、电压、温度、压力和时间等）变化情况；二是比较元件，将测量元件反映的物理量与人工设定的预定量（或整定值）进行比较，以决定继电器是否动作；三是执行元件，根据比较元件传送过来的指令完成该继电器所担负的任务，即闭合或断开。保护继电器按结构不同，可分为电磁式继电器和感应式继电器。

（1）电磁式电流继电器。在保护装置中常用的电磁式电流继电器是 DL 系列，与电流互感器二次线圈串联使用，电磁式电流继电器的文字符号为 KA。电磁式电流继电器的动作极为迅速，动作时间为百分之几秒，可认为是瞬时动作的继电器。DL-11 型电磁式电流继电器的内部接线和图形符号如图 2-38 所示。

（2）电磁式电压继电器。电磁式电压继电器有过电压继电器和欠电压继电器两种。在保护装置中常用的电磁式电压继电器是 DJ 系列，其结构和工作原理与 DL 系列电磁式电流继电器基本相同，不同之处仅是电压继电器的线圈为电压线圈，匝数较多，导线细，与电压互感器的二次绕组并联，电压继电器的文字符号为 KV。

（3）电磁式时间继电器。电磁式时间继电器用于继电保护装置中，使继电保护获得需要的延时，以满足选择性要求。常用的电磁式时间继电器为 DS 系列。电磁式时间继电器的文字符号为 KT，DS 型电磁式时间继电器的内部接线和图形符号如图 2-39 所示。

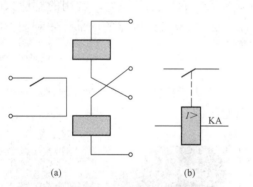

图 2-38　DL-11 型电磁式电流继电器
的内部接线和图形符号
（a）DL-11 型内部接线；（b）图形符号

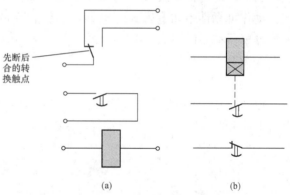

图 2-39　DS 型时间继电器的内部接线和图形符号
（a）DS 型时间继电器内部接线；（b）图形符号

（4）电磁式信号继电器。电磁式信号继电器在继电保护装置中用于发出指示信号，表示保护动作，同时接通信号回路，发出灯光或者音响信号。信号继电器的文字符号为 KS。常用的 DS-11 型信号继电器有两种：电流型和电压型。电流型信号继电器电流线圈串联接入二次回路，电压型信号继电器并联接入二次回路。电磁式信号继电器的文字符号为 KS，DX-11 型信号继电器的内部接线和图形符号如图 2-40 所示。

（5）电磁式中间继电器。电磁式中间继电器的触头容量较大，触头数量较多，在继电保护装置中用于弥补主继电器触头容量或触头数量的不足。当电磁式中间继电器的线圈通电时，衔铁动作，带动触头系统使动触头与静触头闭合或断开。电磁式中间继电器的文字符号为 KM，DZ-10 型中间继电器的内部接线和图形符号如图 2-41 所示。

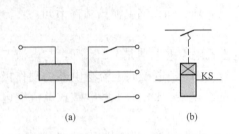

图 2-40 DS-11 型信号继电器的
内部接线和图形符号
(a) DZ-11 型内部接线；(b) 图形符号

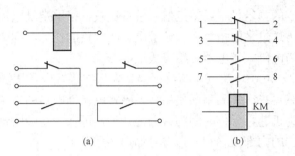

图 2-41 DZ-10 型中间继电器的
内部接线和图形符号
(a) DZ-10 型内部接线；(b) 图形符号

（6）感应式电流继电器。感应式电流继电器有两个系统：感应系统和电磁系统。感应式电流继电器是一种综合型多功能继电器，它兼有电磁式电流继电器、时间继电器、信号继电器和中间继电器的功能，并具有过电流和速断两种保护功能，且使用交流操作电流，因而使继电保护装置大为简化，结构紧凑，节省投资。但其本身结构复杂，精度不高，动作可靠性不如电磁式继电器，动作特性的调节比较麻烦且误差大。常用的感应式电流继电器有 GL-10、GL-20 系列，GL-10、GL-20 型电流继电器的内部接线和图形符号如图 2-42 所示。

2. 控制开关

控制开关是断路器控制回路的主要控制元件，由运行人员操作使用断路器合、跳闸，在变电所中常用的是 LW2 型系列自动复位控制开关。LW2 型控制开关外形结构如图 2-43 所示。

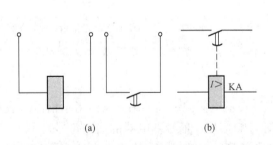

图 2-42 GL-10、GL-20 型感应式电流
继电器的内部接线和图形符号
(a) GL-10、GL-20 型内部接线；(b) 图形符号

图 2-43 LW2 型控制开关
外形结构

表 2-4 为 LW2-1a/4/6a/40/20/20/F8 型控制开关的触点图表。

控制开关有 6 个位置，其中"跳闸后"和"合闸后"为固定位置，其他为操作时的过渡位置。有时用字母表示 6 种位置，"C"表示合闸中，"T"表示跳闸中，"P"表示预备，"D"表示后。

手柄和触点盒型式	F8	1a		4		6a			40			20			20	
触点号		1~3	2~4	5~8	6~7	9~10	9~12	10~11	13~14	14~15	13~16	17~19	17~18	18~20	21~23	21~22	22~24

表 2-4　　LW2-1a/4/6a/40/20/20/F8 型控制开关的触点图表

位置

位置		F8	1~3	2~4	5~8	6~7	9~10	9~12	10~11	13~14	14~15	13~16	17~19	17~18	18~20	21~23	21~22	22~24
	跳闸后（TD）	←	—	•					•			•			•			•
	预备合闸（PC）	↑	•	•														
	合闸（C）	↗	—					•			•			•			•	
	合闸后（CD）	↑			•						•			•				
	预备跳闸（PT）	←			•													
	跳闸（T）	↘	—			•												

注　"•"表示接通；"—"表示断开。

2.3　变配电系统主接线图

2.3.1　高压供电系统主接线图

变电所的主接线图是指由各种开关电器、电力变压器、断路器、隔离开关、避雷器、互感器、母线、电力电缆、移相电容器等电气设备按一定次序相连接的具有接收和分配电能的电路。电气主接线图一般以单线图的形式表示。

1. 线路—变压器组接线

当只有一路电源供电和一台变压器时，可采用线路—变压器组接线，如图 2-44 所示。

根据变压器高压侧情况的不同，可以选择如图 2-44 所示的 4 种开关电器。当电源侧继电保护装置能保护变压器且灵敏度满足要求时，变压器高压侧可只装设隔离开关①；当变压器高压侧短路容量不超过高压熔断器断流容量，而又允许采用高压熔断器保护变压器时，变压器高压侧可装设跌落式熔断②或负荷开关—熔断器③，一般情况下，在变压器高压侧装设隔离开关和断路器④。

当高压侧装设负荷开关时，变压器容量不大于 1250kVA；高压侧装设隔离开关或跌落式熔断器时，变压器容量一般不大于 630kVA。

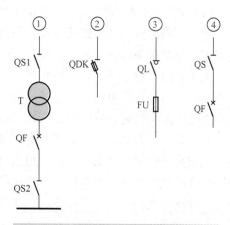

图 2-44　线路—变压器组接线图

线路—变压器组接线的优点是接线简单，所用电气设备少，配电装置简单，投资少。缺点是该单元中任一设备发生故障或检修时，变电所全部停电，可靠度不高。

线路—变压器组接线适用于小容量三级负荷、小型企业或非生产用户。

2. 单母线接线

母线又称汇流排，用于汇集和分配电能。单母线接线又分为单母线不分段和单母线分段

33

两种。

(1) 单母线不分段接线。当只有一路电源进线时，常用这种接线，如图 2-45（a）所示，每路进线和出线装设一只隔离开关和断路器。靠近线路的隔离开关称线路隔离开关，靠近母线的隔离开关称为母线隔离开关。单母线不分段接线的优点是接线简单清晰，使用设备少，经济性比较好。缺点是可靠性和灵活性差，当电源线路、母线或母线隔离开关发生故障或进行检修时，全部用户供电中断。此种接线适用于对供电要求不高的三级负荷用户，或者有备用电源的二级负荷用户。

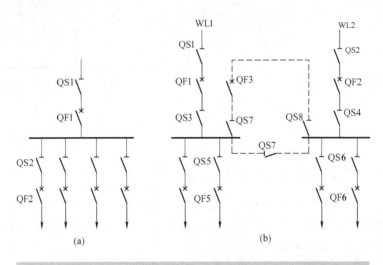

图 2-45　单母线接线图
(a) 单母线不分段；(b) 单母线分段

(2) 单母线分段接线。当有双电源供电时，常采用单母线分段接线，如图 2-45（b）所示，可采用隔离开关或断路器分段，隔离开关分断操作不方便，目前已不采用。单母线分段接线可以分段单独运行，也可以并列同时运行。

采用分段单独运行时，各段相当于单母线不分段接线的运行状态，各段母线的电气系统互不影响。当任一段母线发生故障或检修时，仅停止对该段母线所带负荷的供电。当任一电源线路故障或检修时，则可经倒闸操作恢复该段母线所带负荷的供电。

采用并列运行时，若遇电源检修，无需母线停电，只需断开电源的断路器及其隔离开关，调整另外电源的负荷就可以。担当母线故障或检修时，就会引起正常母线的短时停电。这种接线的优点是供电可靠性高，操作灵活，除母线故障或检修外，可对用户连续供电。缺点是母线故障或检修时，仍有 50% 左右的用户停电。

3. 桥式接线

所谓桥式接线是指在两路电源进线之间跨接一个断路器。断路器跨接在进线断路器的内侧，靠近变压器，称为内桥式接线，如图 2-46（a）所示。若断路器在进线断路器的外侧，靠近电源侧，则称为外桥式接线，如图 2-46（b）所示。

(1) 内桥式主接线。内桥式主接线如图 2-46（a）所示。线路 WL1、WL2 来自两个独立电源，经过断路器 QF1、QF2 分别接至变压器 T1、T2 的高压侧，向变电所供电，变压器回路仅装隔离开关 QS3、QS6。当线路 WL1 发生故障或检修时，断路器 QF1 断开，变压

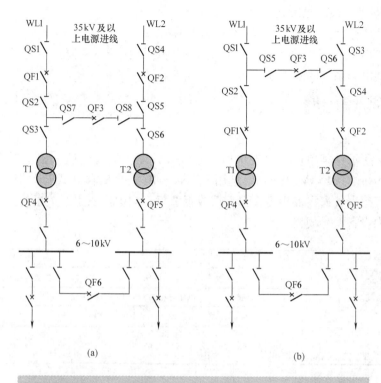

图 2-46　桥式接线图
(a) 内桥式接线；(b) 外桥式接线

器 T1 由线路 WL2 经桥接断路器 QF3 继续供电。同理，当线路 WL2 发生故障或检修时，变压器 T2 由线路 WL1 经桥接断路器 QF3 继续供电。因此，这种接线大大提高了供电的可靠性和灵活性。但当变压器故障或检修时，必须进行倒闸操作，操作较复杂且时间较长。当变压器 T1 发生故障时，QF1 和 QF3 因故障跳闸，此时，打开 QS3 后再合上 QF1 和 QF3，即可恢复 WL1 线路的工作。内桥式接线的主要特点是对电源进线回路操作非常方便、灵活，供电可靠性高。

内桥式接线适用于以下条件的总降压变电所：

1) 供电线路长，线路故障几率大。

2) 负荷比较平稳，主变压器不需要频繁切换操作。

3) 没有穿越功率的终端总降压变电所。

所谓穿越功率是指某一功率由一条线路流入并穿越横跨桥又经另一线路流出的功率。

(2) 外桥式主接线。外桥式主接线如图 2-46 (b) 所示。其特点是变压器回路装断路器，线路 WL1、WL2 仅装线路隔离开关。任一变压器检修或故障时，如变压器 T1 发生故障，断开 QF1，打开其两侧隔离开关，然后合上 QF3 两侧隔离开关，再合上 QF3，是两路电源进线又恢复并列运行。当线路检修或故障时，需进行倒闸操作，操作较复杂且时间较长。外桥式接线的主要特点是对变压器回路操作非常方便、灵活，供电可靠性高。

外桥式接线适用于以下条件的总降压变电所：

1）供电线路短，线路故障几率小；

2）用户负荷变化大，主变压器需要频繁切换操作；

3）有穿越功率流经的中间变电所，因为采用外桥式接线，总降压变电所运行方式的变化将不影响公共电力系统的潮流。

2.3.2 变配电系统图

1. 独立变电所主接线

如图 2-47 所示是某单位独立变电所主接线设计图。该变电所一路电缆进线，装两台 S9-800kVA10/0.4/0.23kV 变压器，选用 KYN1-10 型金属移开式开关柜，其中进线柜、计量柜和电压互感器、避雷器柜各 1 只，馈线柜 2 只。图中标明了开关柜的型号、编号、回路方案号及柜内设备型号规格。

高压开关柜编号	1	2	3	4	5
高压开关柜型号	KYN1-10/02	KYN1-10/33(改)	KYN1-10/41	KYN1-10/04	KYN1-10/04
回路名称	电源进线	计量	电压互感器	1 号主变压器	2 号主变压器
二次回路号	略	略	略	略	略

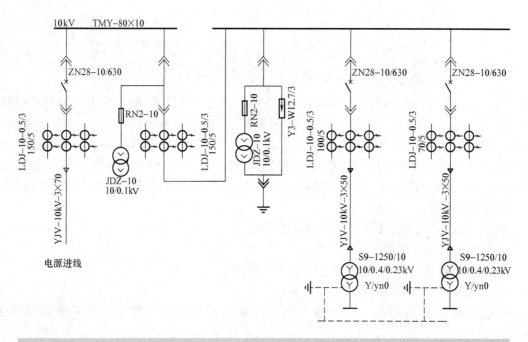

图 2-47 某单位独立变电所主接线设计图

2. 总降压变电所主接线

如图 2-48 所示是某单位 35/10kV 总降压变电所主接线，该变电所两路电源架空进线，两台主变压器，一、二次侧均采用单母线分段主接线，35kV 和 10kV 主接线选用移开式开关柜。

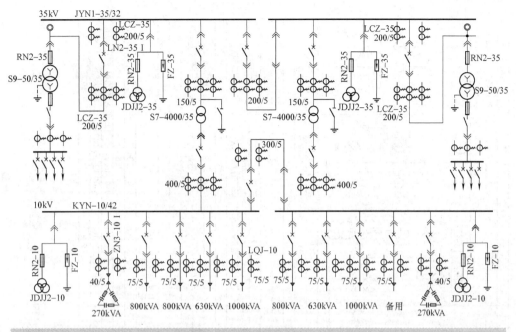

图 2-48　某单位 35/10kV 总降压变电所主接线设计图

2.4　变配电工程施工图的识图及实例

图 2-49 为某大学变电所的高压配电柜系统图，有 2 台干式三相式变压器，每台容量为 1000kVA，共有 7 个高压开关柜，除计量柜之外，其余 6 个高压柜均为手车式。高压进线采用 10kV 环网，高压 AH1、AH2 号柜是环网进线柜和出线柜，环网进出线均采用电缆，规格由当地供电局指定。AH4 为高压受总柜，内装有真空断路器、电流互感器；AH3 为电压互感器柜，内装有电压互感器和避雷器；AH4 为高压受总柜，内装有真空断路器、电流互感器；AH5 为高压计量柜，内装有电压互感器和电流互感器，作高压计量用；AH6、AH7 为高压出线柜，内装有真空断路器、电流互感器和接地开关等，出线高压电缆均采用 YJV-10kV-3×120；除 AH3 电压互感器柜之外，其余高压开关柜均装有带电显示器。

图 2-50 和图 2-51 为某大学变电所的低压配电柜系统图，共有 13 个低压开关柜，AA1、AA13 号柜为低压总开关柜，采用抽屉式低压柜，变压器低压侧采用低压紧密式母线槽。低压供电为三相五线制。低压进线柜装有低压框架断路器和电流互感器，用于分合电路、测量和继电保护。AA2 和 AA12 号低压柜为电容器柜，用于供电系统功率因数补偿，柜内装有刀熔开关和电流互感器等。低压输出柜有 8 个，采用抽屉式，用于动力、照明供电。AA7 号柜为联络柜，用于低压两段母线的切投。

图 2-52 为某大学变电所设备平面图，变电室内有高压、低压、变压器、信号屏和直流屏共用一室，但进行了区域划分。在变电所设备平面图中还分别反映各设备的位置，标出接地体的技术参数及与各设备的连接情况。

图 2-53 为某大学变电所电缆走向图，图中表明了各设备接线走向、布线方式。低压出线均经电缆沟引出，直流屏和信号屏信号经电缆沟、预埋管通向高压、低压设备。AH6 和 AH7 出线柜通过桥架与变压器高压侧相连。

	AH1	AH2	AH3	AH4	AH5	AH6	AH7
高压开关柜编号	AH1	AH2	AH3	AH4	AH5	AH6	AH7
高压开关柜型号	ZS8.x	ZS8.x	ZS8.x	ZS8.x	ZS8.x	ZS8.x	ZS8.x
一次接线图	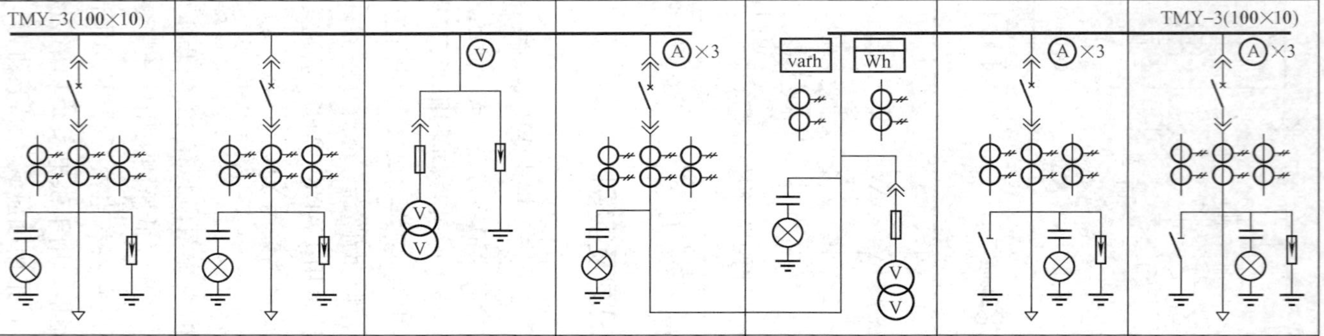 TMY-3(100×10)						TMY-3(100×10)
回路编号	WH1	WH2	WH5	WH3	WH4	WH6	WH7
用途	环网1	环网2	TV	一变总	计量	1号变压器	2号变压器
真空断路器 VD4/1250 31.5kA	1	1		1			
真空断路器 VD4/630 25kA							
熔断器 Fusarc CF100A 12kA						1	1
电流互感器 0.2级					2(150/5)		
电流互感器 0.5级	3(150/5)	3(150/5)		3(150/5)		3(75/5)	3(75/5)
电流表	3(0~150A)			3(0~150A)		3(0~75A)	3(0~75A)
电压互感器 0.2级					1		
电压互感器 0.5级			1			1	1
接地开关 EK6	1	1		1	1	1	1
带电显示器	1	1	1	1	1	1	1
微机保护器 Sepam2000							
避雷器						1	1
计量仪表	由当地供电局定	由当地供电局定	电压表TV（电压互感器断相计时器）		有功电度表 峰谷表，无功电能表		
设备容量 (kVA)				2000		1000	1000
计算电流 (A)				116		58	58
电缆规格	由当地供电局定	由当地供电局定				YJV-10kV-3×120	YJV-10kV-3×120
柜体尺寸 (宽×深×高)mm	650×1282×1885	650×1282×1885	650×1282×1885	650×1282×1885	650×1282×1885	650×1282×1885	650×1282×1885
备注							

注：1.柜内所有仪表可根据当地供电局要求由厂家配套装设。

2.开关柜安装技术要求由厂家提供。

图2-49 某大学变电所高压配电柜系统图

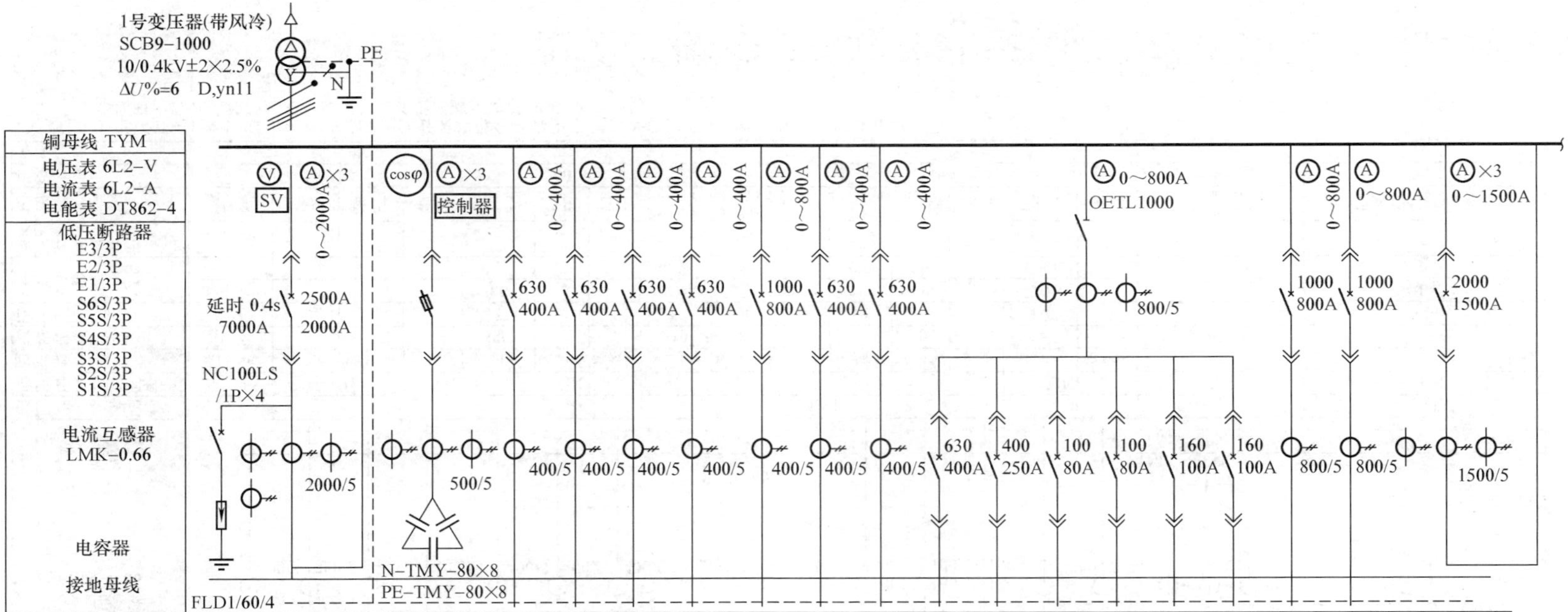

图 2-50　某大学变电所低压配电柜系统图（一）

低压开关柜编号	AA1	AA2	AA3	AA4	AA5	AA6	AA7
低压开关柜型号 GHK	GHK	GHK	GHK	GHK	GHK	GHK	GHK
回路编号			WLM101	WLM102	WLM103	WLM104	WLM105	WLM106	WLM107	WLM108	WLM109	WLM110	WLM111	WLM112	WLM113	WLM114	WLM115	
设备容量（kW）	1629	240kVA	164				580		210	140	45	31.5	50		440	
计算电流（A）	1238	365	221				622		282	200	64	53	76		550	
计算系数 K_x	0.45		0.8				0.6		0.75	0.8	0.8	1	0.9		0.7	
$\cos\varphi$	0.5		0.9				0.85		0.85	0.85	0.85	0.9	0.9		0.85	
电缆型号及规格 XR-YJV-1kV			2×(4×120)				2×(4×185)		2×(4×195)	4×120	4×25	NH-YJV 4×25		3×(4×150)	
用途	进线	补偿电容由厂家成套提供	轻行政办公楼	备用	备用	教学楼（B栋）	备用	教学楼（A栋）	教学楼（A栋）	立面照明备用	教学楼应急照明备用	备用	艺术楼	联络柜
柜宽（mm）	700	800	700	700	700	700	700	700
备注								

注：　1. 低压开关柜 WLM108～110、WLM112 出线开关均带分励脱扣器。
　　　2. 所有出线开关整定电流值整定时整定值的 10 倍。

进线及联络开关均带失压和分励脱扣器，进线及联络断路器均为长延时整定值。

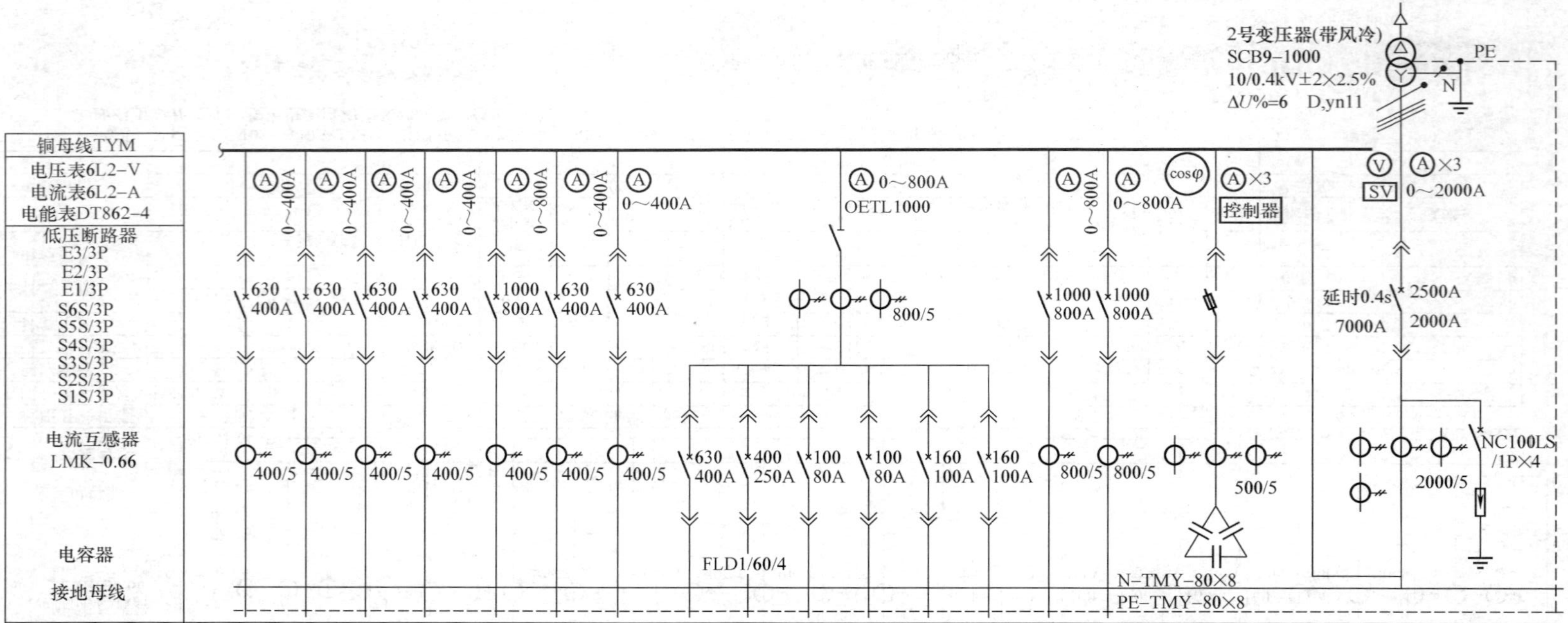

图2-51 某大学变电所低压配电柜系统图(二)

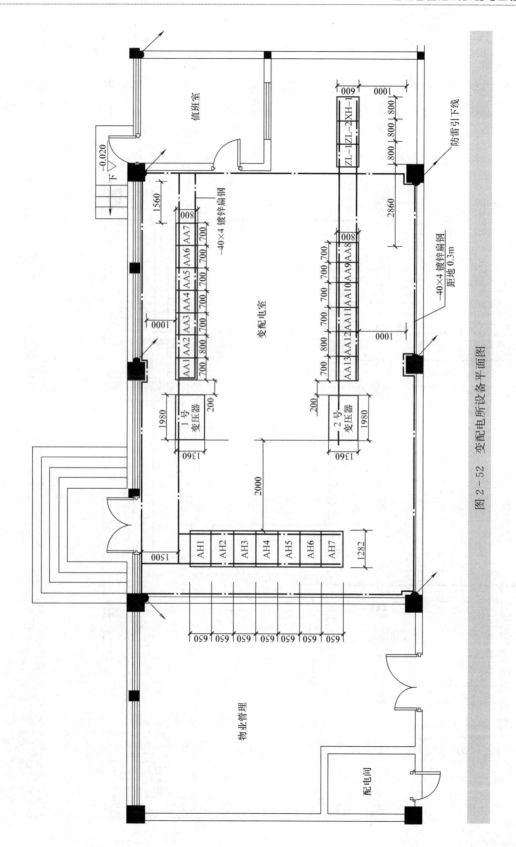

图 2 - 52　变配电所设备平面图

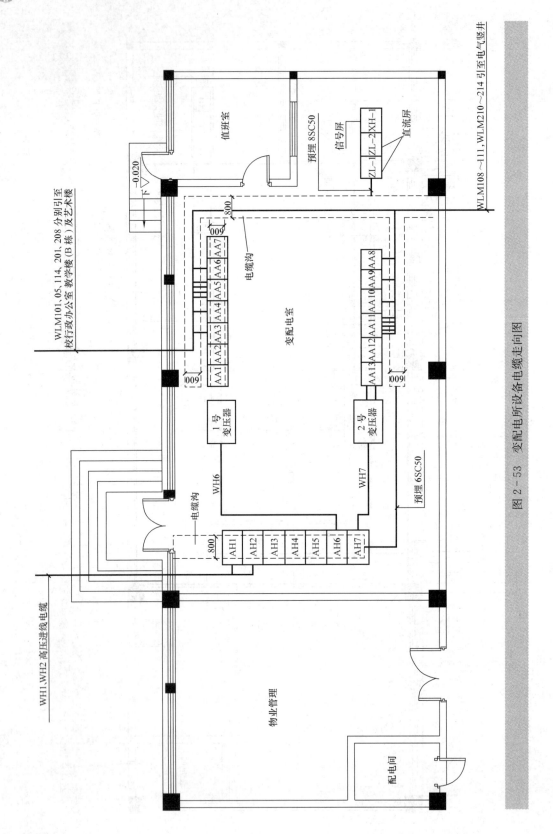

图 2-53 变配电所设备电缆走向图

2.5 变配电系统二次电路图

1. 集中式

集中式原理图中的各个元件都是集中绘制的，如图2-54（a）为10kV线路的定时限过电流保护集中式原理图。

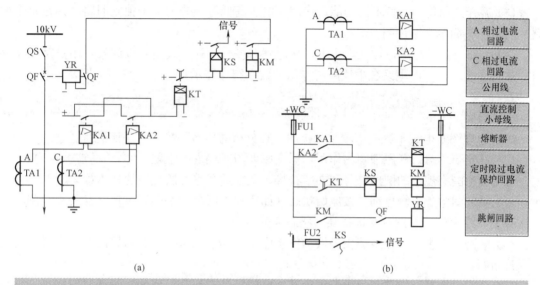

图2-54 定时限过电流保护装置接线图
（a）集中式原理图；（b）展开式原理图

集中式原理图的特点。

（1）集中式二次原理图是以器件、元件为中心绘制的，图中器件、元件都以集中的形式表示，例如，图2-54（a）中的线圈与触点绘制在一起。设备和元件之间的连接关系比较形象直观，使看图者对二次系统有一个明确的整体概念。

（2）在绘制二次线路时，要将有关的一次线路、一次设备绘出，一般一次线路用粗实线表示，二次线路用细实线表示。

（3）所用器件和元件都要用统一的图形符号表示，并标注统一的文字符号说明。所用电气的触点均以原始状态绘出。

（4）引出线的编号和接线端子的编号可以省略，控制电源只标出"＋"、"－"极性，没有具体表示从何引来，信号部分也没有画出具体接线。

集中式原理图不具备完整的使用功能，尤其不能按这样的图来接线，特别是对于复杂的二次系统，设备、元件的连接线很多，用集中式表示，对绘制和阅读都比较困难，所以，在二次原理图的绘制中，很少采用集中表示法，而是用展开法来绘制。

2. 展开式原理图

展开式原理图一般将电器的各元件按分开式方法表示，每个元件分别绘制在所属电路中，并可按回路的作用，电压性质、高低等组成各个回路。图 2-54（b）为 10kV 线路的定时限过电流保护展开式原理图。

展开式原理图的特点。

（1）展开式原理图是以回路为中心，同一电器的各个元件按作用分别绘制在不同的回路中。如图 2-54（b）中电流继电器 KA1 和 KA2 的线圈均串联在电流回路，其触点 KA1 和 KA2 绘制在时间继电器回路（定时限回路）。

（2）同一个电器的各个元件应标注同一文字符号，对于同一个电器的各个触点也可用与元件对应的文字符号标注。

（3）展开式原理图可按不同功能、作用、电压高低等划分为各个独立回路，并在每个回路的右侧注有简单文字说明。

（4）线路可按动作顺序，从上到下，从左到右平行排列。线路可以编号，用数字或文字符号加数字表示，变配电系统中线路有专用的数字符号表示。

2.5.2　二次原理图的分析方法

二次原理图是电气工程图中较难分析的，在分析时可按下列要点参照进行。

（1）首先要了解每套原理图的作用，抓住原理图所表现的主题。

（2）熟悉国家规定的图形符号和文字符号，了解这些符号所代表的具体意义。

（3）原理图中各个触点都是按原始状态（如线圈未通电、手柄置零位、开关未合闸、按钮未按下）绘出的，看图时要选择某一状态来分析。

（4）电器的各个元件在线路中是按动作顺序从上到下，从左到右布置的，分析时可按这一顺序进行。

（5）任何一个复杂线路都是由若干个基本电路、基本环节组成的。看图时应将复杂电路分成若干个环节，一个环节一个环节地分析，最后结合各个环节的作用，综合起来分析整个电路的作用。

分析电路时，可先看简单回路，再看复杂回路。如先看主电路，再看控制回路、信号回路、保护回路等。

2.5.3　测量电路图

1. 电流测量回路

在 6～10kV 高压变配电线路、380/220V 低压线路中测量电流，一般要安装电流互感器。常用的测量方法如图 2-55 所示。

（1）一相电流测量线路。当线路电流比较小时，可将电流表直接串入电路，如图 2-55（a）所示；当线路电流较大时，一般在线路 B 相安装一只电流互感器，电流表串接在电流互感器的二次侧，通过电流互感器测量线路电流，适用于三相负荷平衡系统，如图 2-55（b）所示。

（2）两相式接线测量线路。这种接线也叫不完全星形接线，在 A、C 相中个各接入一只电流互感器 TA1 和 TA2，电流互感器 TA1 和 TA2 的二次侧接有三只电流表，两只电流表与电流互感器二次侧连接，测量 A、C 相电流，另一电流表所测的电流是两个电流互感器二次侧电流之和，正好是未接入电流互感器的 B 相电流值，此种接线适用于三相负荷平衡系统，如图 2-55（c）所示。

（3）三相星形接线。由于每相均装有电流互感器，每只电流互感器二次侧都装有电流表，故能测量各相电流，广泛用于三相负荷不平衡系统中，如图2-55（d）所示。

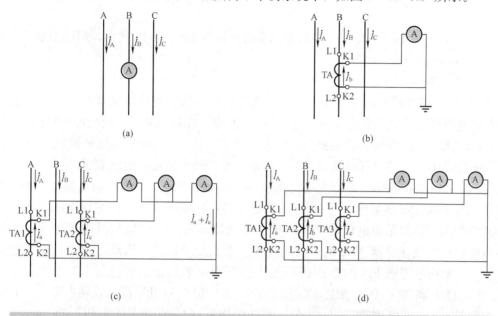

图2-55　电流测量线路

(a) 一相电流较小时测量线路；(b) 一相电流较大时测量线路；(c) 两相式接线测量线路；(d) 三相星形接线

2. 电压测量线路

（1）直接测量线路。当测量低压线路电压时，可将电压表直接并接在线路中，如图2-56（a）所示。

（2）一相式接线。采用一个单相电压互感器如图2-56（b）所示，用来接电压表测量一

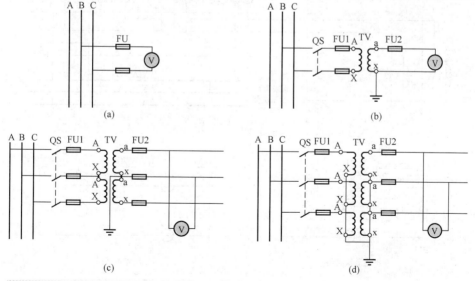

图2-56　电压测量线路

(a) 直接测量线路；(b) 一相式接线；(c) 两相式接线；(d) Y_0/Y_0 接线

线电压。

(3) 两相式接线。采用两个单相电压互感器如图 2 - 56 （c）所示，用以测量三个线电压。

(4) Y_0/Y_0 形接线。采用三个单相电压互感器如图 2 - 56 （d）所示，用以测量三个线电压或三个相电压。

3. 电测量线路

(1) 高压线路电测量。在电源进线上，或经供电部门同意的电能计量点，必须装设计费的有功电能表和无功电能表，而且宜采用全国统一标准的电能计量柜。同时为了解负荷电流，进线上还应装设一只电流表。图 2 - 57 （a）是 6～10kV 高压线路电测量仪表接线图，此接线图中，装设有电流表 PA，有功电能表 PJ1 和无功电能表 PJ2 各一只。有功电能表 PJ1 的电流线圈①—③和无功电能表 PJ2 的电流线圈①—③串联后经电流表 PA 的线圈②—①与 A 相电流互感器 TA1 的二次侧连接，形成闭合回路；有功电能表 PJ1 的另一电流线圈⑥—⑧和无功电能表 PJ2 的另一电流线圈⑥—⑧串联后经电流表 PA 的线圈②—①与 C 相电流互感器 TA2 的二次侧连接，形成闭合回路。有功电能表 PJ1 的电压线圈②④⑦和无功电能表 PJ2 的电压线圈②④⑦分别与来自电压互感器 TV 二次侧的 WV（A）、WV（B）和 WV（C）相连接。图 2 - 57 （b）是 6～10kV 高压线路电测量仪表展开图，在此图中，电流互感器 TA1、TA2、有功电能表 PJ1、无功电能表 PJ2 和电流表 PA 的接法比图 2 - 57 （a）更直观。图 2 - 57 （a）适合工程接线使用，图 2 - 57 （b）能更直接地说明各仪表间的逻辑关系，在实际工程中，可根据情况两图结合使用。

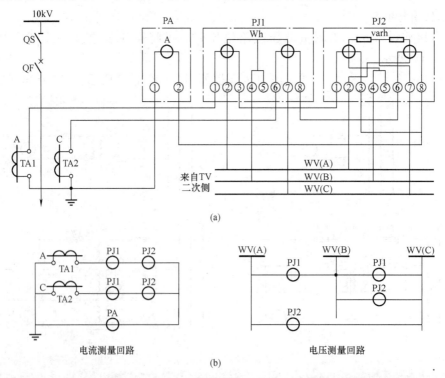

(a)

(b)

图 2 - 57　6～10kV 高压线路电测量仪表电路图
(a) 接线图；(b) 展开图

（2）低压线路电测量。在低压动力线路上，应装设一只电流表。低压照明线路及三相负荷不平衡率大于15％的线路上，应装设三只电流表分别测量三相电流。如需计量电能，一般应装设一只三相四线有功电能表。对负荷平衡的动力线路，可只装设一只单相有功电能表，实际电能按其计量的3倍计。图2-58是低压220/380V照明线路上装设的电测量仪表电路图，主要用于测量220/380V照明线路的电量和每相电流。此图中，装设有三只电流表和一只三相四线有功电能表PJ。电流表PA1的线圈①—②与三相四线有功电能表的电流线圈①—③串联后经公共线与电流互感器TA1的二次侧K2、K1连接后形成一个闭合回路。电流表PA2的线圈①—②与三相四线有功电能表的电流线圈④—⑥串联后经公共线与电流互感器TA2的二次侧K2、K1连接后形成一个闭合回路。电流表PA3的线圈①—②与三相四线有功电能表的电流线圈⑦—⑨串联后经公共线与电流互感器TA3的二次侧K2、K1连接后形成一个闭合回路。三相四线有功电能表的电压线圈②、⑤、⑧分别与主电路A相、B相和C相连接，电能表的10、11端子与中性线相连接。

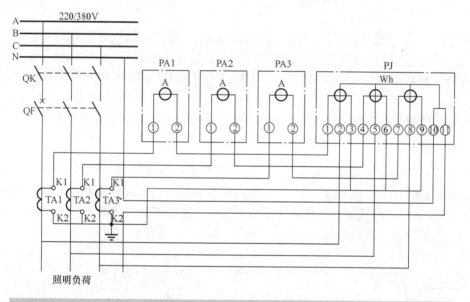

图2-58　220/380V照明线路电测量仪表电路图

4．绝缘监视装置

绝缘监视装置用于小电流接地（6～35kV）系统，以便及时发现单相接地故障。图2-59是6～10kV母线的电压测量和绝缘监视电路图，图中电压互感器可采用三个单相三绕组或者一个三相五芯柱三绕组。图2-59中的电压互感器TV一次绕组侧接成Y_0形，二次侧共两套绕组，其中一套绕组接成Y_0形，三只电压表分别接在此套绕组的每相上，用以测量对应相的相电压。电压互感器二次侧的另一套辅助绕组接成开口三角△，并与电压继电器KV的线圈和高压隔离开关QS的一个辅助触点串联，构成零序电压过滤器。在系统正常运行时，开口三角△的开口处电压接近0，电压继电器KV不动作。当一次电路发生单相接地故障时，将在开口三角△的开口处出现近100V的零序电压，使电压继电器KV动作，发出报警的灯光信号和音响信号。

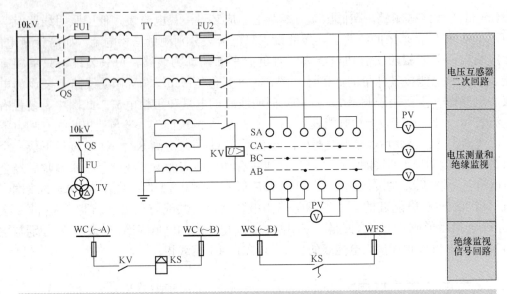

图2-59 10kV母线的电压测量和绝缘监视电路

TV—电压互感器；QS—高压隔离开关及其辅助触点；SA—电压转换开关；PV—电压表；

KV—电压继电器；KS—信号继电器；WC—控制小母线；WS—信号小母线；WFS—预告信号小母线

2.5.4 继电保护电路图

1. 定时限过电流保护

定时限过电流保护主要由电磁式电流继电器等构成，如图2-60所示是定时限过电流保护装置的原理图和展开图。在图2-60（a）中，所有元件的组成部分都集中表示；在图2-60（b）中，所有元件的组成部分按所属回路分开表示。展开图简明清晰，广泛应用于二次回路图中。

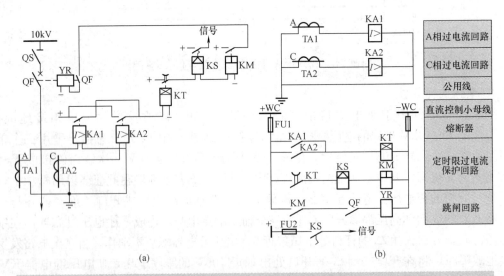

(a)   (b)

图2-60 定时限过电流保护装置接线图

(a) 集中式原理图；(b) 展开式原理图

当线路发生短路时，通过线路的电流使流经继电器的电流大于继电器的动作电流，电流继电器 KA 瞬时动作，其动合触点闭合，时间继电器 KT 线圈得电，其触点经一定延时后闭合，使中间继电器 KM 和信号继电器 KS 动作。中间继电器 KM 的动合触点闭合，接通断路器跳闸线圈 YR 回路，断路器 QF 跳闸，切除短路故障电流。信号继电器 KS 动作，其指示牌掉下，同时其动合触点闭合，启动信号回路，发出灯光和音响信号。

2. 反时限过电流保护

反时限过电流保护主要由 GL 型感应式电流继电器构成，如图 2-61 所示是反时限过电流保护装置的原理图和展开图。在图 2-61 (a) 中，所有元件的组成部分都集中表示；在图 2-61 (b) 中，所有元件的组成部分按所属回路分开表示。该继电器具有反时限特性，动作时限与短路电流大小有关，短路电流越大，动作时限越短。

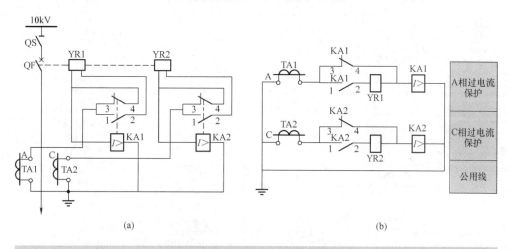

(a)   (b)

图 2-61　反时限过电流保护装置
(a) 集中式原理图；(b) 展开式原理图

如图 2-61 所示的反时限过电流保护采用交流操作的"去分流跳闸"原理。正常运行时，跳闸线圈被继电器的动断触点短路，电流互感器二次侧电流经继电器线圈及动断触点构成回路，保护不动作。

当线路发生短路时，继电器动作，其动断触点打开，电流互感器二次侧电流流经跳闸线圈，断路器 QF 跳闸，切断故障线路。

3. 电流速断保护

电流速断保护是一种瞬时动作的过电流保护，其动作时限仅为继电器本身固有的动作时间，它的选择性不是依靠时限，而是依靠选择适当的动作电流来解决，在实际中电流速断保护常与过电流保护配合使用。图 2-62 所示是定时限过电流保护和电流速断保护的接线图。定时限过电流保护和电流速断保护共用一套电流互感器和中间继电器，电流速断保护还单独使用电流继电器 KA3 和 KA4，信号继电器 KS2。

当线路发生短路时，流经继电器电流大于电流速断的动作电流时，电流继电器动作，其动合触点闭合，接通信号继电器 KS2 和中间继电器 KM 回路，中间继电器 KM 动作使断路器跳闸，KS2 动作表示电流速断保护动作，并启动信号回路发出灯光和音响信号。

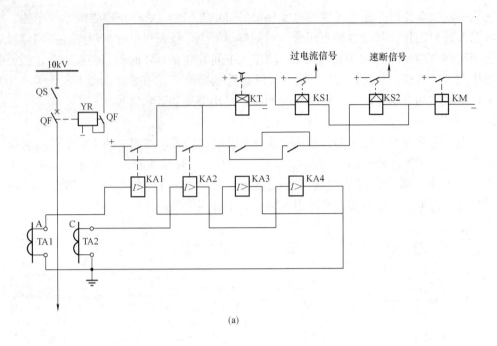

(a)

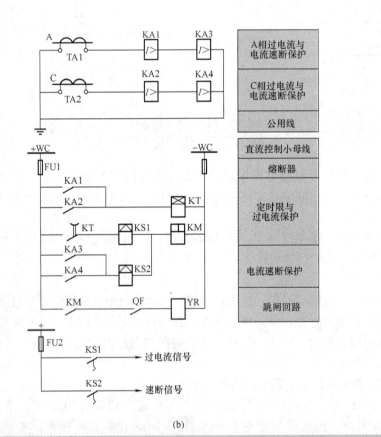

(b)

图 2-62　线路定时限过电流保护和电流速断保护电路图
(a) 集中式原理图；(b) 展开式原理图

4. 单相接地保护

单相接地保护接线图如图2-63所示。图2-63（a）为架空线路单相接地保护，用三只电流互感器构成零序电流互感器；图2-63（b）为电缆线路单相接地保护，它是利用线路单相接地时的零序电流较系统其他线路单相接地时的零序电流大的特点，实现有选择性的单相接地保护，又称零序电流保护。该保护一般用于变电所出线较多或不允许停电的系统中。当线路发生单相接地故障时，该线路的电流继电器动作，发出信号，以便及时处理。

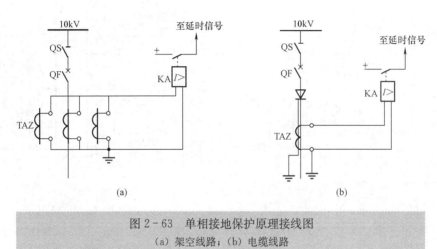

图2-63 单相接地保护原理接线图
（a）架空线路；（b）电缆线路

2.5.5 实例分析

图2-64为某变电所干式变压器二次回路原理图。由图可知，其二次回路分为控制回路、保护回路、电流测量回路和信号回路等。

控制回路中有试验分合闸回路、分合闸回路及分合闸指示回路。

保护回路主要包括过电流保护、电流速断保护和超高温保护等。过电流保护动作过程：当电流过大时，过流继电器KA1、KA2动作，使时间继电器KT通电动作，其触点延时闭合，使跳闸线圈TQ得电，将断路器跳闸，同时信号继电器KS1线圈得电动作，向信号屏发出动作信号；电流速断保护通过继电器KA3、KA4动作，使中间继电器BCJ1线圈得电动作，迅速断开供电回路，同时信号继电器KS2也得电动作，向信号屏发出动作信号；当变压器过温时，KG2闭合，信号继电器KS5线圈得电动作，同时向信号屏发出变压器过温报警信号；当变压器高温时，KG1闭合，中间继电器BCJ2和信号继电器KS4线圈同时得电动作，KS4向信号屏发出变压器高温报警信号，同时中间继电器BCJ2触点接通跳闸线圈TQ和跳闸信号继电器KS3，在断开主电路的同时向信号屏发出变压器高温跳闸信号。

电流测量回路主要通过电流互感器1TA1采集电流信号，接至柜面上的电流表。

信号回路主要包括掉牌未复位、速断动作、过电流动作、变压器过温报警及高温跳闸信号等，主要是采集各控制回路及保护回路信号，并反馈至信号屏，使值班人员能够及时监控和管理。

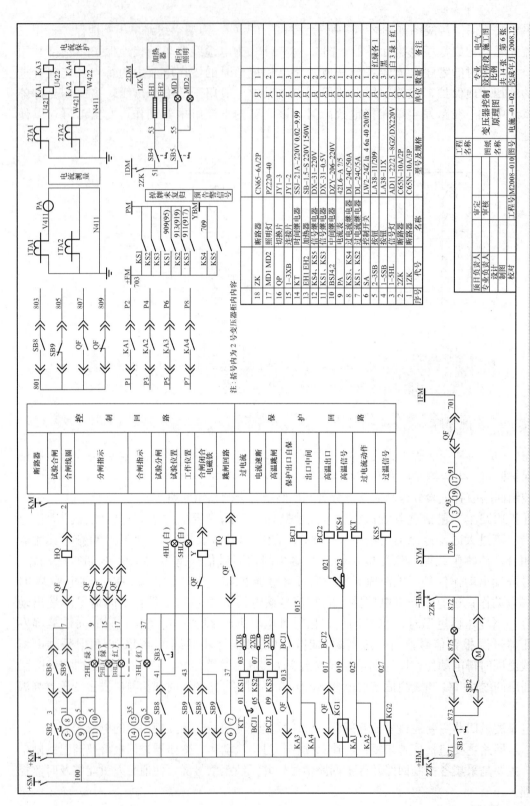

图 2－64 10kV 变电所变压器柜二次原理图

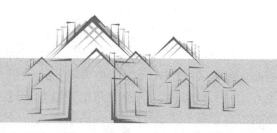

第 3 章

轻松看懂动力及照明施工图

3.1 动力系统电气工程图的基本概述

3.1.1 动力系统图

动力系统电气工程图是建筑电气工程图中最基本最常用的图纸之一，是用图形符号、文字符号绘制的，用来表达建筑物内动力系统的基本组成及相互关系的电气工程图，动力系统电气工程图一般用单线绘制，能够集中体现动力系统的计算电流、开关及熔断器、配电箱、导线或电缆的型号规格、保护套管管径和敷设方式、用电设备名称、容量及配电方式等。

低压动力配电系统的电压等级一般为 380/220V 中性点直接接地系统，线路一般从建筑物变电所向建筑物各用电设备或负荷点配电，低压配电系统的接线方式有三种：放射式、树干式和链式（是树干式的一种变形）。

1. 放射式动力配电系统

图 3-1 所示为放射式动力配电系统图，这种供电方式的可靠性较高，当动力设备数量不多，容量大小差别较大，设备运行状态比较平稳时，可采用此种接线方案。这种接线方式的主配电箱宜安装在容量较大的设备附近，分配电箱和控制开关与所控制的设备安装在一起。

2. 树干式动力配电系统

图 3-2 所示为树干式动力配电系统图，当动力设备分布比较均匀，设备容量差别不大且安装距离较近时，可采用树干式动力系统配电方案。这种供电方式的可靠性比放射式要低一些，在高层建筑的配电系统设计中，垂直母线槽和插接式配电箱组成树干式配电系统。

3. 链式动力配电系统

图 3-3 所示为链式动力配电系统图，当设备距离配电屏较远，设备容量比较小且相距比较

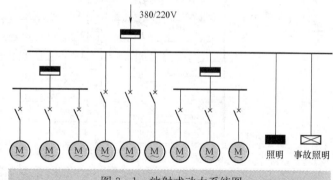

图 3-1 放射式动力系统图

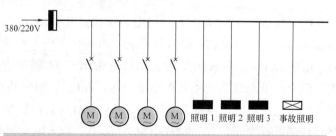

图 3-2 树干式动力系统图

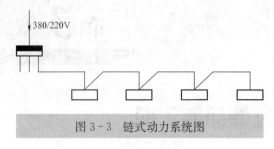

图 3-3 链式动力系统图

近时，可以采用链式动力配电方案。这种供电方式可靠性较差，一条线路出现故障，可影响多台设备正常运行。链式供电方式由一条线路配电，先接至一台设备，然后再由这台设备接至相邻近的动力设备，通常一条线路可以接 3～4 台设备，最多不超过 5 台，总功率不超过 10kW。

图 3-4 所示为某锅炉房的动力系统图。图中所示共五台配电箱，其中 AP1～AP3 三台配电箱内装有断路器、接触器和热继电器，也称控制配电箱；另外两台配电箱 ANX1 和 ANX2 内装有操作按钮，也称按钮箱。

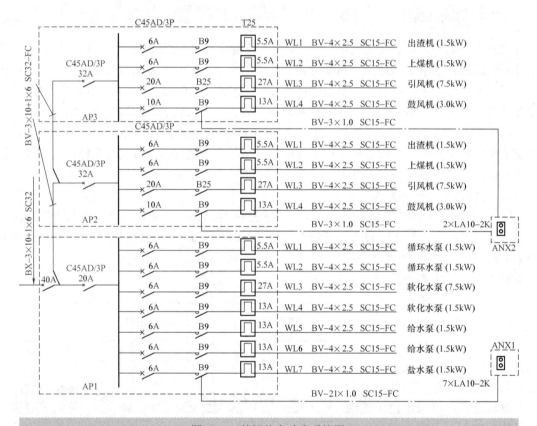

图 3-4 某锅炉房动力系统图

电源从 AP1 箱左端引入，使用 3 根截面积 10mm² 和 1 根截面积 6mm² 的 BX 型橡胶绝缘铜芯导线，穿直径 32mm 焊接钢管。电源进入配电箱后接主开关，型号为 C45AD/3P-40 额定电流为 40A，D 表示短路动作电流为 10～14 倍额定电流。主开关后是本箱 AP1 主开关，额定电流为 20A 的 C45A 型断路器，配电箱 AP1 共有 7 条输出支路，分别控制 7 台水泵。每条支路均使用容量为 6A 的 C45A 型断路器，后接 B9 型交流接触器，用作电动机控制，热继电器为 T25 型，动作电流为 5.5A，作为电动机过载保护。操作按钮箱装在 ANX1 中，箱内有 7 只 LA10-2K 型双联按钮，控制线为 21 根截面积 1.0mm² 塑料绝缘铜芯导线，穿直径 25mm 焊接钢管沿地面暗敷。从 AP1 配电箱到各台水泵的线路，均为 4 根截面积 2.5mm² 塑料绝缘铜芯导线，穿直径 12mm 焊接钢管埋地暗敷。4 根导线中 3 根为相线，1 根为保护中性线，各台水泵功率均为 1.5kW。

AP2 和 AP3 为两台相同的配电箱，分别控制两台锅炉的风机（鼓风机、引风机）和煤机（上煤机、出渣机）。到 AP2 箱的电源从 AP1 箱 40A 开关右侧引出，接在 AP2 箱 32A 断路器左侧，使用 3 根截面积 10mm² 和 1 根截面积为 6mm² 塑料铜芯导线，穿直径 32mm 焊接钢管埋地暗敷。从 AP2 配电箱主开关左侧引出 AP3 配电箱相电源线，与接 AP2 配电箱的导线相同。每台配电箱内有 4 条输出回路，其中出渣机和上煤机 2 条回路上装有容量为 6A 的断路器、引风机回路装有容量为 20A 的断路器、鼓风机回路装有容量为 10A 的断路器。引风机回路的接触器为 B25 型，其余回路的均为 B9 型。热继电器均为 T25 型，动作电流分别为 5.5A、5.5A、27A 和 13A，导线均采用 4 根截面积 2.5mm² 塑料绝缘铜芯导线，穿直径 15mm 的焊接钢管埋地暗敷。出渣机和上煤机的功率均为 1.5kW，引风机的功率为 7.5kW，鼓风机的功率为 30kW。

两台鼓风机的控制按钮安装在按钮箱 ANX2 内，其他设备的操作按钮装在配电箱门上。按钮接线采用 3 根 1.0mm² 塑料绝缘铜芯导线，穿直径 15mm 焊接钢管埋地暗敷。

图 3-5 为某锅炉房动力平面图，表 3-1 为该锅炉房主要设备表。

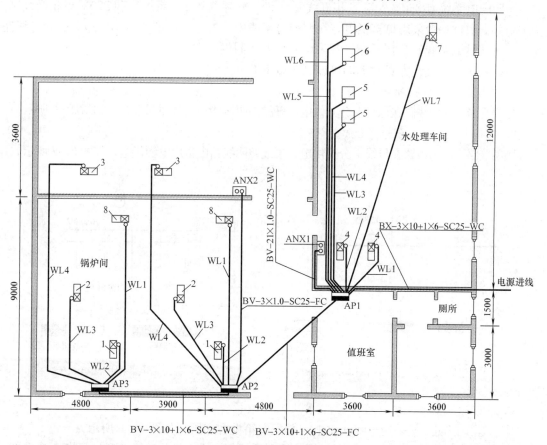

图 3-5　某锅炉房动力平面图

表 3 - 1　　　　　　　　　　　　　某锅炉房主要设备表

序号	名称	容量（kW）	序号	名称	容量（kW）
1	上煤机	1.5	5	软化水泵	1.5
2	引风机	7.5	6	给水泵	1.5
3	鼓风机	3.0	7	盐水泵	1.5
4	循环水泵	1.5	8	出渣机	1.5

图 3-5 中电源进线在图的右侧，沿厕所、值班室墙引至主配电箱 AP1。从主配电箱左侧下引至配电箱 AP2，从配电箱 AP2 经墙引至配电箱 AP3。配电箱 AP1 有 7 条引出线 WL1～WL7 分别接到水处理间的 7 台水泵，按钮箱 ANX1 安装在墙上，按钮箱控制线经墙暗敷。配电箱 AP2 和 AP3 均安装在墙上，上煤机、出渣机在锅炉右侧，风机在锅炉左侧，引风机安装在锅炉房外间，按钮箱 ANX2 安装在外间墙上，按钮控制线埋地暗敷。图中标号与设备表序号相对应。

3.1.2　电气照明系统图

电气照明系统图是用来表示照明系统网络关系的图纸，系统图应表示出系统的各个组成部分之间的相互关系、连接方式，以及各组成部分的电器元件和设备及其特性参数。

照明配电系统有 380/220V 三相五线制（TN-C 系统、TT 系统）和 220V 单相两线制。在照明分支中，一般采用单箱供电，在照明总干线中，为了尽量把负荷均匀地分配到各线路上，以保证供电系统的三相平衡，常采用三相五线制供电方式。

根据照明系统接线方式的不同可以分为以下几种方式。

1. 单电源照明配电系统

照明线路与动力线路在母线上分开供电，事故照明线路与正常照明分开，如图 3-6 所示。

2. 有备用电源照明配电系统

照明线路与动力线路在母线上分开供电，事故照明线路由备用电源供电，如图 3-7 所示。

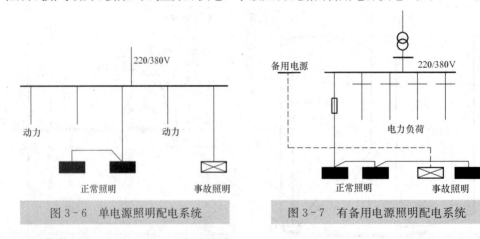

图 3 - 6　单电源照明配电系统　　　　图 3 - 7　有备用电源照明配电系统

3. 多层建筑照明配电系统

多层建筑照明一般采用干线式供电，总配电箱设在底层，如图 3-8 所示。

在电气照明系统图中，可以清楚地看出照明系统的接线方式及进线类型与规格、总开关型号、分开关型号、导线型号规格、管径及敷设方式、分支路回路编号、分支回路设备类型、数量及计算负荷等基本设计参数，如图3-9所示，该图为一个分支照明线路的照明配电系统图，从图中可知：电源为单电源，进线为5根10mm²的BV塑料铜芯导线，绝缘等级为500V，总开关为C45N型断路器，4极，整定电流为32A，照明配电箱分6个回路，即3个照明回路、2个插座回路和1个备用回路。3个照明回路分别列到L1、L2、L3三相线上，3个照明回路均为2根2.5mm²的铜芯导线，穿直径20mm的PVC阻燃塑料管在吊顶内敷设。2路插座回路分别列到L1、L2相线，L3相引出备用回路，插座回路导线均为3根2.5mm²的BV塑料铜芯导线，敷设方式为穿直径20mm的PVC阻燃塑料管沿墙内敷设。

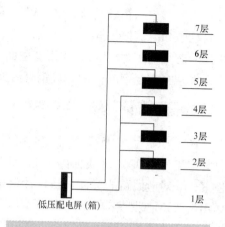

图3-8　多层建筑低压配电系统

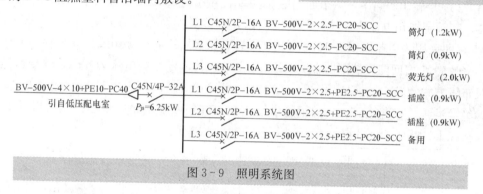

图3-9　照明系统图

3.2　动力平面图阅读实例

3.2.1　进户线及配电柜

建筑配电平面图的阅读过程，一般按照电源入户方向依次阅读，即进户线→配电箱（柜）→支路→支路上的用电设备。

由图3-10可知，配电柜AP1的电源由变电室引入，经隔离开关GL-400A/3J后分成两个分支输出，输出回路分别设断路器保护。输入回路导线为4芯截面积为185mm²的交联聚乙烯绝缘钢带铠装聚乙烯护套电力电缆，该电缆穿直径100mm的焊接钢管埋地0.8m之下引入配电室，在电源引入建筑物入口处做重复接地，并把接地装置用直径12mm的镀锌圆钢埋地2.5m深与总电源箱连接，在总电源柜后把工作中性线（N）和保护地线（PE）分

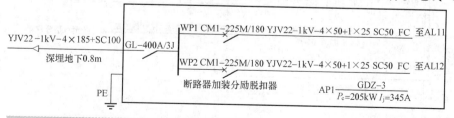

图3-10　某住宅配电柜AP1配电系统图

开，由此形成三相五线制输出。WP1 和 WP2 为配电线输出回路，两个断路器 CM1 - 225M 的自动脱扣电流值根据实际负载计算电流情况，均被调在 180A。WP1 和 WP2 回路均分别采用 4 芯截面积为 50mm² 和 1 芯截面积为 25mm² 的交联聚乙烯绝缘钢带铠装聚乙烯护套电力电缆，穿直径 50mm 的焊接钢管沿地面暗敷至 AL11 和 AL12 集中计量。

3.2.2 集中计量箱

图 3 - 11 为 AL11 集中计量箱接线图，计量箱型号为 MJJG - 11，总用电负荷为 112kW，计算电流为 189A，进线回路来自 AP1 配电柜的 WP1 回路，图中进线回路的导线标注与图 3 - 10 对应回路的标注一致，计量柜的外壳必须做安全接地。在计量柜的进线回路装有 CM1 - 225M 型断路器，为了保证继电保护动作顺序由低到高，脱扣电流比 AP1 配电柜中该回路断路器的脱扣电流小 20A，即脱扣电流整定为 160A。计量箱中每个输出回路接至一个用户分配箱 1～10 层输出回路中，每个回路除了功率计量表之外，还装有一个 S252S - B40 两级断路器，其额定拖扣电流为 40A，每个输出回路导线类型及布线方式为 BV - 500V - 3×10 S20 WC，即采用 3 根截面积为 10mm² 耐压 500V 的聚氯乙烯绝缘铜线，穿直径 20mm 的钢管沿墙暗敷。11 层回路安装断路器为 S252S - B63，其额定脱扣电流为 63A，输出回路导线类型及布线方式为 BV - 500V - 3×16 S25WC，即采用 3 根截面积为 16mm² 耐压 500V 的聚氯乙烯绝缘铜线，穿直径 25mm 的钢管沿墙暗敷。在集中配电箱接线图中还可以看出 1～4 层负荷接在 L1 相上，5～8 层接在 L2 相上，9～11 层接在 L2 相上。

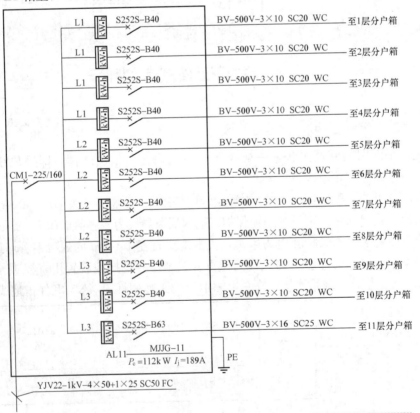

图 3 - 11 某住宅 AL11 集中计量接线柜

3.2.3 用户分户箱

本图例中的用电负荷分为 8kW、10kW 和 18kW 三种不同负荷（8kW 与 10kW 分户箱系统相同略），图 3-12 为 10kW 分户箱系统接线图。从该图中可以看出，进线回路导线采用 BV-500V-3×10 SC20 WC，即采用 3 根截面积为 10mm² 耐压 500V 的聚氯乙烯绝缘铜线，穿直径 20mm 的钢管沿墙暗敷，分户箱必须可靠接地。分户箱内设有两级断路器保护，总回路断路器脱扣电流设定为 40A，每个输出回路断路器的脱扣电流为 16A。插座、空调、卫生间插座和厨房插座回路共用一个漏电保护器，型号为 DS252S-B40/0.03，漏电电流为 30mA。图 3-13 为

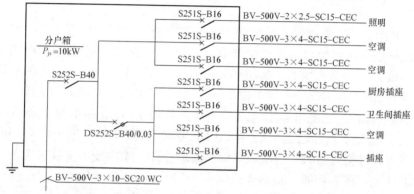

图 3-12　10kW 分户箱系统接线图

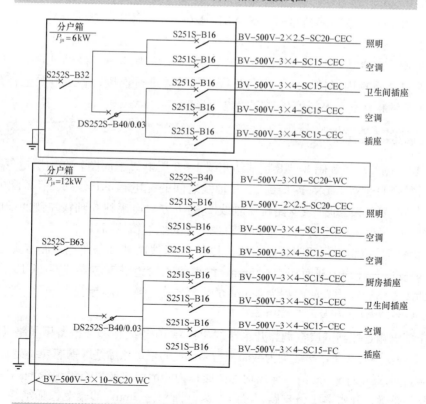

图 3-13　18kW 分户箱系统接线图

18kW 分户箱系统接线图，与 10kW 分户箱系统接线图基本相同，读者可参考图 3-12 自己分析图 3-13。

3.3　动力及照明施工图示例

3.3.1　动力、照明系统图

本节从有关资料中选取了某幼儿园的照明系统图和平面图供参考（该幼儿园为三层楼建筑）。

图 3-14 和图 3-15 是该幼儿园的动力、照明配电系统图，由图 3-14 和图 3-15 可知：该幼儿园照明配电系统由一个总配电箱，6 个分配电箱和 1 个备用配电箱组成。进户线采用三相五线制，电源由室外 220/380V 引入，采用 YJV22 型电缆直埋敷设（暗敷在地面或地板内），即 4 根 120mm² 加 1 根 70mm² 的交联聚乙烯绝缘电力电缆，入户穿直径为 100mm 的钢管保护。总配电箱引出 6 条支路，其中 1、4 支路引至 1 层 AL1 和 ALK1 分配电箱，2、5 支路引至 2 层的 AL2 和 ALK2 分配电箱，3、6 支路引至 3 层的 AL3 和 ALK3 分配电箱，每层的照明、插座和空调回路均分开。室内配电支线采用 BV500V 聚氯乙烯绝缘铜芯导线，所有照明、插座支线均穿 PC 管沿墙及楼板暗敷。2.5mm² 的 2～3 根穿 PC16，4～5 根穿 PC20，6 根穿 PC25。所有空调、热水器支线均穿 PC 管沿墙及楼板暗敷。导线采用 4mm² 的 BV-500 型聚氯乙烯绝缘铜芯导线，空调支线穿 PC20，开水器支线穿 PC25。电源进线总断路器型号为 S3N250R200/3P，额定电流 200A，3 极。各层分配电箱控制照明、插座的总断路器型号均为 S263S-C32，额定电流为 32A，各层分配电箱控制空调的总断路器型号均为 S263S-C63，额定电流为 63A。该幼儿园采用总等电位 MEB 连接，将建筑物内保护干线、设备进线金属管等进行连接；各层分配电箱开关型号：照明、插座支路淋浴室，淋浴室做局部等电位连接。

3.3.2　动力平面图

图 3-16、图 3-17 和图 3-18 是某幼儿园 1～3 层电气平面图，在一层电气平面图中，进线位于图左侧 D 轴线上方，连接到 2、3 轴线之间的配电箱 ALZ，从 ALZ 配电箱引出 2 个支路 AL1 和 ALK1。即一条支路位于轴线 E 的下方，连接到 6 轴线左侧的配电箱 AL1，另一条支路位于轴线 E 的下方，连接到 8 轴线右侧的配电箱 ALK1。

AL1 配电箱是控制一层照明、插座的，共有 11 条线路和 2 条备用线路（见图 3-15 系统图），照明支路导线均为截面积为 2.5mm² 的聚氯乙烯绝缘铜芯导线穿 PC16 管沿墙及楼板暗敷，插座支路导线均为截面积为 4mm² 的聚氯乙烯绝缘铜芯导线穿 PC20 管沿墙及楼板暗敷（2 层配电箱 AL2 电源由此配电箱引入）。

ALK1 配电箱是控制一层空调、开水器的，共有 10 条线路和 2 条备用线路（见图 3-15 系统图），空调支路共 6 条，导线均为截面积为 4mm² 的聚氯乙烯绝缘铜芯导线穿 PC20 管沿墙及楼板暗敷，热水器支路共 3 条，导线均为截面积为 4mm² 的聚氯乙烯绝缘铜芯导线穿 PC20 管沿墙及楼板暗敷，开水器 1 条支路，导线均为截面积为 6mm² 的聚氯乙烯绝缘铜芯导线穿 PC32 管沿墙及楼板暗敷（2 层配电箱 ALK2 电源由此配电箱引入）。

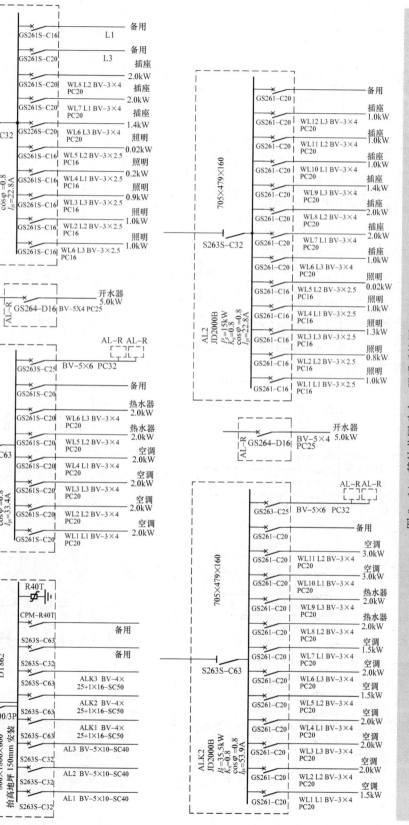

图 3-14 某幼儿园动力、照明系统图（一）

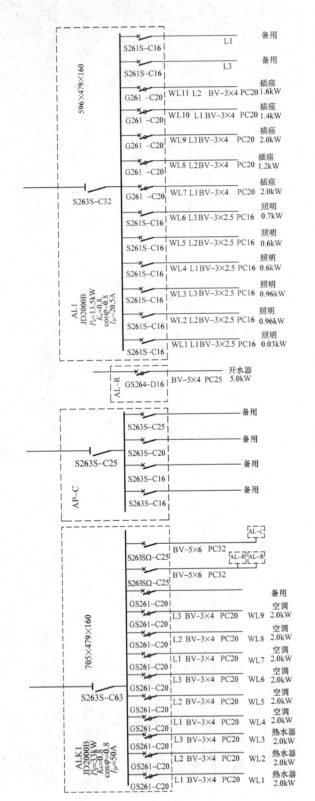

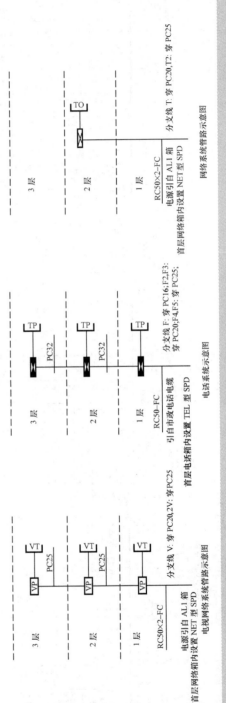

图 3-15 某幼儿园动力、照明系统图（二）

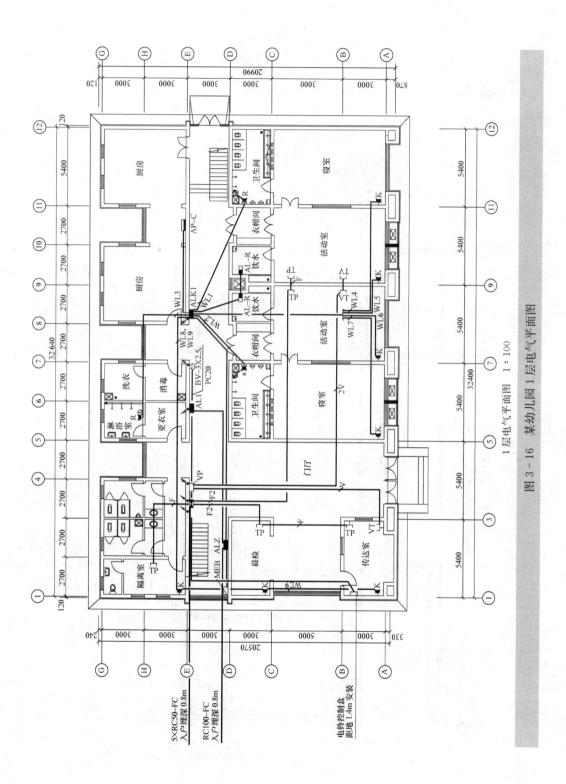

1层电气平面图 1:100

图3-16 某幼儿园1层电气平面图

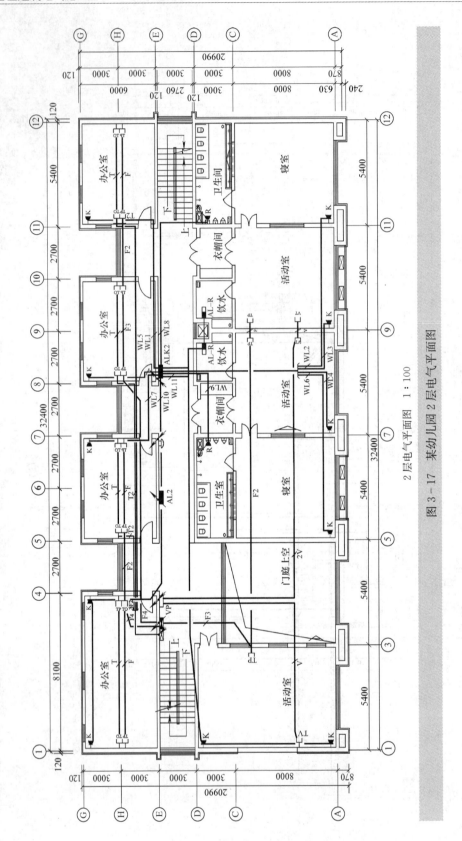

2层电气平面图 1:100

图 3-17 某幼儿园 2 层电气平面图

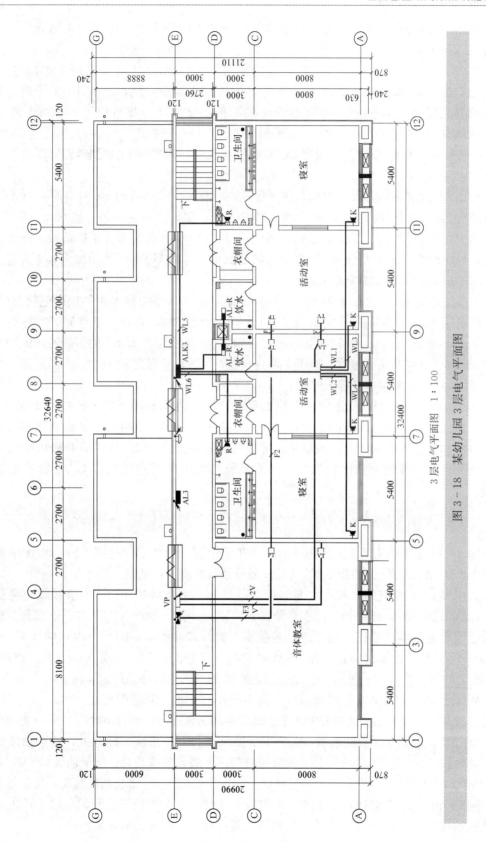

3 层电气平面图 1：100

图 3 - 18 某幼儿园 3 层电气平面图

另外，电源进线处有一个等电位连接，位于图左侧 D 上方，连接到 1 轴线出，再与配电箱 ALZ 相连接。

在 2 层电气平面图中，控制照明、插座的配电箱 AL2 的电源是由 1 层配电箱 AL1 引入的，配电箱 AL2 位于轴线 E 的下方，连接到 6 轴线左侧，共有 12 条线路，1 条备用线路（见图 3-14 系统图）。照明支路共 5 条，导线均为截面积为 2.5mm² 的聚氯乙烯绝缘铜芯导线穿 PC16 管沿墙及楼板暗敷，插座支路共 7 条，导线均为截面积为 4mm² 的聚氯乙烯绝缘铜芯导线穿 PC20 管沿墙及楼板暗敷（3 层配电箱 AL3 电源由此配电箱引入）。

ALK2 配电箱是控制 2 层空调、热水器的，共有 13 条线路和 1 条备用线路（见图 3-14 系统图），位于轴线 E 的下方，连接到 8 轴线右侧，空调支路共 9 条，热水器支路共 3 条，导线均为截面积为 4mm² 的聚氯乙烯绝缘铜芯导线穿 PC20 管沿墙及楼板暗敷，开水器 1 条支路，导线均为截面积为 6mm² 的聚氯乙烯绝缘铜芯导线穿 PC32 管沿墙及楼板暗敷（3 层配电箱 ALK3 电源由此配电箱引入）。

在 3 层电气平面图中，控制照明、插座的配电箱 AL3 的电源是由 2 层配电箱 AL2 引入的，配电箱 AL3 位于轴线 E 的下方，连接到 6 轴线左侧，共有 8 条线路，2 条备用线路（见图 3-14 系统图）。照明支路共 5 条，导线均为截面积为 2.5mm² 的聚氯乙烯绝缘铜芯导线穿 PC16 管沿墙及楼板暗敷，插座支路共 3 条，导线均为截面积为 4mm² 的聚氯乙烯绝缘铜芯导线穿 PC20 管沿墙及楼板暗敷。

ALK3 配电箱是控制 3 层空调、热水器的，位于轴线 E 的下方，连接到 8 轴线右侧，共有 7 条线路和 1 条备用线路（见图 3-14 系统图），空调支路共 4 条，热水器支路共 2 条，导线均为截面积为 4mm² 的聚氯乙烯绝缘铜芯导线穿 PC20 管沿墙及楼板暗敷，开水器 1 条支路，导线均为截面积为 6mm² 的聚氯乙烯绝缘铜芯导线穿 PC32 管沿墙及楼板暗敷。

3.3.3　照明平面图

图 3-19 是某幼儿园 1 层照明平面图，在图中有一个照明配电箱 AL1，由配电箱 AL1 引出 WL1～WL11 共 11 路配电线。（元件型号见材料清单，见表 3-2）

其中 WL1 照明支路，共有 4 盏双眼应急灯和 3 盏疏散指示灯。4 盏双眼应急灯分别位于轴线 B 的下方，连接到 3 轴线右侧传达室附近 1 盏、轴线 E 的下方，连接到 3 轴线左侧传达室附近 1 盏；轴线 E 的下方，连接到 7 轴线左侧消毒室附近 1 盏；轴线 E 的下方，连接到 11 轴线右侧厨房附近 1 盏。3 盏疏散指示灯分别位于：轴线 A 的上方，连接到 3～5 轴线之间的门厅 2 盏；轴线 D～E，连接到 12 轴线右侧的楼道附近 1 盏。

WL2 照明支路，共有防水吸顶灯 2 盏、吸顶灯 2 盏、双管荧光灯 12 盏、2 个排风扇、暗装三极开关 3 个、暗装两极开关 2 个、暗装单极开关 1 个。位于轴线 C～D，连接到轴线 5～7 的卫生间里安装 2 盏防水吸顶灯、1 个排风扇和 1 个暗装三极开关；位于轴线 C～D，连接到轴线 7～8 的衣帽间里安装 1 盏吸顶灯和 1 个暗装单极开关；位于轴线 C～D，连接到 8～9 轴线之间的饮水间里安装 1 盏吸顶灯、1 个排风扇和 1 个暗装两极开关；位于轴线 A～C，连接到轴线 5～7 的寝室里安装 6 盏双管荧光灯和 1 个暗装三极开关；位于轴线 A～C，连接到轴线 7～9 的活动室里安装 6 盏双管荧光灯和 1 个暗装三极开关。

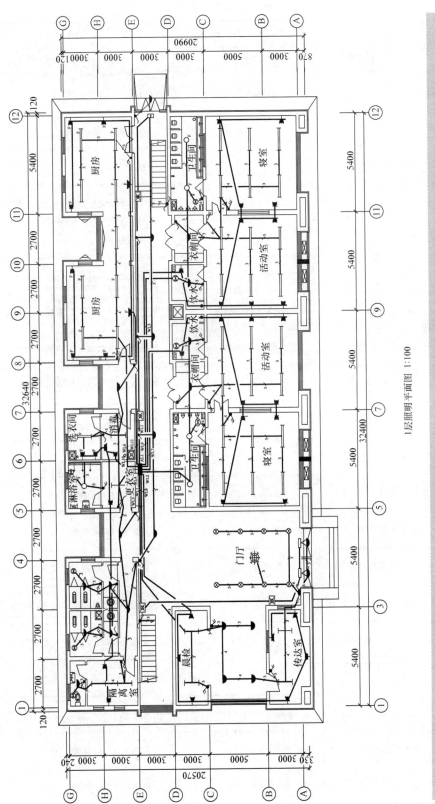

1层照明平面图 1:100

图3-19 某幼儿园1层照明平面图

表3-2　　　　　　　　材　料　清　单

			设　备　材　料　表		
序号	符号	设备名称	型号规格	单位	备　　注
1		配电箱	JD2000B	个	下皮距地1.6m暗装
2		AP-C		个	下皮距地1.6m明装
3		AL-R		个	下皮距地1.6m明装
4		壁灯	250V，1×14W	个	距地2.5m墙上安装（室外为防水型）
5		吸顶灯	250V，1×14W	个	吸顶安装
6		排风扇	250V，40W	个	吸顶安装
7		双管荧光灯	250V，2×36W	个	吸顶安装（带电子镇流器）
8		防水双管荧光灯	250V，2×36W	个	吸顶安装（带电子镇流器）
9		单管荧光灯	250V，1×36W	个	吸顶安装（带电子镇流器）
10		防水吸顶灯	250V，1×14W	个	吸顶安装
11		暗装单极开关	250V，10A	个	下皮距地1.4m暗装
12		暗装双极开关	250V，10A	个	下皮距地1.4m暗装
13		暗装三极开关	250V，10A	个	下皮距地1.4m暗装
14		单相二三孔插座	250V，10A	个	下皮距地0.3m暗装，安全型
15		单相三孔插座（带开关）	250V，15A	个	下皮距地1.8m暗装，安全型空调插座
16		单相二、三孔插座（防水）	250V，10A	个	下皮距地1.4m暗装，安全型插座
17		电铃		个	距顶0.7m安装
18		电视设备箱（二、三）	250×300×120	个	下皮距地1.6m暗装
19		电视设备箱（一）	500×500×200	个	下皮距地1.6m暗装
20		电话设备箱（二、三）	200×300×130	个	下皮距地1.6m暗装

序号	符号	设备名称	型号规格	单位	备　注
		设 备 材 料 表			
21	▨	电话设备箱（一）	300×250×140	个	下皮距地 1.6m 暗装
22	▨	网络设备箱（一）	500×500×200	个	下皮距地 1.6m 暗装
23	TO	网络插座	预留	个	下皮距地 0.3m 暗装
24	TP	电话插座	预留	个	下皮距地 0.3m 暗装
25	TV	电视插座	预留	个	下皮距地 0.3m 暗装
26	⊠	双眼应急灯	2×3W	个	距地 2.5m，应急时间大于 60min
27	E	疏散指示灯	LED 光源 0.5W	个	门框上方 0.2m
28	◉	水晶吊灯	200W	个	吸顶安装
29	⊗	筒灯	2×14W	个	嵌顶安装

　　WL3 照明支路，共有防水吸顶灯 2 盏、吸顶灯 2 盏、双管荧光灯 12 盏、排风扇 2 个、暗装三极开关 3 个、暗装两极开关 2 个、暗装单极开关 1 个。位于轴线 C～D，连接到轴线 11～12 的卫生间里安装 2 盏防水吸顶灯、1 个排风扇和 1 个暗装三极开关；位于轴线 C～D，连接到轴线 10～11 的衣帽间里安装 1 盏吸顶灯和 1 个暗装单极开关；位于轴线 C～D，连接到轴线 9～10 的饮水间里安装 1 盏吸顶灯、1 个排风扇和 1 个暗装两极开关；位于轴线 A～C，连接到轴线 11～12 的寝室里安装 6 盏双管荧光灯和 1 个暗装三极开关；位于轴线 A～C，连接到轴线 9～11 的活动室里安装 6 盏双管荧光灯和 1 个暗装三极开关。

　　WL4 照明支路，共有防水吸顶灯 1 盏、吸顶灯 12 盏、双管荧光灯 1 盏、单管荧光灯 4 盏、排风扇 4 个、暗装两极开关 5 个和暗装单级开关 11 个。位于轴线 G 下方，连接到轴线 1～2 的卫生间里安装 1 盏吸顶灯、1 个排风扇和 1 个暗装两极开关；位于轴线 H～G，连接到轴线 2～3 的卫生间里安装 1 盏吸顶灯、1 个排风扇和 1 个暗装两极开关；位于轴线 H～G，连接到轴线 3～4 的卫生间里安装 1 盏吸顶灯、1 个排风扇和 1 个暗装两极开关；位于轴线 H～G，连接到轴线 5～6 的淋浴室里安装 1 盏防水吸顶灯和 1 个排风扇；位于轴线 H～G，连接到轴线 6～7 的洗衣间里安装 1 盏双管荧光灯；位于轴线 E～H，连接到轴线 6～7 的消毒间里安装 1 盏单管荧光灯和 2 个暗装单极开关（其中 1 个暗装单级开关是控制洗衣间 1 盏双管荧光灯的）；位于轴线 E～H，连接到轴线 5～6 的更衣室里安装 1 盏单管荧光灯、1 个暗装单极开关和 1 个暗装两极开关（其中 1 个暗装两极开关是用来控制淋浴室的防水吸顶灯和排风扇的）；位于轴线 E～H，连接到轴线 4～5 的位置安装 1 盏吸顶灯和 1 个暗装单极开关；位于轴线 H 下方，连接到轴线 3～4 的洗手间里安装 1 盏吸顶灯和 1 个暗装单极开关；位于轴线 H 下方，连接到轴线 2～3 的洗手间里安装 1 盏吸顶灯和 1 个暗装单极开关；位于轴线 E～H，连接到 3 轴线位置安装 1 盏吸顶灯、位于轴线 E 上方，连接到 4 轴线左侧位置安装 1 个暗装单极开关；位于轴线 E～H 和 H 上方，连接到轴线 1～2 的中间位置各安装 1 个单管荧光灯；在轴线 E～H，连接到 2 轴线左侧位置安装 1 个暗装两极开关；在轴线 E 的下方，连接到 4 轴线位置安装 1 个暗装单极开关；在轴线 D～E，连接到轴线 4～5 的中间位置安装 1 盏吸顶灯；在轴线 D～E，连接到轴线 6～7 的中间位置安装 1 盏吸顶灯；在轴线 E 的下方，连接到轴线 4～5 的中间位置安装 1 个暗装单级开关；在轴线 D～E，连接到轴线 10～11 的中间位置安装 1 盏吸顶灯；在轴线 E 的下方，连接到轴线 10～11 的中间位置安装 1 个暗装单级开关；在轴线 D～E，连接到 12 轴线右侧的位置安装 1 盏吸顶灯；在轴线 E 的下方，连接到 12 轴线的位置安装 1 个暗装单级开关。

WL5 照明支路，共有吸顶灯 6 盏、单管荧光灯 4 盏、筒灯 8 盏、水晶吊灯 1 盏、暗装三极开关 1 个、暗装两极开关 3 个和暗装单极开关 1 个。位于轴线 C～D，连接到轴线 1～3 的晨检室里安装 2 盏单管荧光灯和 1 个暗装两极开关；位于轴线 B～C，连接到轴线 1～3 的位置安装 4 盏吸顶灯和 1 个暗装两极开关；位于轴线 A～B，连接到轴线 1～3 的传达室里安装 2 盏单管荧光灯和 1 个暗装两极开关；位于轴线 A～C，连接到轴线 3～5 的门厅里安装 8 盏筒灯、1 盏水晶吊灯、1 个暗装三极开关和 1 个暗装单极开关；位于轴线 A 下方，连接到轴线 3～5 的位置安装 2 盏吸顶灯。

WL6 照明支路，共有防水双管荧光灯 9 盏、暗装两极开关 2 个。位于轴线 E～G，连接到轴线 8～12 的厨房里安装 9 盏防水双管荧光灯和 2 个暗装两极开关。

WL7 插座支路，共有单相二、三孔插座 10 个。位于轴线 A～C，连接到轴线 5～7 的寝室里安装单相二、三孔插座 4 个；位于轴线 A～C，连接到轴线 7～9 的活动室里安装单相二、三孔插座 5 个；位于轴线 C～D，连接到 8 轴线右侧的饮水间里安装单相二、三孔插座 1 个。

WL8 插座支路，共有单相二、三孔插座 7 个。位于轴线 C～D，连接到轴线 1～3 的晨检室里安装单相二、三孔插座 3 个；位于轴线 A～B，连接到轴线 1～3 的传达室里安装单相二、三孔插座 4 个。

WL9 插座支路，共有单相二、三孔插座 10 个。位于轴线 C～D，连接到轴线 9～10 的饮水间里安装单相二、三孔插座 1 个；位于轴线 A～C，连接到轴线 9～11 的活动室里安装单相二、三孔插座 5 个；位于轴线 A～C，连接到轴线 11～12 的寝室里安装单相二、三孔插座 4 个。

WL10 插座支路，共有单相二、三孔插座 5 个、单相二、三孔防水插座 2 个。位于轴线 E～H，连接到轴线 6～7 的消毒室里安装单相二、三孔插座 2 个；位于轴线 H～G，连接到轴线 6～7 的洗衣间里安装单相二、三孔防水插座 2 个；位于轴线 E～H，连接到 5 轴线右侧更衣室里安装单相二、三孔插座 1 个；位于轴线 E～H，连接到轴线 1～2 的隔离室里安装单相二、三孔插座 2 个。

WL11 插足支路，共有单相二、三孔防水插座 8 个。位于轴线 E～G，连接到轴线 8～12 的厨房里安装单相二、三孔防水插座 8 个。

图 3-20 和图 3-21 是某幼儿园 2、3 层照明平面图，与图 3-19 的 1 层照明平面图基本类似，请读者参考图 3-19。

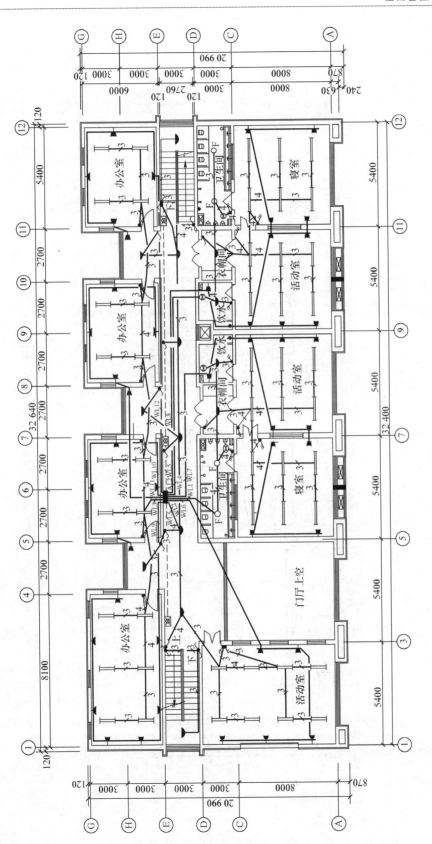

2层照明平面图 1:100

图 3 - 20 某幼儿园 2 层照明平面图

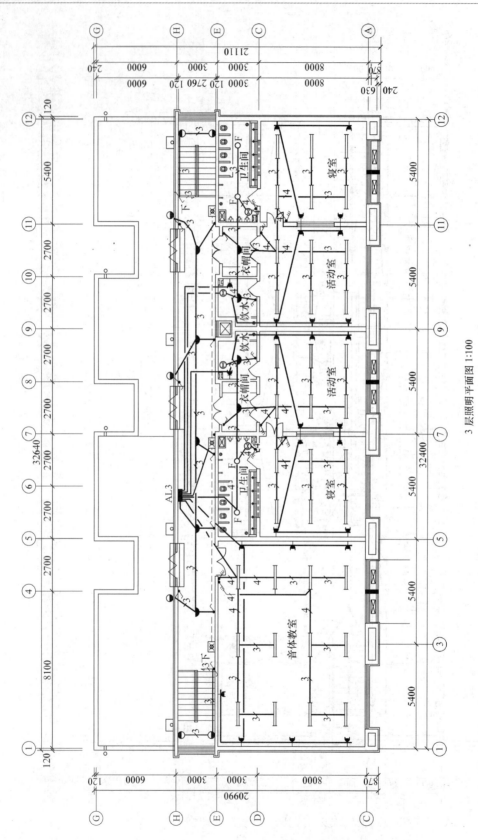

3 层照明平面图 1:100

图 3-21　某幼儿园 3 层照明平面图

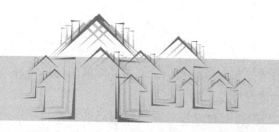

第 **4** 章

轻松看懂防雷接地工程图

本章主要介绍了雷电现象及雷击的形式；雷电对建筑物及设备造成的危害；建筑防雷接地的原理，针对雷击的形式和防雷等级采用的防雷措施。讲述了基本建筑防雷接地工程图的阅读方法，并以实际工程施工图为实例，指导读者识读防雷工程图和接地工程图。

4.1　建筑防雷接地工程简介

现代社会防雷工作的重要性、迫切性、复杂性大幅度增加了，雷电的防御已从直击雷防护到系统防护。我们必须了解雷击的现象，易受雷击的部位，雷电造成的破坏程度等，掌握现代防雷技术，进而根据建筑物的防雷等级，快速识读防雷接地工程图。

4.1.1　雷电的形成、危害及防雷接地原理

4.1.1.1　雷击的形成

雷电是由天空中云层间的相互高速运动、空气流动的剧烈摩擦，使高端云层和低端云层带上相反电荷；此时，低端云层在其下面的大地上也感应出大量的异种电荷，形成一个极大的电容，当场强达到一定强度时，就会产生对地放电，这就是雷电现象。这种迅猛的放电过程产生强烈的闪电并伴随巨大的声音。然而，云层对大地的放电，对建筑物、电子电气设备和人、畜危害极大。

雷击通常有三种主要形式：其一是带电的云层与大地上某一点之间发生迅猛的放电现象，叫做"直击雷"；其二是带电云层由于静电感应作用，使地面某一范围带上异种电荷。当直击雷发生以后，云层带电迅速消失，而地面某些范围由于散流电阻大，以致出现局部高电压，或者由于直击雷放电过程中，强大的脉冲电流对周围的导线或金属物产生电磁感应发生高电压以致发生闪击的现象，叫做"二次雷"或称"感应雷"；其三是"球形雷"，球形雷是球状闪电的现象。

4.1.1.2　雷击的危害

1. 直击雷

当雷电直接击在建筑物上，强大的雷电流使建（构）筑物水分受热汽化膨胀，从而产生很大的机械力，导致建筑物燃烧或爆炸。另外，当雷电击中接闪器，电流沿引下线向大地泻放时，这时对地电位升高，有可能向临近的物体跳击，称为雷电"反击"，从而造成火灾或人身伤亡。

如图 4-1 所示直接雷击导致架空线中对地电压瞬时

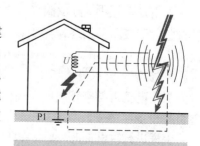

图 4-1　直接雷击建筑物

升高。传导过电压从架空线传播到与大地相连接的低压配电装置中。电压升高的不同还可导致与始终保持零电位的大地间的绝缘崩溃，这种情况极少发生。

如图4-2、图4-3所示感应雷击效应通常产生暂态过电压，在线路附近的雷击由于电磁感应会产生脉冲浪涌。由于相线、中性线和大地之间的绝缘损坏，线路、大地和低压配电装置之间产生感应回路，网络中的所有线路电压都上升为同一值，并向同一方向传播。产生的电压值取决于线路和大地之间的距离，采用地下电缆则有好处。地电压的升高，雷电流在大地中的消散会在很短距离间产生电压差，该区域内的不同接地极会有不同电位，从而在低压配电装置中产生过电压。

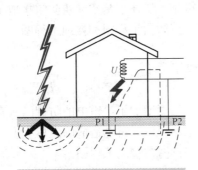

图4-2 静电感应雷直击建筑物

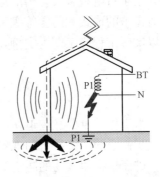

图4-3 电磁感应雷直击建筑物

2. 感应雷

感应雷的破坏也称为二次破坏。它分为静电感应雷和电磁感应雷两种。由于雷电流变化梯度很大，会产生强大的交变磁场，使得周围的金属构件产生感应电流，这种电流可能向周围物体放电，如附近有可燃物就会引发火灾和爆炸，而感应到正在联机的导线上就会对设备产生强烈的破坏。

3. 静电感应雷

带有大量负电荷的雷云所产生的电场，将会在金属导线上感应出被电场束缚的正电荷。当雷云对地放电或云间放电时，云层中的负电荷在一瞬间消失了（严格地说是大大减弱），那么在线路上感应出的这些被束缚的正电荷也就在一瞬间失去了束缚，在电势能的作用下，这些正电荷将沿着线路产生大电流冲击。易燃易爆场所、计算机及其场地的防静电问题，应特别重视。图4-2表示了静电感应雷直击建筑物产生的现象。

4. 电磁感应雷

雷击发生在供电线路附近，击在避雷针上会产生强大的交变电磁场，此交变电磁场的能量将感应于线路并最终作用到设备上。图4-3表示了电磁感应雷直击建筑物产生的现象；图4-4用图形表示了感应效应的间接耦合的雷击波。

5. 雷电波引入的破坏

当雷电接近架空管线时，高压冲击波会沿架空管线侵入室内，造成大电流引入，这样可能引起设备损坏或人身伤亡事故。如果附近有可燃物，容易酿成火灾。

怎样进行雷电灾害防护，在防雷设施的设计和建设时，根据地质、土壤、气象、环境、被保护物的特点，雷电活动规律等因素综合考虑，采用安全可靠、技术先进、经济和常规防雷。

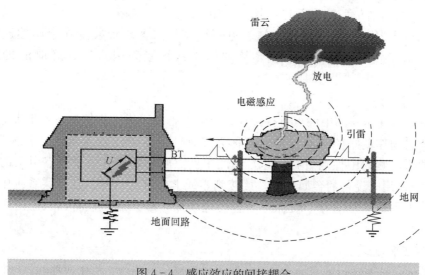

图 4-4 感应效应的间接耦合

常规防雷电可分为防直击雷电、防感应雷电和综合性防雷电。防直击雷电的避雷装置一般由三部分组成，即接闪器、引下线和接地体。

针对雷电的危害，防雷必须是全面的。防雷主要包括以下六个方面：控制雷击点（采用大保护范围的避雷针）；安全引导雷电流入地网；利用完善的低阻地网，消除地面回路；电源的浪涌冲击防护；信号及数据线的瞬变保护。

4.1.1.3 防雷接地原理

1. 接地系统

接地是避雷技术最重要的环节，从避雷的角度来说，把接闪器与大地做良好的电气连接的装置称为接地装置。接地装置的作用是把雷电对接闪器闪击的电荷尽快地泄放到大地，使其与大地的异种电荷中和。不管是直击雷、感应雷，还是其他形式的雷，最终都是把雷电流送入大地。因此，没有合理和良好的接地装置是不能达到可靠避雷的。

接地电阻越小，散流就越快，被雷击物体高电位保持时间就越短，危险性就越小。对于计算机场地的接地电阻要求≤4Ω，并且采取共用接地的方法将避雷接地、电器安全接地、交流地、直流地统一为一个接地装置。如有特殊要求设置独立地，则在两地网间用地极保护器连接，这样，两地网之间平时是独立的，防止干扰，当雷电流来到时两地网间通过地极保护器瞬间连通，形成接地系统。

（1）等电位连接：防雷工程的一个重要方面是接地以及引下线路的布线工程，整个工程的防雷效果甚至防雷器件是否起作用都取决于此。电力、电子设备的接地，是保障设备安全、操作人员安全和设备正常运行的必要措施。所以，凡是与电网连接的所有仪器设备都应当接地；凡是电力需要到达的地方，就是接地工程需要做到的地方。由此可知接地工程的广泛性和重要性。接地就是让已经纳入防雷系统的闪电能量泄入大地，良好的接地才能有效地降低引下线上的电压，避免发生反击。过去有些规范要求电子设备单独接地，目的是防止电网中杂散电流或暂态电流干扰设备的正常工作。

（2）防雷接地：为使雷电浪涌电流泄入大地，使被保护物免遭直击雷或感应雷等浪涌过电压、过电流的危害，所有建筑物、电气设备、线路、网络等不带电金属部分，金属护套，避雷器，以及一切水、气管道等均应与防雷接地装置作金属性连接。防雷接地装置包括避雷针、带、线、网，接地引下线、接地引入线、接地汇集线、接地体等。

2. 接地的种类

供电系统用变压器的中性点直接接地；电器设备在正常工作情况下，不带电的金属部分与接地体之间作良好的金属连接，都称为接地，前者为工作接地，后者为保护接地。配电变压器低压侧的中性点直接接地，则此中性点叫做零点，由中性点引出的线叫做零线（中性线）。用电设备的金属外壳直接接到零线上，称为接零。在接零系统中，如果发生接地故障即形成单相短路，使保护装置迅速动作，断开故障设备，从而使人体避免触电的危险。

3. 地网工程概论

防雷接地，按照现行国家标准《建筑防雷设计规范》执行。由于接地的良好状态对防雷有非常重要的影响，所以在制作接地体时一般采用 40mm×40mm 的角铁，每根长 2.5m，间距约 5m 垂直打入地下，顶端距地面约 0.5～1.0m，顶端再用 40mm×40mm 左右的扁铁全部焊接起来，构成一个统一的接地系统。

4. 防雷等电位连接

接闪装置在捕获雷电时，引下线立即升至高电位，会对防雷系统周围尚处于地电位的导体产生旁侧闪络，并使其电位升高，进而对人员和设备构成危害。为了减少这种闪络危险，最简单的办法是采用均压环，将处于地电位的导体等电位连接起来，一直到接地装置。台站内的金属设施、电气装置和电子设备，如果其他防雷系统的导体，特别是接闪装置的距离达不到规定的安全要求时，则用较粗的导线把它们与防雷系统进行等电位连接。这样在闪电电流通过时，台站内的所有设施会形成一个"等电位岛"，保证导电部件之间不产生有害的电位差，不发生旁侧闪络放电。

5. 等电位连接的主体及要求

等电位连接的目的在于减小需要防雷的空间内各金属物与系统之间的电位差。当建筑物内有信息系统时，在那些要求雷击电磁脉冲影响最小处，等电位连接通常采用金属板，并与钢筋或其他屏蔽构件做多点连接。对进入建筑物的所有外来导电部件做等电位连接的主体，一般包括设备所在建筑物的主要金属构件和进入建筑物的金属管道；供电线路含外露可导电部分；防雷装置；由电子设备构成的信息系统等内容。

例如某大楼的计算机房六面敷设金属屏蔽网，屏蔽网应与机房内环接地母线均匀多点相连。通过星形（S形结构或网形 M 形）结构把设备直接地，以最短的距离连到邻近的等电位连接带上。小型机房选 S 形，大型机房选 M 形结构。机房内的电力电缆和铁管并水平直埋 15m 以上，铁管两端接地。

图 4-5 显示了雷电侵入的途径和综合防雷措施，是由避雷针、引下线及接地装置等组成的防雷措施。图中表示了由避雷针引雷，经引下线及避雷装置将雷雨中积存的电荷能量由接地装置引入大地。

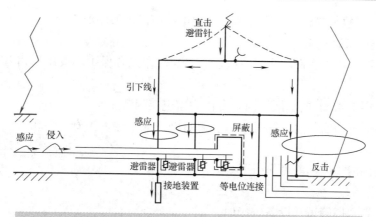

图4-5 雷电侵入途径和综合防雷措施

4.1.2 建筑防雷等级和防雷措施

4.1.2.1 建筑防雷等级的划分

1. 防雷等级的划分

第一类：具有特别重要用途的建筑物，如国家级的会堂、办公建筑、国际航空港，国家级重点文物保护的建筑物等；高度超过100m的建筑物；凡在建筑物中存放爆炸物品等，因电火花发生爆炸，致使建筑物损坏或人员伤亡者。

第二类：重要的或人员密集的大型建筑物，如省级办公楼、会堂、博物馆等建筑，或具有重要政治意义的民用建筑物。19层以上的住宅建筑和高度超过50m的建筑物；大型计算机中心和装有重要电子设备的建筑物。

第三类：不属于第一、第二类的范围，而需要作防雷保护的建筑物。

2. 各类建筑物的防雷措施

（1）第一类建筑物。防止直接雷：

1）低于15m的建筑物，用独立避雷针保护，接地电阻小于10Ω，引下线距离墙面及接地装置距地下金属管道或电缆不小于3m。

2）高30m的建筑物，避雷针可装于建筑物屋顶，接地电阻小于5Ω，建筑物的钢筋及室内的金属设备，均应彼此连接接地。避雷针应高出爆炸性管道3m，离开5m。

防止感应雷：

1）非金属屋面用明装避雷网保护，金属或钢筋混凝土屋面可直接接地作防感应雷。

2）接地电阻小于5Ω，接地装置应沿建筑物四周环形敷设。

3）室内一切金属管道和设备应接地。

防止高电位引入：

1）采用不短于50m的电缆进线和低压避雷器保护时，电缆两端及避雷器的接地电阻小于10Ω。

2）采用架空进线时，进户线电杆的接地电阻小于10Ω，进户杆前500m内电杆均应接地，电阻小于20Ω，低压避雷器装在进户杆上，接地电阻小于10Ω。

3）架空引入的金属管道，在室外每隔25m接地一处，进户处接地电阻小于15Ω。除防止直接雷，其余接地装置均可连成一体，接地电阻应满足最小值。

（2）第二类建筑物。防止直接雷：

1）在建筑物上用避雷带和短针（0.3～0.5m）作混合保护，或用避雷针保护，接地电阻小于10Ω。

2）厚度不小于4mm的金属屋面，可作为雷电接闪装置。

3）钢筋混凝土物面，内钢筋可作暗装避雷网，在山墙、屋脊、屋角等凸出部分应加装避雷针。

4）焊接的混凝土内钢筋可作引下线。

防止感应雷：

1）室内一切金属管道和设备应接地。

2）室内相距100mm以下的平行或交叉管道每隔25m应接地，接头、弯头等处应用导线跨接后接地，不允许有开口环节。

防止高电位引入：

1）用电缆进线时，同第一类建筑物。

2）采用架空进线时，进户线电杆的接地电阻小于10Ω，进户杆前150m内电杆均应接地，接地电阻小于20Ω，低压避雷器接地电阻小于10Ω。

3）引入室内的金属管道在进户处接地电阻小于20Ω。

所有接地装置允许连成一体。

（3）第三类建筑物。防止直接雷：

1）在建筑物最易遭受雷击的部位装设避雷针和避雷带，进行重点保护，接地电阻小于15Ω。

2）钢筋混凝土屋面，可利用其钢筋作防雷装置。

防止高电位引入：在进户线墙上安装放电间隙或瓷瓶接地，接地电阻小于15Ω。各接地装置可连接成一体。

4.1.2.2 建筑物防雷措施

建筑物防雷分外部防雷和内部防雷，其防雷的具体措施如图4-6所示。

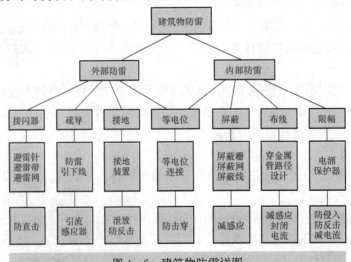

图4-6 建筑物防雷详图

1. 外部防雷系统

外部防雷系统由接闪器（避雷针）、防雷引下线、接地地网等有机组合。下面介绍以上三个主要装置的相关技术及安装。外部防雷是解决对建筑物外部空气如何截雷，把雷电流向大地中泄放的问题。

（1）接闪器：避雷针、避雷线、避雷带、避雷网。

（2）避雷带和避雷网的结构设计。

（3）接闪器的选择和布置。

接闪器：用以接受雷云放电的金属导体。它利用其高出被保护物的突出地位，把雷电流引向自身，然后通过引下线和接地装置，将雷电流泄入大地，保护建筑物免受雷灾。接闪器的类型有避雷针、避雷线、避雷带、避雷环、避雷网。

避雷针：雷雨云形成以后对大地的电压，低则几百万伏，高则数千伏甚至更高，雷雨云对大地的一次闪击放电的峰值电流平均为30多kA，它的瞬时功率为$10^9 \sim 10^{12}$W以上。由于瞬时功率很大，所以它的破坏力是相当大的。当高空出现雷雨云的时候，大地上由于静电感应作用，必然带上与雷雨云相反的电荷，避雷针处于地面建筑物的最高处，与雷雨云的距离最近，由于它与大地有良好的电气连接，所以它与大地有相同的电位，使避雷针附近空间的电场强度比较大，容易吸引雷电先驱，使主放电都集中到它的上面，从而保护附近比它低的物体遭受雷击的几率大量减少。而避雷针被雷击的几率却大幅度提高。避雷针不能避雷而是引雷，它自身受雷击而保护周围物体免受雷击。常见避雷针的外形如图4-7所示。

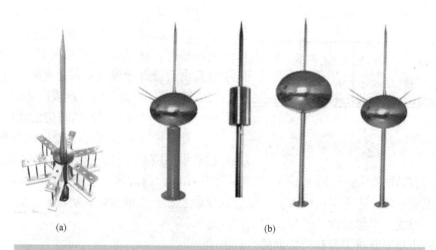

(a)   (b)

图4-7 普通避雷针外形
(a) 提前放电避雷针；(b) 普通型避雷针

由于避雷针与大地有良好的电气连接，能把大地积存的电荷能量迅速传递到雷雨云层中泄放；或把雷雨云层中积存的电荷能量传递到大地中泄放，使雷击而造成的过电压时间大幅度缩短，从很大程度上降低了雷击的危害性。

避雷针必须足够可靠，并且有接地电阻尽量小的引下线接地装置与其配套，否则，它不但起不到避雷的作用，反而增大雷击的损害程度。

避雷线：接闪器最初的形式只是富兰克林所设计的磨尖的铁棒。20世纪初，在电力系统，为了使输电线路少受雷击，采用了在输电线路上方架设平行的钢线避雷的方法，在实践中，由于它简单有效，得到了逐步推广。这种架设在输电线路上方的钢线，称之为避雷线。后来在房屋建筑上也推广了这种形式，开始布设在方脊、屋角、房檐等处作雷电保护，以后这种方式又有所改进。

避雷带：在房屋建筑雷电保护上，用扁平的金属带代替钢线接闪的方法称为避雷带，它是由避雷线改进而来。在城市高大楼房上，使用避雷带比避雷针有较多的优点，它可以与楼房顶的装饰结合起来，可以与房屋的外形较好地配合，既美观，防雷效果又好，特别是大面积的建筑，它的保护范围大而有效，这是避雷针所无法比的。避雷带的制作，采用扁钢，截面积不小于 $48mm^2$，其厚度不应小于 4mm。

避雷网：避雷网是指利用钢筋混凝土结构中的钢筋网作为雷电保护的方法（必要时还可以辅助避雷网），也叫做暗装避雷网。它是根据古典电学中法拉第笼的原理达到雷电保护的金属导电体网络。

暗装避雷网是把最上层屋顶作为接闪设备。根据一般建筑物的结构，钢筋距面层只有6～7cm，面层越薄，雷击点的洞越小。但有些建筑物的防水层和隔热层较厚，入毂钢筋距面层厚度大于 20cm，最好另装辅助避雷网。辅助避雷网一般可用直径为 6mm 或以上的镀锌圆钢，网格大小可根据建筑物的重要性，分别采用 $5 \times 5m$ 或 $10 \times 10m$ 的圆钢制成。避雷网又分明网和暗网，其网格越密可靠性越好。

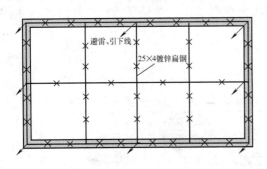

图 4-8　避雷网图例

建筑物顶上往往有许多突出物，如金属旗杆、透气管、钢爬梯、金属烟囱、风窗、金属天沟等，都必须与避雷网焊成一体做接闪装置。在非混凝土结构的建筑物上，可采用明装避雷网。做法是首先在屋脊、屋檐等到顶的突出边缘部分装设避雷带主网，再在主网上加搭辅助网。见图 4-8 避雷网图例。

避雷带（避雷网）的结构设计：

避雷带（避雷网）一般采用圆钢或扁钢，其尺寸不应小于下列数值：圆钢直径不小于12mm，扁钢截面积不小于 $100mm^2$，扁钢厚度为 4mm。避雷带一般采用 25×4 的镀锌扁钢相互焊接连成一片。避雷网可用镀锌扁钢引到接地装置，也可与建筑物柱子、剪力墙内的主钢筋焊接，形成一个接地网，然后接到共同接地体。

读图时注意安装避雷带和避雷网的注意事项。

（1）避雷带及其连接线经过沉降沟（沉降沟：一座较长的多层建筑物，往往在横向上把建筑物分成几段，段与段之间留有一段空隙，防止各段下沉不一致，引起建筑物损坏）时，应备有 10～20cm 以上的伸缩裕量的跨越线。

（2）有女儿墙的平顶房屋，其宽度小于 24m 时，只需沿女儿墙上部敷设避雷带；宽度大于 24m 时，需在房面上两条避雷带之间加装明装连接条，连接条的间距不大于 20m 时，只在屋檐上装避雷带；宽度大于 20m 时，需在屋面上加装明装连接条，连接条间距不大于 20m。

（3）瓦顶房屋面坡度为 $27° \sim 35°$，长度不超过 75m 时，只沿屋脊敷设避雷带。四坡顶房屋，应在各坡脊上装上避雷带。为使檐角得到保护，应在屋角上装短避雷针或将避雷带的引下线从檐角上绕下来。如果屋檐高度高于 12m，且长度大于 75m 时，要在屋脊和房檐上都敷设避雷带。

（4）当屋顶面积非常大时，应敷设金属网格，即避雷网。避雷网分明网和暗网，网格越密，可靠性越好，网格的密度视建筑物重要程度而定，重要建筑物采用 $5×5m$ 的密网格，一般建筑物用 $20×20m$ 的网格即可。

在非混凝土结构的建筑物上，一般采用明装避雷网。采用避雷带和避雷网保护时，屋顶上的烟囱、混凝土女儿墙、排气楼、天窗及建筑装饰等突出于屋顶上部的结构物和其他突出部分，都要装设短避雷针或避雷带保护，或暗装防护线，并连接到就近避雷带或避雷网上。对金属旗杆、金属烟囱、钢爬梯、风帽、透气管等必须与就近的避雷带、避雷网焊接。采用避雷带和避雷网保护时，每一座房屋至少有两根引下线（投影面积小于 $50m^2$ 的建筑物可只用一根）。可参考图 4-9 引下线和接地装置的图例分析。

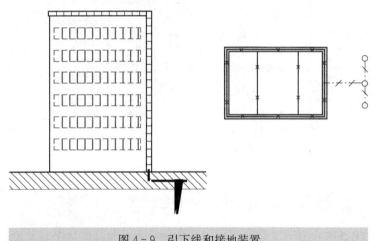

图 4-9　引下线和接地装置

接闪器可由以下一种或多种组成选择。

独立避雷针；架空避雷线或架空避雷网；直接装设在建筑物上的避雷针、避雷带或避雷网。

图 4-10 外部防雷系统示例中直观地表示出避雷针的结构以及避雷针、引下线、接地地网等组成的防雷接地系统的外部结构。

2. 内部防雷系统

构筑和作用于建筑物内部的防雷工程称为内部防雷工程。内部防雷工程主要由屏蔽、防雷器和等电位连接三部分组成。建筑物内部防雷工程涉及面较广，它包括感应雷、球雷、传导雷以及因线路上浪涌高电压所造成的电网波动在内的众多损害。综合分析其危害最大的主要是高电压引入。

高电压引入是指雷电高电压通过金属线引导到其他地方和室内造成破坏的雷害现象。高电压引入的电源有三种：第一种是直击雷直接击中金属导线，使高压雷电以波的形式沿着导线两边传播引入室内；第二种是来自感应雷的高电压脉冲。由于雷雨云对大地放电或雷雨云之间迅速放电形成的静电感应和电磁感应，感生出几千伏到几十千伏，甚至数百千伏的地电

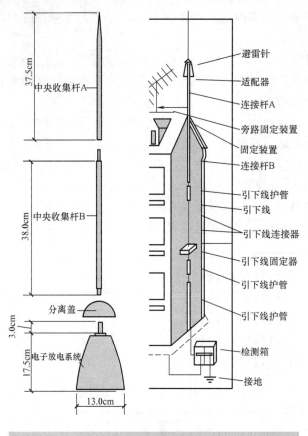

图 4-10　外部防雷系统示例

位反击，这种反击会沿着电力系统的中性线保护接地线和各种形式的接地线，以波的形式传入室内或传播到更大的室内范围，造成大面积的危害。

雷击电子设备的途径和损坏机理，雷击电子设备的途径，雷击电子设备的途径可分为三种情况。

（1）雷电直接击中电子设备。落雷点为电源高电压侧，雷电沿供电线路侵入到电子设备系统供电部分，产生过电流与过电压造成网络供电系统的 UPS 电源损坏、断电，致使整个系统瘫痪。雷电直击网络无线通信的天馈线，沿天馈线进入网络系统，造成通信接口、接收系统、室内单元、路由器等网络主要通信设备损坏。

（2）感应过电压。回路感应过电压：由于网络系统在建筑物内大量布设各种导体线路（如电源线、数据通信线、天馈线），这些线路网络结构布局错综复杂，在建筑物内部的不同空间位置上构成许多回路，当建筑物遭雷击或邻近地区雷电放电时，将在建筑物内部空间产生脉冲暂态磁场，这种快速变化的磁场交链，将在回路中感应出暂态过电压，危及与回路相接的电子设备。

（3）耦合与转移过电压。雷击引起暂态高电压或过电压常常可以通过网络线路耦合或转移到网络设备上，造成设备的损坏。另外，当建筑物在遭受直接雷击时，雷电流将沿建筑物防雷系统中各引下线和接地体入地，在此过程中，雷电流将在防雷系统中产生暂态高电压，如果引下线与周围网络设备绝缘距离不够且设备与避雷系统不共地，将在两者之间出现很高的电压，并会发生放电击穿，导致网络设备严重损坏，甚至人身安全。这种由于接地技术处理不当引起地电位的反击，造成整个网络系统设备全部击毁。

3. 电涌保护器在低压配电系统中的应用

随着电子设备及精密仪器使用的日益广泛，过电压保护是不可缺少的一部分，电涌保护器可使设备免受过电压的损害。电涌保护器一般安装在主进线的电源开关处以泄放直击雷的能量，它是供电系统的第一级保护。而电涌保护器能有效保护 10m 以内的连接设备，因此，必须使用一个或多个电涌保护器，达到设备承受的电压保护水平。电涌保护器一级和二级相配合的组合型 SPD，用于泄放直接雷击产生的高能量，同时确保大多数耐压水平较低的电气和电子设备安全运行。

电涌保护器有电压开关型（间隙、气体放电管、闸流管等）；电压限制型（SiC，ZnO 压敏电阻等金属氧化物）；组合型。

电涌保护器的基本参数，如图 4-11 所示。

U_p：电压保护水平。表征 SPD 限制接线端子间电压的性能参数。

U_c：最大可持续运行电压。允许持续地施加在 SPD 上的最大交流电压有效值或直流电压。

I_n：标称放电电流。表示未损坏时电涌保护器可以通过的 $8/20\mu s$ 波形电流的峰值（15 次）。

I_{max}：最大放电电流。电涌保护器可以导通的 $8/20\mu s$ 波形电流的峰值（1 次）。

电涌保护器选择的基本原则为 $U_p <$ 设备的冲击耐压 U_{choc}。不同类别的设备的冲击耐压值见表 4-1。

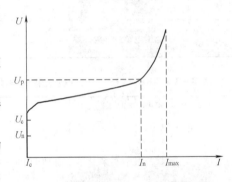

图 4-11　电涌保护器的 $U-I$ 曲线

表 4-1　　　　　　　　　　　设 备 与 耐 压

设备类别	IV	III	II	I
冲击耐压值 U_{choc}（kV）	6	4	2.5	1.5

I 类——需要将瞬态过电压限制到特定水平的设备。

II 类——如家用电器、手提工具和类似负荷。

III 类——如配电盘、断路器，包括电缆、母线、分线盒、开关、插座等的布线系统，以及应用于工业的设备和永久性固定装置，固定安装的电动机等一些其他设备。

IV 类——如电气计量仪表、一次性过电流保护设备、波纹控制设备。

分级配置的需要：为了提供最佳的保护，既能承受更强的电流又有较小的残余电压，通常应用多级电涌保护器作保护。第一级保护作用为应能承受绝大部分雷电流；第二级保护作用为泄放残余的雷电流，限制设备端的残余电压，同时与第一级保护配合。

表 4-2、表 4-3 表示了建筑物内电涌保护器的应用。

表 4－2　　　　　　　　　建筑物内电涌保护器的应用（标准方案）

民用建筑物情况		第一级（SPD1）	中间级（SPD2）	设备级（SPD3）
智能化大楼	低压架空线进线	PRD 65（100）kA （8/20μs） U_p＝1.5kV	PRD 40kA（8/20μs） U_p＝1.2kV	PRD 8kA（8/20μs） U_p＝1.2kV
			—	PRD 15kA（8/20μs） U_p＝1.2kV
	低压电缆线进线，变电所在建筑物外	PRD 65（100）kA （8/20μs） U_p＝1.5kV	PRD 40kA（8/20μs） U_p＝1.2kV	PRD 8kA（8/20μs） U_p＝1.2kV
			—	PRD 15kA（8/20μs） U_p＝1.2kV
	低压电缆线进线，变电所在建筑物内	PRD 65kA（8/20μs） U_p＝1.5kV	—	PRD 8kA（8/20μs） U_p＝1.2kV
高层住宅	低压电缆线进线	PRD 65kA（8/20μs） U_p＝1.5kV	选装　PRD 40kA （8/20μs）U_p＝1.2kV	PRD 8kA（8/20μs） U_p＝1.2kV
多层住宅	低压电缆线进线	PRD 40kA（8/20μs） U_p＝1.2kV	—	选装 PRD 8kA （8/20μs）U_p＝1.2kV
别墅	低压电缆线进线	PRD 40kA（8/20μs） U_p＝1.2kV	—	PRD 8kA （8/20μs）U_p＝1.2kV

表 4－3　　　　　　　　　建筑物内电涌保护器的应用（高端方案）

民用建筑物情况		第一级（SPD1）	中间级（SPD2）	设备级（SPD3）
智能化大楼	低压架空线进线	PRF1 35kA（10/350μs） U_p＝1.5kV 或 PRD 100kA（8/20μs） U_p＝1.8kV	PRD 40kA（8/20μs） U_p＝1.2kV	PRD 8kA（8/20μs） U_p＝1.2kV
			—	PRD 15kA（8/20μs） U_p＝1.2kV
	低压电缆线进线，变电所在建筑物外	PRF1 35kA（10/350μs） U_p＝1.5kV 或 PRD 100kA（8/20μs） U_p＝1.8kV	PRD 40kA（8/20μs） U_p＝1.2kV	PRD 8kA（8/20μs） U_p＝1.2kV
			—	PRD 15kA（8/20μs） U_p＝1.2kV
	低压电缆线进线，变电所在建筑物内	PRF1 35kA（10/350μs） U_p＝1.5kV 或 PRD 100kA（8/20μs） U_p＝1.8kV		PRD 8kA（8/20μs） U_p＝1.2kV
高层住宅	低压电缆线进线	PRF1 35kA（10/350μs） U_p＝1.5kV 或 PRD 100kA（8/20μs） U_p＝1.8kV	选装　PRD 40kA （8/20μs）U_p＝1.2kV	PRD 8kA（8/20μs） U_p＝1.2kV
多层住宅	低压电缆线进线	PRD 65kA（8/20μs） U_p＝1.2kV		选装 PRD 15kA （8/20μs）U_p＝1.2kV
别墅	低压电缆线进线	PRD 65kA（8/20μs） U_p＝1.2kV		PRD 15kA （8/20μs）U_p＝1.2kV

　　图 4－12 以某高层建筑为例，用图形直观地显示出电涌保护器的实际应用，识图者可根据图自行分析。

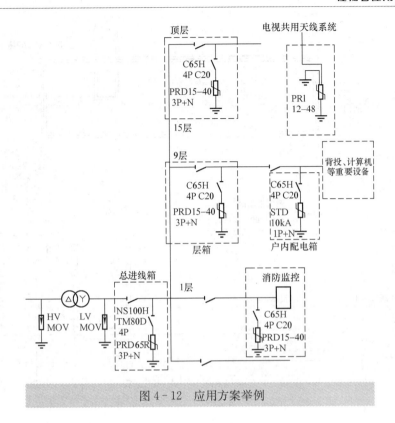

图 4-12 应用方案举例

4.2 建筑防雷接地工程图

建筑防雷接地工程图一般包括防雷工程图和接地工程图两部分。防雷设计是根据雷击类型、建筑物的防雷等级等确定，防雷保护包括建筑物、电气设备及线路保护；接地系统包括防雷接地、设备保护接地、工作接地。

4.2.1 建筑防雷接地工程图

建筑防雷工程图的识读方法可以分为以下几个步骤。

(1) 明确建筑物的雷击类型、防雷等级、防雷的措施。

(2) 在防雷采用的方式确定后，分析建筑物避雷带等装置的安装方式，引下线的路径及末端连接方式等。

(3) 避雷装置采用的材料、尺寸及型号。

我们以某住宅建筑楼防雷设计图为例，分析建筑防雷工程图识图的基本方法。图 4-13 为某建筑住宅楼的防雷平面图和立体图。从图中可以看到该建筑防直击雷采用屋面女儿墙敷设避雷带，建筑物顶端突出部分也敷设避雷带，并与屋面上避雷带相连接。此工程采用 25×4 镀锌扁钢作水平接地体，绕建筑物一周敷设，其接地电阻不大于 10Ω。

从图 4-13 (a) 平面图、(b) 北面图分析，避雷带采用 25×4 的镀锌扁钢，用敷设在女儿墙上的支持卡子固定，支持卡子的间距为 1.1m，转角处为 0.5m，避雷带与扁钢支架焊为一体，采用搭接焊接，其搭接长度为扁钢宽度的两倍。引下线设置于 4 个墙角处，采用

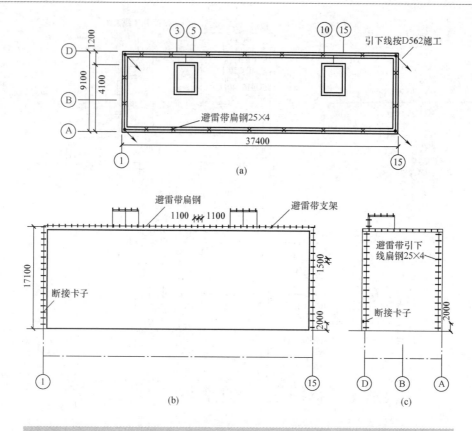

图4-13　某住宅建筑防雷接地平面图、立体图、侧面图
（a）平面图；（b）北面图；（c）侧面图

25×4镀锌扁钢，分别在西南和东面山墙上敷设，与接地体相连。引下线在距地面2m处设置引下线断接卡子，固定引下线支架间距1.5m。

由图4-13（b）、（c）分析接地装置，接地装置由水平接地体和接地线组成，水平接地沿建筑物一周敷设，距基础中心线为0.68m。

从图4-14某住宅建筑接地平面图中看出，水平接地体沿建筑基础四周敷设，采用25×4镀锌扁钢，埋地深度为1.65m，距基础中心0.65m。

4.2.2　电气接地工程图

现代建筑为了保障人身安全，供电及用电的正常运行，要求有一个完整可靠的接地系统来保证。电气接地工程图包括防雷接地工程图和电气设备接地工程图。本节介绍电气接地工程图中的保护接地及工作接地的识图方法。

1. 保护接地

保护接地是指建筑物内的人身免遭间接接触的电击，在发生接地故障情况下，避免因金属壳体间的电位差而产生打火引发的火灾。可以说当配电回路发生接地故障时，产生足够大的接地故障电流，致使配电回路的保护开关迅速动作，从而及时切除故障回路电源，以达到保护的目的。

高层建筑中的保护接地范围根据"民规"中规定的电力装置的外露可导部分必须保护接

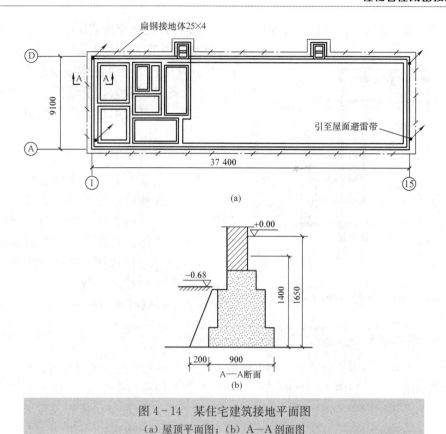

图4-14　某住宅建筑接地平面图
（a）屋顶平面图；（b）A—A剖面图

地。保护接地的方式根据国际电工委员会的规定低压电网有五种接地方式。TN系统、TT系统及IT系统。TN系统又分为TN-S、TN-C、TN-C-S系统。识图者以图4-15 TN-S系统的接线方式为例进行分析，此图为五线制系统，三相线L1、L2、L3，一根中性线N，一根保护线PE。正常运行时保护线PE上无电流，当电气设备发生漏电或接地故障时，保护线PE上有电流流过，使保护装置迅速动作，切断电源，保证操作人员的人身安全。比较图4-16 TN-C系统的接线方式，接线方式为四线制系统，三根相线L1、L2、L3，中性线N与保护线PE合为一根。

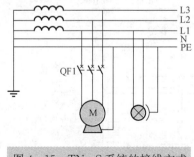

图4-15　TN-S系统的接线方式

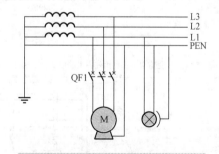

图4-16　TN-C系统的接线方式

2. 工作接地

工作接地是使建筑物内各种用电设备能正常工作所需要的接地系统。工作接地分为交流工作接地和直流工作接地。在民用建筑内的交流工作接地是指交流低压配电系统中电源变压器中性点或引入建筑物交流电源中性线的直接接地，从而使建筑物的用电设备获得 220/380V 正常电压。直流工作接地是为了让建筑物内电子设备信号放大、信号传输以及各电路信息之间有一个基准电位，使建筑物内的弱电系统能够稳定工作。

3. 建筑物接地网

图 4-17 表示了建筑物枢纽结构接地网的连接形式。大楼通过建筑物主钢筋，上端与接闪器，下端与地网连接，中间与各层均压网或环形均压带连接，对进入建筑物的各种金属管线实施均压等电位连接，金属焊接为一个连接体，形成等电位接地系统，引至接地体。这是一种常用的防雷接地与设备接地构成的接地网。

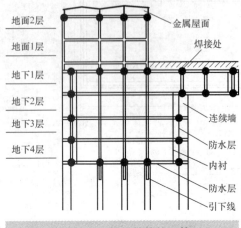

图 4-17　枢纽结构接地体

4.2.3　综合实例

我们以某水泵站防雷接地系统为例，该站设有一套接地装置，屋顶避雷带平面图和基础接地平面图如图 4-18 和图 4-19 所示。系统要求总工频接地电阻 $R \leqslant 1\Omega$。泵站为三级防雷等级，接闪器采用屋顶装避雷带，直径为 8cm 的镀锌圆钢延泵房屋脊及屋檐安装。避雷带每隔 7m（转弯处 0.5m）设固定支架，支架高 0.05m。分析图 4-16 中，泵房四角立柱的主筋为引下线，每柱取两根，主筋从上自下贯通。泵房的四周敷设人工接地体，垂直接地极

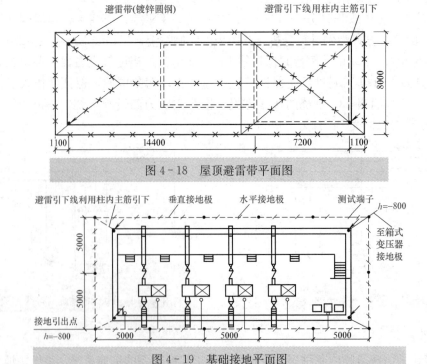

图 4-18　屋顶避雷带平面图

图 4-19　基础接地平面图

采用长 2.5m 的 L50×50×5 热镀锌角钢，间距 5m。水平接地采用 40×4 热镀锌扁钢，敷设深 0.8m。泵房基础钢筋、供水钢管等自然接地体，通过焊接或绑扎连成一体，与接地体相连。

图 4-19 在基础接地平面图上标出了在泵房周围，有两处接地电阻测试点，一处接地线引出点，若实测电阻不能满足要求，可在下游侧加埋人工接地体。

接地装置分别引至箱式变压站、开关柜、操作台等基础槽钢及电动机等机电设备处，所有的设备外壳、屏柜的金属壳体、电缆的金属护套及电缆支架都要可靠接地，以确保安全运行。

我们在熟悉了外部防雷与内部防雷的知识、防雷采用的措施、避雷平面图及基础接地平面图后，进而分析图 4-20 某住宅楼采用的防雷接地的一系列措施。读者将前面所讲述的知识对照图逐一进行分析，基础接地、防雷装置接地极及接地线如何实现等电位连接，图中电气接地、保护接地及辅助等电位连接的走线表示得直观、明了，将防雷接地及电气接地、电气保护等利用住宅的剖面图形象地表达出来，方便读者理解。

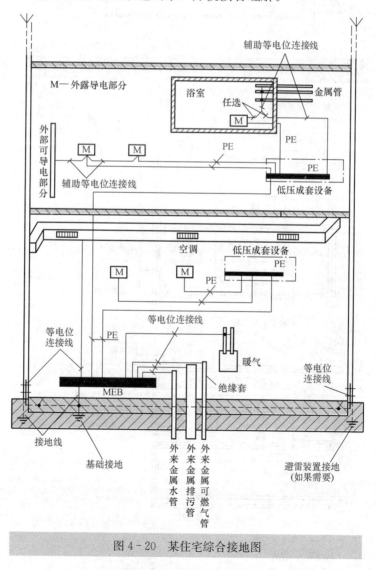

图 4-20　某住宅综合接地图

图 4-21、图 4-22 为某办公楼建筑防雷设计的综合实例，它采用了外部防雷和内部

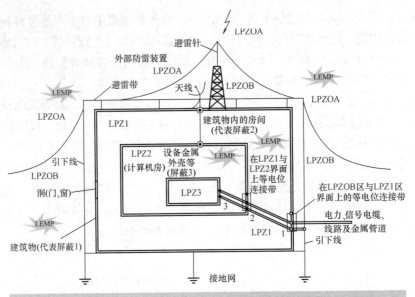

图4-21 某办公楼电气系统防雷区域的划分（LPZ）

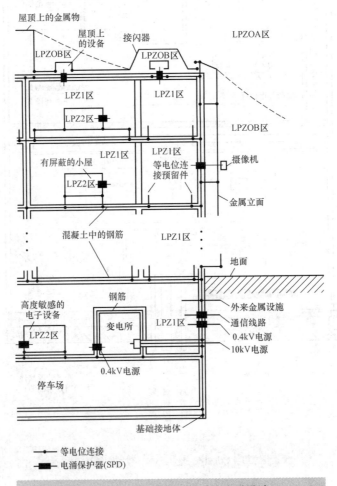

图4-22 某办公楼电气系统防雷设计

防雷两种方式。图4-21建筑的立体图将被保护的空间划分为不同的防雷区，防雷区的划分是以雷击时电磁环境有无重大变化为依据的。

在图中，为规定防雷区域各部分空间不同的雷电脉冲（LEMP）的严重程度和明确各区交界处的等电位连接点的位置，将保护的空间划分为多个防雷区（LPZ）。

（LPZOA）：本区内的各物体都可能遭到直接雷击和经过的全部电流，电磁场没有衰减。

（LPZOB）：本区内所选的防雷滚球半径对应的范围内，各物体不太可能遭直接雷击，电磁场没有衰减。

（LPZ1）：本区内不太可能遭直接雷击，流经各导体的雷电流比LPZOB区小，电磁场得到衰减，其衰减大小取决于建筑物的屏蔽措施。其中门、窗等是引入LPZ的"洞"。

（LPZ2）：当需要进一步减少流入雷电流和电磁场强度时，应增设后续防雷区，如带屏蔽的机房、设备金属外壳、机箱等。根据保护对象的环境要求选择防雷区的条件。

TDKU1主要用于LPZ1、LPZ2和LPZ3区域的防感应雷击。TDKU1为电涌保护器系列。

图4-21中，电力线和信号线从两点进入被保护区LPZ1，并在LPZOA、LPZOB与LPZ1区的交界处连接到等电位连接带上，诸线路还连到LPZ1与LPZ2区交界处的局部带电位联接带上。图中建筑物的外屏蔽连到等电位联接带上，里面的房间屏蔽连到两局部等电位联接带上。在诸电缆从一个防雷区穿到另一防雷区处，必须在每一交界处做等电位联接。分雷电流不会导入LPZ2区，更不会穿过。

图中形象地绘出了外部防雷采用了避雷针、避雷带、引下线及接地体；内部防雷利用避雷器、屏蔽、等电位联接带以及接地网。

图4-22中包括防雷接地和电气设备接地两部分，从屋顶设置接闪器及引下线至接地体，防止直击雷，接地体与所有电器设备的接地构成等电位接地连接。识图者对照了图4-21和图4-22分析对不同雷击采用的防雷设备和方法，防雷接地如何与设备接地形成的接地网。图中内部防雷使用了多个电涌保护器，以防止由于感应雷产生的过电压。

4.3 建筑电气防雷系统工程设计举例

4.3.1 某高层住宅建筑物防雷系统设计

建筑物的防雷系统设计范围包括防直击雷、防感应雷以及防止雷电波侵入。

某高层住宅建筑防雷根据计算，$N=0.12$。根据《民用建筑电气设计规范》（JGJ/T 16—92）中规定，本工程属于三类防雷建筑的标准。在设计中，对主体建筑（高度44.40m）及对裙房建筑（高度13.80m）均可采取三级防雷措施。采用第三类防雷建筑防雷系统设计的主要要求如下：

第三类防雷建筑物防直击雷的措施，宜采用装设在建筑物上的避雷网（带）或避雷针，或由这两种混合组成的接闪器。避雷网（带）应按规范的规定沿屋角、屋背、屋檐和檐角等易受雷击的部位敷设，并应在整个屋面组成不大于20m×20m或24m×16m的网格。

平屋面的建筑物，当其宽度不大于20m时，可仅沿周边敷设一圈避雷带。

为防雷装置专设引下线时，引下线数量不应少于两根。引下线应沿建筑物四周均匀或对称布置，其间距不应大于25m。当仅利用建筑物四周的钢柱或柱子钢筋作为引下线时，可按跨度设引下线，但引下线的平均间距不应大于25m，每根引下线的冲击接地电阻不宜大于30Ω，其接地装置宜与电气设备等接地装置共用。防雷的接地装置宜与埋地金属管道相连。当不共用、不相连时，两者间在地中的距离不应小于2m。在共用接地装置与埋地金属管道相连的情况下，接地装置宜围绕建筑物敷设成环形接地体。

防雷电波侵入的措施应符合下列要求。

对电缆进出线，应在进出端将电缆的金属外皮、钢管等与电气设备接地相连。当电缆转换为架空线时，应在转换处装设避雷器、电缆金属外皮和绝缘子铁脚、金具等应连在一起接地，其冲击接地电阻不宜大于30Ω。

对低压架空进出线，应在进出处装设避雷器并与绝缘子铁脚、金具连在一起接到电气设备的接地装置上。当多回路架空进出线时，可仅在母线或总配电箱处装设一组避雷器或其他类型的过电压保护器，但绝缘子铁脚、金具仍应接到接地装置上。

进出建筑物的架空金属管道，在进出处应就近接到防雷或电气设备的接地装置上或独自接地，其冲击接地电阻不宜大于30Ω。

分析图4-23防雷系统设计的主要防雷措施如下。

(1) 防直击雷。在建筑物沿屋角、女儿墙、屋檐和檐角等易遭受雷击的部位装设避雷带，整个屋面采用不大于20m×20m或24m×16m的避雷网格作为接闪器。按照相邻两根间距不大于25m的要求，沿建筑物四周均匀设计引下线，主要利用建筑物外廓上各柱内的钢筋作为引下线。

(2) 防感应雷。在弱电系统的接入处设置弱电保护的浪涌保护器，以防止弱电设备因受到雷电感应受损。

(3) 防止雷电波侵入。电缆外皮接地，并将所有进出建筑物的金属管道可靠地连接到总等电位联结排上。

对照图4-23屋面防雷平面图分析如下。

(1) 避雷带用ϕ10镀锌圆钢在女儿墙上敷设，避雷带支架高100mm，间距1000mm，转弯处500mm，避雷带连通找平层内暗敷设。

(2) 屋面所有暴露金属物均与防雷装置可靠连接。

(3) 利用构造柱内两根大于ϕ16的主筋通长焊接做防雷引下线，图中共28处。

4.3.2　接地系统设计

低压系统的接地形式主要有IT系统、TT系统和TN系统。

图4-24设计中的接地保护形式采用TN-S系统，利用建筑物基础承台及桩基内主钢筋作环形共用自然接地装置。防雷接地、电气设备安全接地以及其他需要接地的设备，弱电设备采用共用接地，共用接地体的接地电阻应小于1Ω。这样既保证了人身和设备的安全，也减少了由于不合理接地引起的干扰。

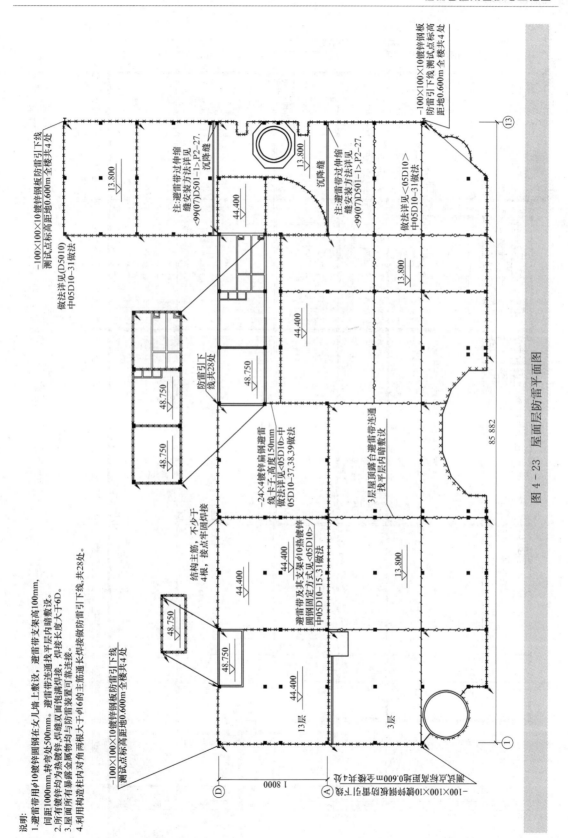

图 4－23　屋面层防雷平面图

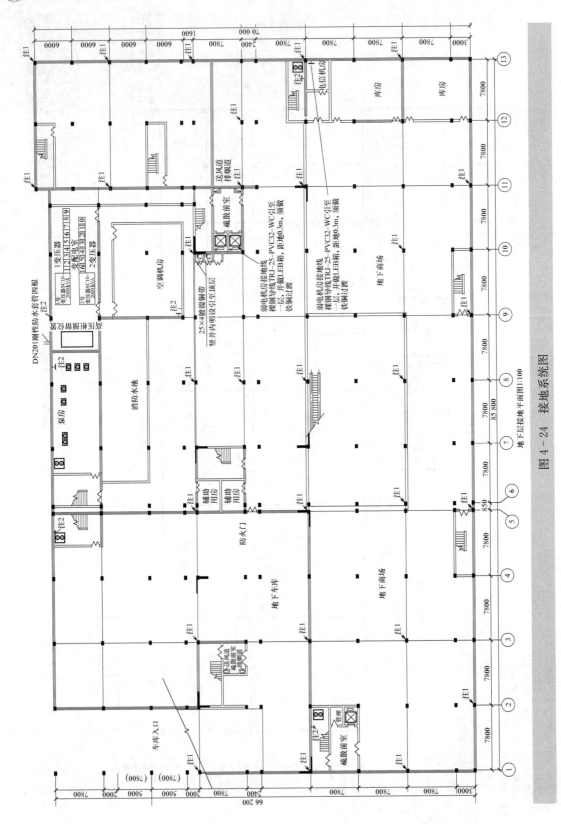

图4-24 接地系统图

1. 等电位联结

在建筑电气工程中，常见的等电位联结措施有三种，即总等电位联结、辅助等电位联结和局部等电位联结，其中，局部等电位联结是辅助等电位联结的一种扩展。这三者在原理上是相同的，不同之处在于作用范围和工程做法。

配电室、机房、消防控制室等电位联结与配电室作法相同，具体做法可以详见05D10《防雷接地工程与等电位联结》中的施工说明。

（1）配电室接地系统。总等电位设置在配电室，采用镀锌扁钢（40×4）在配电室的地面铺设一圈导体环，使各个配电柜与其相接，并使导体环与总等电位（MEB）可靠相连，总等电位直接与人工接地体（即基础钢筋）至少在两处可靠焊接，形成等电位保护。

（2）消防弱电系统的接地。消防控制室的接地：火灾自动报警系统及联动控制设备需要设置直流工作接地，按照《火灾自动报警系统设计规范》的要求，采用专用接地或共用接地装置，一般尽量采用专用接地为宜，但因为难以满足间距的要求，所以建筑物中各种用电设备往往采用的是共用接地。图4-24设计采用共用接地装置，注意接地干线的引入段不能采用扁钢或裸铜排等，以避免接地干线与防雷接地、钢筋混凝土墙等直接接触，影响消防电子设备的接地效果。

（3）接地母线（层接地端子）。接地母线是水平布线于系统接地线的公用中心连接点。每一层的楼层配线柜均应与本楼层接地母线相焊接，与接地母线同一配线间的所有综合布线用的金属架及接地干线均应与该接地母线相焊接。接地母线均为铜母线，其最小尺寸为6mm（厚）×50mm（宽），长度视工程实际需要来确定。接地母线尽量采用电镀锡以减小接触电阻，如不是电镀，则在将导线固定到母线之前，需对母线进行清理。

（4）接地干线。接地干线是由总接地母线引出，连接所有接地母线的接地导线。在进行接地干线的设计时，充分考虑建筑物的结构形式，建筑物的大小以及综合布线的路由与空间配置，并与综合布线电缆干线的敷设相协调。

接地干线应安装在不受物理和机械损伤的保护处，建筑物内的水管及金属电缆屏蔽层不能作为接地干线使用。当建筑物中使用两个或多个垂直接地干线时，垂直接地干线之间每隔三层及顶层需用与接地干线等截面的绝缘导线相焊接。接地干线应为绝缘铜芯导线，最小截面积应不小于16mm²。

（5）主接地母线（总接地端子）。一般情况下，每栋建筑物有一个主接地母线。主接地母线作为综合布线接地系统中接地干线及设备接地线的转接点，其理想位置宜设于外线引入间或建筑配线间。主接地母线应布置在直线路径上，同时考虑从保护器到主接地母线的焊接导线不宜过长。接地引入线、接地干线、直流配电屏接地线、外线引入间的所有接地线，以及与主接地母线同一配线间的所有综合布线用的金属架均应与主接地母线良好焊接。当外线引入电缆配有屏蔽或穿金属保护管时，此屏蔽和金属管焊接至主接地母线。主接地母线采用铜母线，其最小截面积为6mm（厚）×100mm（宽），长度可视工程实际需要而定。和接地母线相同，主接地母线也应尽量采用电镀锡以减小接触电阻。如不是电镀，则主接地母线在固定到导线前必须进行清理。

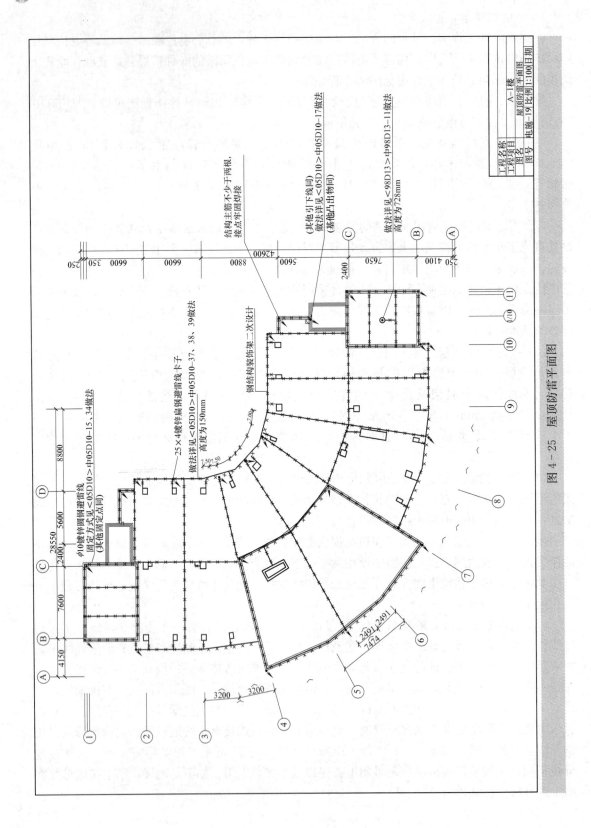

图4-25 屋顶防雷平面图

2. 等电位联结设计

对于建筑物防雷而言，在实施等电位联结时，应该包括以下几个方面。

（1）总等电位联结：在建筑物电源线路进线处，将 PE 干线、接地干线、总水管、采暖和空调立管以及建筑物金属构件等相互作电气连接。

（2）辅助等电位联结：在某一局部范围内的等电位联结。

（3）局部等电位联结：局部等电位联结是辅助等电位联结的一种扩展。

等电位联结的应用体现在以下几个方面。

（1）建筑物钢筋构件及大型金属体的等电位联结。将大型金属物体包括建筑物内所有的导体，如电梯轨道、吊车、金属地板、金属门柜架、设置管道、电缆桥架等大尺寸的导电物体都做等电位联结。

（2）电子信息系统的等电位联结。对电子信息系统的各个外露可导电部分建立等电位联结网络，并与公共接地系统连接。

（3）接地系统的等电位联结。接地系统的等电位联结也就是人们常说的联合接地系统，即将所有的功能地、保护地和防雷接地一并连接在一起。

（4）线路上的等电位联结。由于线路上电位的存在，只能有 SPD 联结，实现暂态的等电位联结。

在图 4-24 的设计中，对建筑物采用总等电位联结的方式，设置一总等电位联结端子箱，将所有进出建筑物的金属体及建筑物的金属构件等都与该总电位联结端子箱连通。同时，在变配电室及电气竖井、电梯轨道井内做局部等电位联结，在老人房卫生间内设置局部等电位联结端子板，并与各种设备连通。所有接地点的构造柱内的主钢筋通常焊接，并与基础内钢筋可靠焊接。

接地网做法如下。

（1）利用建筑物基础承台及桩基内主钢筋作环形共用自然接地装置，接地电阻不大于 1Ω，当接地电阻不满足要求时，采用室外人工接地极。

（2）利用结构钢筋网作接地体，其做法详见图中说明。

（3）所有接地装置采用热镀锌钢材，详细说明见图 4-24。

图 4-25 为某商住两用楼的屋顶防雷接地图，读者可根据前述所讲述的方法自行分析。

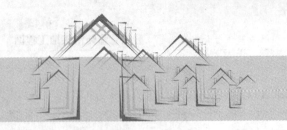

第 5 章

轻松看懂建筑设备电气控制工程图

本章主要介绍电气控制工程控制电路图的阅读方法和技巧。文中以典型并常用的控制电路图为例，以设计思想及设计原理出发，论述了如何在理解电气控制系统作用原理的基础上，快速识图和熟悉掌握识图技巧。随着现代科学技术的发展，可编程控制器（简称 PLC）在工业控制方面得到了广泛地应用。本章重点分析继电器接触器控制系统图的识读方法和技巧，简单介绍 PLC 控制系统在建筑电气控制中的应用及识图技巧。

5.1 电气控制图基本元件及表示方法

在电气工程中，大量的建筑电气设备是靠电动机拖动的，利用这些电气设备以实现工程上所要求的各种运行方式。对电动机以及其他用电设备都需要对其运行方式进行控制，从而形成了各种控制系统。常用的控制系统为继电器接触器控制系统。

继电器接触器控制系统广泛应用于工业生产的各个领域，创造了一系列控制系统的范例，并对一些典型的逻辑控制关系建立了固定的继电器接触器逻辑控制组合或控制单元。建筑电气中常用的继电器接触器控制系统可看成由输入电路、继电器控制电路、输出电路和控制对象组成，如图 5-1 所示。其中输入电路是由能够表征控制对象状态的按钮、行程开关、限位开关及各种传感器等组成。输出电路由接触器、电磁阀等执行元器件组成，用以控制电动机、阀门等装置。

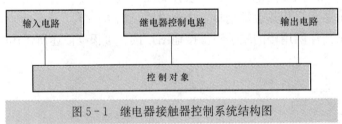

图 5-1 继电器接触器控制系统结构图

在控制电路中，不仅要有控制元件，还应有保护元件和信号元件，以防止电路或电气设备发生故障以及保证人身安全。由各种控制元件、保护元件等组成，对电动机及其他用电设备和运行方式进行控制的线路图，称为电气控制电路图，习惯上称为电路图。

5.1.1 电气控制电路图中的常用电器

电路图是由图形符号绘制，并按其原理及功能布局，表示电路中设备、元件的连接关系，从而构成的一种易读的简图，便于工作人员分析和计算。电路图不考虑施工过程中的实际位置，它可作为绘制接线图的依据。

在建筑设备电气控制中，为了满足生产工艺和生产的过程要求，就需要对电动机进行顺序启动、停止、正反转、调速和制动等电气控制，由此构成了很多基本环节（各种控制环节、各种保护环节、显示报警环节等）。电气控制系统无论其复杂与否都是由一些基本环节，即单元电路组成，而这些基本的单元电路又是由电器元件组成的。

低压电器用来接通或断开电路，同时起到控制、保护、调节电动机的启/停、正/反转、调速和制动等作用的电器元件。

由低压电器组成的，如刀开关、熔断器、控制按钮、接触器等，通常称为继电器接触器控制系统。这种系统通过机械触点的断续控制（开关动作，包括各种元件的断续闭合和断开）来控制目标。

为了更好地读懂继电器接触器控制系统的电气控制图，首先要掌握元器件的原理和功能。在识图时要清楚每个器件的结构、图形符号及接线方式。低压电器的种类繁多，按其用途、操作方式、执行机构的不同，可以有不同的分类方式。

1. 按用途分类

按其用途进行分类可分为低压配电电器、低压控制电器、低压主令电器、低压保护电器和低压执行电器等。

（1）低压配电电器是用于供电系统中进行电能的输送和分配的电器，主要有低压断路器（俗称空气开关）、隔离开关、刀开关和自动开关等。

（2）低压控制电器是用来控制电路和控制系统的电器，主要有接触器、继电器、启动器和各种控制器。

（3）低压主令电器是用来发送控制指令的电器，主要有控制按钮、主令开关、行程开关和万能转换开关等。

（4）低压保护电器是用来保护电路及各种电器设备的电器，主要有熔断器、热继电器、电压继电器和电流继电器等。

（5）低压执行电器是用来完成既定的动作或传递能量的电器，即执行元件，主要有电动机、灯、电阻丝、电磁铁和电磁离合器等。

2. 按操作方式分类

按操作方式的不同，可将低压电器分为自动电器和手动电器。

（1）自动电器主要是在外来信号或者本身的参数变化下自动完成其功能。如接触器和继电器在电信号的作用下吸合或分离；热继电器在大电流的情况下自动动作，切断电路；熔断器在过电流的情况下熔断而保护电路。

（2）手动电器主要通过人力的作用来完成其切换动作。常用的手动电器有控制按钮、刀开关和组合开关等。

3. 按执行机构分类

按执行机构的不同，可将低压电器分为有触点电器和无触点电器。

（1）有触点电器主要通过触点的动作来执行信号，如接触器和继电器等。

（2）无触点电器主要是利用晶闸管等电力电子器件的导通和截止来反映信号。

5.1.2　控制电路图中的常用图形符号

电路图所使用的图形符号应按《电气图用图形符号》GB/T 4728 所规定的原则选用和

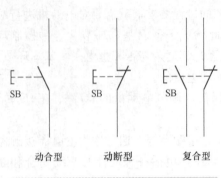

动合型　　　动断型　　　复合型

图 5-2　控制按钮的图形符号

组合,《电气图用图形符号》详见书后附录 A。本节主要介绍几种控制电路的常用电器,常用电器的图形符号及型号的含义如下。

1. 控制按钮

控制按钮通常用来接通或断开控制电路,控制按钮所通过的电流很小,仅用于提供信号。它的作用是控制接触器、继电器等电器的动作。

控制按钮由按钮帽、弹簧、静触点和动触点组成。控制按钮的图形符号如图 5-2 所示。

控制按钮有一对动合触点或动断触点,也有两对动合或动断触点,还有多对触点。在设计和工程实践中,通常将两个或多个控制按钮单元做成一体、双体、三体和多提按钮,以满足电动机启停或其他复杂控制系统的需要。在使用控制按钮是,一般同一电路使用多个控制按钮,为了区分不同的控制作用,防止误操作,使用不同颜色的按钮帽,以示区别。按钮帽的颜色有红、白、蓝、绿、黑等。根据规范 GB 4025《指示灯和按钮的颜色》的规定,"启动"按钮为绿色,"停止"按钮为红色等。

控制按钮还有自保持和自复位两种。自保持按钮内部有电磁或机械结构,当按下按钮后,在撤去外力时,按钮不能自动复位,继续保持。自复位按钮在外力撤去后,按钮在弹簧的作用下将恢复原位。控制按钮的分类见表 5-1。

表 5-1　　　　　　　　　　　控 制 按 钮 的 分 类

分　类		代号	特　　点
安装方式	面板安装按钮	—	开关板,控制台上安装固定用
	固定安装按钮	—	底部有安装固定孔
保护方式	开启式按钮	K	无防护外壳,适用于嵌入在面板上
	保护式按钮	H	有保护外壳,可防止偶然触及带电部分
	防水式按钮	S	有密封外壳,可防止雨水等入侵
	防腐式按钮	F	有密封外壳,可防止腐蚀性气体等入侵
操作方式	按压操作	—	按压操作
	旋转操作　手柄式	X	用手柄旋转操作,有两个或三个位置
	钥匙式	Y	用钥匙插入旋转操作,可防止错误操作
	拉式	L	用拉杆进行操作,有自锁和自动复位两种
	万向操纵杆式	W	操纵杆可以向任何方向动作来进行操作
复位性	自复位按钮		外力释放后,按钮在弹簧的作用下将回复原位
	自保持按钮		内部有电磁或者机械结构,当按下后,在撤去外力时按钮不会自行复位,继续保持
结构特性	一般按钮		一般结构
	带灯按钮	D	按钮内装有信号灯,兼作信号灯使用
	紧急式按钮	J	一般有蘑菇头突出,作紧急时切断电源用

国内常用的按钮系列有 LA 和引进的 LAY 系列。控制按钮的型号含义如图 5-3 所示。

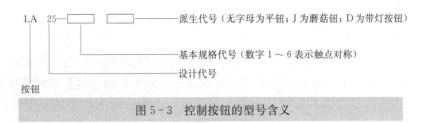

LA 25 —□ □——— 派生代号（无字母为平钮；J 为蘑菇钮；D 为带灯按钮）

基本规格代号（数字 1～6 表示触点对称）

设计代号

按钮

图 5-3　控制按钮的型号含义

2. 组合开关

组合开关也万能开关，可实现多组触头的组合。它可在机床中作为不带负载的接通或者断开电源，供转换之用；也可在小容量电动机的启动、停止和正/反转，或直接作为电源开关。组合开关的图形符号如图 5-4 所示，文字符号为 QS。

组合开关有单极、双极和多极三大类，具有结构紧凑、体积小和操作方便等优点。根据接线方式不同，可分为以下几种通断、两位转换、三位转换和四位转换等。组合开关的技术参数有额定电压、额定电流、操作频率和极数等。其中额定电流有 10A、25A、60A 以及 100A 等几个等级。

3. 位置开关

位置开关常作为检测元件。在自动控制系统中，用于需要控制或检测运动器件的位置。位置开关按其结构分为机械式和电子式。机械式位置开关有行程开关和微动开关；电子式开关有接近开关、光电开关等。

行程开关和微动开关。行程开关装在运动部件到达的既定位置时，其上所安装的撞块会碰撞行程开关，在机械部件的作用下，行程开关动作。行程开关和控制按钮的原理相似，区别是行程开关的推杆或其他机械装置是在机械的碰撞下动作的，而控制按钮是在人的手动作用下动作。行程开关的种类很多，机械式的有直杆式、直杆滚动式、转臂式等。直杆式行程开关的图形符号如图 5-5 所示。

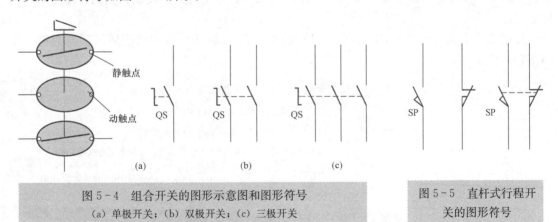

图 5-4　组合开关的图形示意图和图形符号　　　　图 5-5　直杆式行程开
（a）单极开关；（b）双极开关；（c）三极开关　　　　　关的图形符号

国内常用的行程开关有 LX19、JLXK1、LX32 等系列。

通常将尺寸很小的行程开关称为微动开关。微动开关体积小，灵敏度高，常用在定位精度比较高的地方。国内常用的微动开关有 LXW5、LXW31 等系列。

4. 接近开关

接近开关是利用电感、电容来感应靠近的金属体或利用超声波来感知物体等方式控制物体的位置。

5. 接触器

接触器是一种广泛应用的开关电器，主要用于频繁接通和断开的交、直流主电路以及大容量的控制电路中，具有失电压保护功能，并能进行远距离控制。接触器种类很多，根据使用电路不同分为直流接触器和交流接触器。在工业生产中，使用广泛的是电磁式交流接触器，简称接触器。下面主要介绍空气式交流接触器。

空气式交流接触器（以下简称交流接触器或接触器）用来接通或者断开主电路、电动机和大容量的控制电路。交流接触器每小时可开闭几百次，所以用来频繁地接通和断开负载，还可实现远距离控制，因此被广泛应用。

交流接触器主要由电磁铁和触点两部分组成，接触器的文字符号为KM，其图形符号如

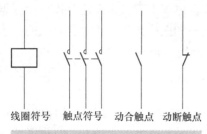

| 线圈符号 | 触点符号 | 动合触点 | 动断触点 |

图 5-6 交流继电器图形符号

图 5-6 表示。在识图时应注意，接触器原理图中线圈和各个触点可根据需要绘制在不同的位置，但文字符号是一致的，以表示是同一接触器。根据用途的不同，接触器的触点分为主触点和辅助触点，主触点可通过较大的电流，即可通过额定电流，应用在主电路中，可驱动电动机、电焊机等设备；辅助触点通过的电流较小，用以提供控制电路的信号。

在使用交流接触器时，注意接触器上采用的灭弧措施。接触器的主触点在断开期间，由于电场的存在，使得触头表面的自由电子大量溢出。同时，在高温和强电场的作用下，电子运动撞击空气分子，使空气电离而产生电弧，为防止电弧烧坏触点或使切断时间过长，在交流接触器上采用了灭弧装置。

灭弧措施要求快速拉大电弧的长度，使单位长度上的电弧电压降低，使自由电子和空穴复合的运动速度加快，散热面积加大，冷却速度加快。常用的灭弧装置有吹弧和栅片灭弧两种方法。

我国常用交流接触器有 CJ 系列和 CJX 系列。下面以 CJ20 系列的距离接触器为例，介绍其型号含义，如图 5-7 所示。

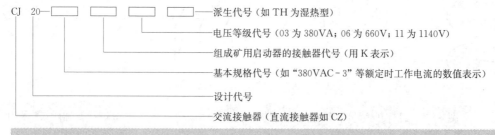

图 5-7 CJ20 系列交流接触器的型号含义

常用交流接触器的额定电流有 5A、10A、20A、40A、75A、120A 等，线圈的额定电压一般为工频 220V 和 380V 交流电。

直流接触器的工作原理和结构与交流接触器相似，常用的有 CZ 系列。

6. 继电器

继电器是一种根据外界输入信号（电量或非电量）来控制电路自动切换的电器，实现信

号的转换、传输和放大。它的输入信号可以是电流、电压、功率等电信号，也可以是温度、速度、压力等非电量信号。在这些信号的作用下，其输出均为继电器触点的动作（闭合或断开）。所以说，继电器在电路中起控制、放大和保护的作用。

继电器与接触器的主要区别在于，接触器的主触点可以通过大电流驱动各种功率元件；而继电器的触点只能通过小电流，所以继电器只能为控制电路提供控制信号。对于小功率器件（数十瓦），可直接使用继电器驱动，如信号灯、小电动机等。

继电器种类很多，按其输入信号可分为电流继电器、电压继电器、功率继电器、时间继电器、热继电器等；按动作原理可分为电磁式继电器、感应式继电器、电动式继电器等。

（1）中间继电器。中间继电器是在控制电路中传输或转换信号的元件，其特点是触点数量多，它对电路起到增加触头数量和中间的放大作用。中间继电器的工作原理与接触器相同，但种类繁多。除专用中间继电器外，额定电流小于5A的接触器通常也称为中间继电器。中间继电器的文字符号为KA，其图形符号如图5-8所示；其型号含义如图5-9所示。

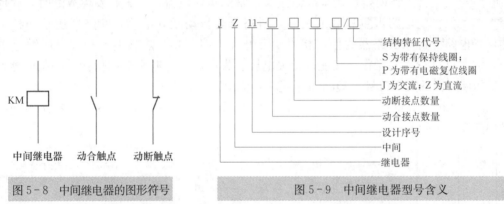

图5-8 中间继电器的图形符号

图5-9 中间继电器型号含义

目前国内常用的中间继电器交流系列有JZ7、JZ8等；直流系列有JZ14、JZ15等。

（2）速度继电器。速度继电器是用来反映电动机等旋转机械的转速和转向变化的继电器。速度继电器通常和接触器等配合用于实现电动机的反接制动控制，所以也称反接制动继电器。速度继电器的图形符号如图5-10所示，文字符号为KS。

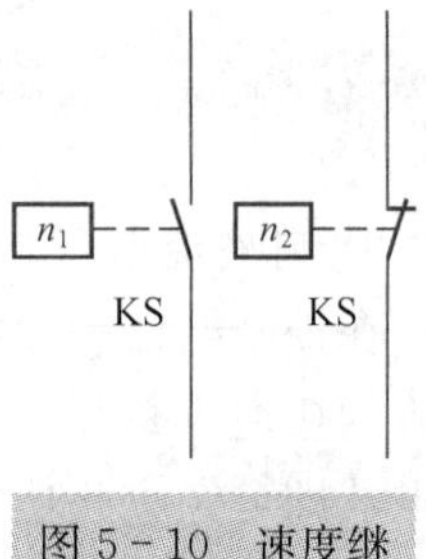

7. 热继电器

热继电器是一种保护电器，用于电动机长期的过载保护。由于热元件具有热惯性，因此热继电器在电路中不能作为瞬时过载保护，更不能用于短路保护。但正是因为热元件的热惯性，使得电动机在启动或短时过载的情况下，热继电器无动作，从而保证了电动机的正常工作。热继电器的文字符号为KR，图形符号如图5-11所示。

图5-10 速度继电器的图形符号

目前，国内常用的热继电器的系列有JR15、JR16、JR20等。热继电器也广泛用于日常生活中，如电热水器、电冰箱压缩机的热保护装置以及电动机的热保护等。热继电器JRS1系列的型号含义如图5-12所示。

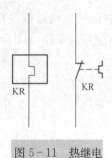

图5-11 热继电器的图形符号

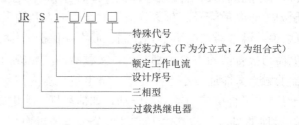

图5-12 热继电器JRS1系列的型号含义

8. 低压断路器

低压断路器也称空气开关，以下简称断路器。常用的断路器为塑料外壳式，其操作方式为手动。断路器由触点、灭弧系统、脱扣器（如电流脱扣器、欠电压脱扣器等）、操作机构和自由脱扣机构等组成。

断路器在正常工作时，可用来分断接通正常的负荷电流，当电路发生故障时，起保护作用。当其保护的电路严重过载或短路，断路器能自动断开电路，断路器还是一种可恢复的保护电路。低压断路器的作用相当于刀开关、熔断器、热继电器和欠电压继电器的组合，它既可进行手动操作，又能进行欠电压、失电压、过载和短路保护的控制电器。

低压断路器的文字符号为QF，其图形符号如图5-13所示。

国内常用的塑壳的断路器有DZ5、DZ10、DZ15、DZ520等系列，DZ15断路器的型号含义如图5-14所示。

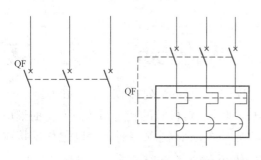

图5-13 低压断路器的图形符号

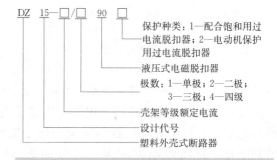

图5-14 DZ15断路器的型号含义

9. 时间继电器

在控制电路中，特别是电力拖动和自动控制系统中，经常需要按一定的时间顺序进行电动机的接通或断开，有时需要一定时间的延时，才能完成相应的功能。具有延时功能的时间继电器即可完成此功能。

时间继电器种类繁多，常见的有电磁阻尼式、空气阻尼式及电动机式等时间继电器。按延时方式分，又分为通电延时型和断电延时型。通电延时型继电器：当信号输入即通电后，需经一段时间，触点才有动作，当输入信号消失时，触点立刻复位。断电延时型继电器：当断电一段时间后，触点才动作，通电后瞬时动作。

时间继电器的文字符号为KT，其图形符号如图5-15所示。

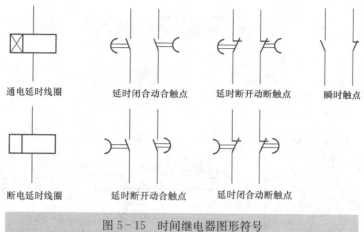

图 5-15　时间继电器图形符号

国内常用的空气阻尼式时间继电器有 JS7、JS16、JS23 等系列，JS7 系列时间继电器的型号含义如图 5-16 所示。

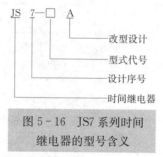

图 5-16　JS7 系列时间
继电器的型号含义

5.2　建筑设备电气控制工程图

5.2.1　电气控制电路图

5.2.1.1　电气控制图的组成及特点

电气控制图是根据简单清晰、便于阅读者读图和分析的原则绘制的，图纸中的元件位置并不依据实际位置绘制，且只绘出需要的电器元件和接线端子。

电路图分主电路和辅助电路两部分，主电路是电气控制中强电流通过的部分，由电源电路、保护电路以及触点元件等组成；辅助电路有电源电路、控制电路、保护电路，由接触器线圈、继电器线圈及所带的动合触点和动断触点元件组成等。主电路一般用粗实线表示，辅助电路一般用细实线表示。如图 5-17 某机电控制系统的电气控制图中用粗实线绘制的是主电路，用细实线绘制的是辅助电路，这样便于分析电路。

电路图的各个元件和设备均依据国家规定的图形符号来表示，并在图形符号旁标注文字符号或项目代号，说明电器元件的层次、位置和种类。

电气控制电路能够实现各种控制功能，例如正反转、顺序控制、时间控制等。控制电路是若干电器元件的不同组合，从而构成若干个基本环节。若熟悉了基本环节的构成及原理，任何复杂的电路图都会迎刃而解。常用的控制电路基本环节有以下几个部分。

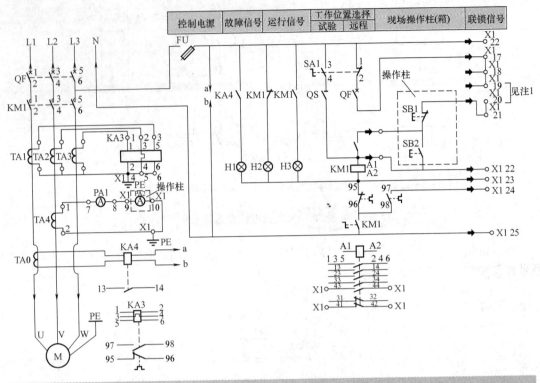

图 5 - 17 某机电控制系统

1. 电源环节

电源环节包括主电路的供电电源（380V 三相交流电），电源保护部分以及控制环节的工作电源（单相交流电 220V、36V 或直流 110V、24V 等），一般由开关、电源变压器及整流元件等组成。

2. 保护环节

保护环节是对控制电路及电气设备进行短路保护、失电压保护、过载保护等，一般由刀开关、熔断器、断路器、热继电器等保护元件组成。

3. 信号显示与报警环节

能及时反映系统的运行状态，一般用不同颜色的指示灯表示系统正常工作和非正常工作以及出现何种故障，还有使用声光报警。

4. 手动与自动切换环节

在控制电路中设有手动与自动切换开关。如电气设备在安装调试剂紧急事故的处理中，需要手动控制，正常运行时自动控制。常用的元器件如组合开关、转换开关等。

5. 启停和运行控制环节

启停和运行控制环节是电气控制中最基本的环节，如电动机有直接启动、降压启动、能耗制动、反接制动等。这些环节是由接触器、各种继电器以及所带的动断动合触点等元件，以一定的连接方式完成其控制功能。

6. 自锁和互锁环节

启动按钮为点动开关时，启动按钮松开后，线路保持通电，电气设备能继续工作到电气环节称为自锁，如图5-18（a）所示。接触器的动合触点串联在线圈电路中，线圈通电后动合触点闭合，实现自锁，如图5-18（b）所示。互锁是两接触器相互制约，保证电路只有一路通电。如电动机正反转控制，正转运行时利用互锁确保反转断电，反之亦然。

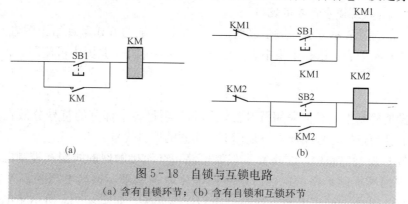

图5-18 自锁与互锁电路
（a）含有自锁环节；（b）含有自锁和互锁环节

7. 其他控制环节

如顺序控制、三地控制和优选启动控制等，这些将在后面章节中进行介绍。

图5-17为某机电系统的电气控制图，其中主电路用实线绘制，三相电源（L1、L2、L3）经断路器QF，接触器的主触点K1到电动机M。主电路中设有短路保护、过载保护、失电压保护等环节，热继电器KR3起过载保护作用，图中以线圈及接线端子位置都表示得非常清楚，方便读图。电流互感器TA1用于检测电流，从图中可看到直接连接电流表，实现两地显示。当失电压时继电器KA4起到故障保护作用。

辅助电路部分有控制环节、信号环节、现场控制显示环节等，图中已划分。

建筑电气工程控制图中还包括设备元件表，它表示设备、装置的名称、型号、规格和数量等。供设计概算和施工预算时参考，也为维修工作人员使用。

5.2.1.2 阅读电路图的基本方法

识读电路图的基本方法可以分成以下几个环节。

（1）当拿到电气控制工程图后，首先阅读系统的工艺要求，设备的基本结构，采用的控制手段，主要用途等。

（2）粗读：即化整为节，电路图一般包括若干个单元环节，分析图时先将全图根据功能原理分成各个单元环节，明确各环节的作用。例如图5-17某机电控制系统的电气控制图，现将电路分成两部分，左边为主电路，右边为辅助电路，辅助电路又分成若干个环节。

（3）掌握读图基础：熟悉电气控制基本元件在图中的表示方法和作用，如接触器、继电器、行程开关等的性能特点，图形符号的标注方法，以及电气控制电路图的基本要领。

（4）细读：练好基本功，熟悉各种基本环节的控制电路。任何复杂的电路都是由基本环节或基本电路组成的，在掌握了基本控制电路的前提下，对电路图所划分的每个环节的控制原理及作用就能化难为易，读懂、读透。如图5-17中控制电路分几个部分，首先接入电源部分；接着是故障和运行指示灯；然后由手动开关ST1选择工作位置。后面是现场操作柱和联锁信号。

（5）电气控制图的主要特点是根据识图方便的原则绘制的，电器元件的各部件在控制电路中可以不画在一起，可以只画控制电路中所需要的部分。根据绘图的原则以及对各环节的分析理解，再将它们联系起来，从而分析出整个系统的原理及作用。

图 5-17 某机电控制系统中，在明确了各环节作用的基础上，根据图中标注接触器的触点连接标号及各部分的符合连接，将整个图的各个环节联系起来进行分析。

5.2.1.3　电路图符号的常用规则

电路图中的符号表示方法一般是以简洁、明了、准确的方式呈现给识图者。在识图中，符号的表示法有集中表示法、半集中表示法和分开法，在同一张图中可使用一种或多种表示方法。

1. 符号的使用

在电路图的绘制中，经常采用分开法，即同一项目各个部分的符号分散在图的不同位置，其间没有任何连接符号相连，只是标上了相同的项目代号。

例如电动机控制电路中，主电路和控制电路，交流接触器的线圈在控制电路，它的触点分别在主电路和控制电路，识图时应将两部分联系起来，根据电气控制基本元件在图中的表示方法，从而明确主电路与控制电路的控制关系。如图 5-17 所示主电路和控制电路交流接触器线圈与触点的联系利用项目代号，在控制图空白处中专门标注出线圈与触点的关系图。

还有其他快速看图的方法：插图检索法和表格检索法。

插图检索法：如图 5-19 所示为一个交流接触器，它带有多个动合、动断触点，分布在一张图的不同位置。电路图采用的是分开表示法，分散在图中不同位置的同一项目不同部分的图形符号，集中绘在一起，并绘出位置信息。其中 1-2、3-4、5-6 触点在第 2 张图纸的第 6 图区（用 2/6 表示）；12-13 触点在第 2 张图纸的第 4 图区（用 2/4 表示）；21-22 触点在第 1 张图上的第 3 区，依次类推。插图可以与该项目的驱动部分的图形符号对齐，也有放在集中布局的空白处，也有绘在另一张图纸上，将插图直接绘制在该项目的驱动部分的图形符号旁，看图最方便。

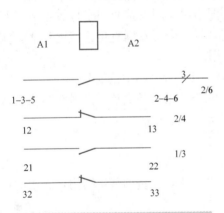

图 5-19　插图检索法示例

还有表格检索法，将触点和位置直接列表，在表上查找，见表 5-2。

表 5-2　　　　　　　　　　　　**表　格　检　索**

动合触点	动断触点	位　置	动合触点	动断触点	位　置
1-2、3-4、5-6	—	2/6	21-22	—	1/3
	12-13	2/4	—	32-33	—

对于未用（备用）部分，在插图或表格中不标注其位置信息。

2. 电源的表示方法

在电路图中，电源的表示方法一般有两种：图形或符号。在电气工程图中常用符号表示，如＋、－、L1、L2、L3、N 等。如图 5-20（a）用＋、－号表示控制电源；（b）图用 L1、L2 表示控制电路的电源，两种表示方法相同。

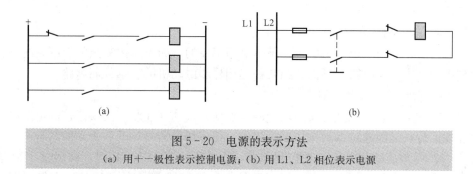

图 5-20　电源的表示方法

（a）用＋－极性表示控制电源；（b）用 L1、L2 相位表示电源

3. 电路的表示法

在控制设备的电路图中，通常主电路用粗实线，辅助线路用细实线，也可以同用细实线。读图时注意表示三相电路的导线符号，按相序从上到下或从左到右排列，中性线排在相线的下方或右方。电路图上，当电路水平布置时，相似元件纵向对齐；当电路垂直布置时，相似元件横向对齐。相关联元件的连接线尽量短，以便在读图时了解它们之间的关系。

4. 文字标注

在电路图中，除了图形符号表示元件外，在符号旁标注项目代号，一般是以种类代号作为项目代号，必要时在图形符号标注元件、器件的主要参数。例如：有相位要求的三相负载如电动机、负载的三端，分别标注 U、V、W 或 L1、L2、L3。如果三相负载是打开的，则 6 个端子的标注为 U1、U2、V1、V2、W1、W2。交流系统的设备端三组符号为 U、V、W 或交流系统电源的三组符号为 L1、L2、L3，具体参见图 5-21。

接触器、继电器的线圈标注 KM1、KM2，则触点的两端也用相同的字母标注。识读电路先分析电源及元件的表示方法。图 5-21 是电动机的主电路，三种电路采用不同的保护装置。L1、L2、L3 表示三相电源，N 为地线，PE 为保护接地，其中图 5-21（a）利用隔离开关 QS、断路器 QF、接触器触点 KM、热元件 FR 构成了主电路的结构，接触器触点 KM、热元件 FR 受控制电路的接触器线圈和热继电器控制。QF 为低压断路器与其他元件配合，起到欠电压、失电压、过载和短路保护的作用；图 5-21（b）是利用断路器 QF、接触器触点 KM、热元件 FR 构成了主电路的结构；图 5-21（c）中改用刀开关和熔断器代替了断路器，它们的组合与断路器的作用基本相同，FR 为热继电器，在电路中起过载保护的作用。QS 为隔离开关，用来在无负荷情况下断开和闭合线路的电气设备，主要是保证被检修的设备或处于备用中的设备与其他正在运行

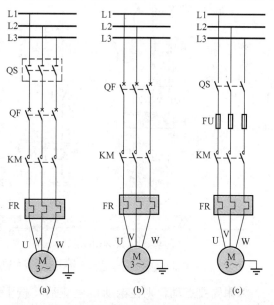

图 5-21　主电路示例

（a）由隔离开关 QS、断路器 QF 等构成的主电路；

（b）由断路器 QF 等构成的主电路；（c）由刀开关 QS、

熔断器 FU 等构成的主电路

的设备隔离，有些电路可省去。

5.2.1.4 基本控制电路图分析

建筑电气设备控制系统都是由多种基本电路组成的，为了阅读复杂的控制系统电路，必须熟悉常用的基本控制电路。下面介绍几种三相异步电动机的基本控制电路。

1. 单向点动和长动控制电路

在生产实际中，有些机械需要点动控制。点动和长动（连续）主要指控制电路既能控制电动机连续运行，又能通过点动按钮断续工作。很多场合需要点动和长动的结合。

图 5-22（a）是最基本的点动控制线路，当按下点动触点 SB 时，接触器 KM 通电吸合，主触点闭合，电动机接通电源。当松开按钮，接触器 KM 断电释放，主触点断开，电动机被切断而停止运行，从而实现了点动控制。

图 5-22（b）是带手动开关 SA 和开关 SB2 同时控制实现点动及长动的控制线路。当需要点动时，将手动开关 SA 打开，按下启动触点 SB2，可实现点动控制。当需要连续工作时合上 SA，按下启动触点 SB2，触点 KM 闭合，实现自锁，即可实现连续控制。

分析图 5-22（c），若实现长动控制，主电路合上刀开关或组合开关，三相电源通过熔断器、热保护器，控制电路得电。当按下启动按钮 SB2 时，接触器 KM 得电，并自锁，电动机开始运行，进入运行状态。当按下停止按钮 SB1 时，接触器 KM 失电，电动机停止运行，图 5-22（c）在直接启动电路的基础上，增加了一个复合按钮 SB3，当按下点动触点 SB3 时，其动断触点先断开自锁电路，动合触点闭合，利用 SB3 接通启动控制线路。

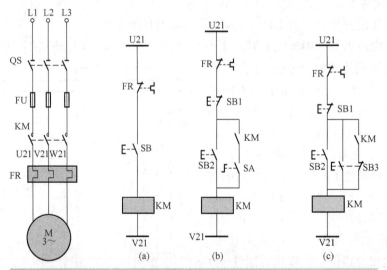

图 5-22 单向点动的几种控制电路
（a）基本的点动控制电路；（b）带手动开关 SA 和 SB2 的点动及长动控制电路；
（c）带复合开关控制的点动及长动控制电路

如果需要点动，则在电动机停止后，按下 SB3，接触器线圈得电，电动机运行。由于 SB3 的存在，导致接触器无法实现自锁，当松开 SB3 时，电动机停止运行，实现了点动控制。此电路利用启动按钮 SB2 实现长动，控制复合按钮 SB3 还可实现点动控制。

2. 单向启动控制电路

最常用的单向启动控制电路如图 5-23（a）所示。电路图分为主电路和控制电路两个部分，读图时两部分的符号对应起来分析。分析其工作原理：合上电源开关 QS，按下启动按钮 SB2，KM 线圈通电吸合，KM 动合触点吸合，电动机 M 运转；同时 KM 动合的辅助触点闭合，实现自锁，这就实现了单向电动机启动控制。这是最常用的启动电路。

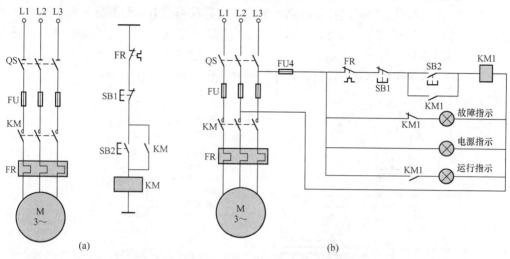

图 5 - 23　启动控制电路

（a）单向启动控制电路；（b）带故障报警灯的启停控制电路

图 5 - 23（b）所示的电路是在基本的启停控制电路中增加了故障报警指示灯。读图时应与基本启停电路做比较，分析三相电源电路与控制电路的关系，当控制电路通电时电源指示灯亮；当电动机启动运行时 KM 辅助触点 KM1 闭合运行指示灯亮，故障灯无电；当发生故障时，KM1 突然断电，则故障灯电路 KM1 触点恢复闭合，线路得电，故障灯亮，起到了故障报警的作用。

3. 一台电动机实现两地控制的控制电路

电动机一般在现场，很多地方需要两地控制，即现场与控制室两地控制。图 5 - 24 中 SB1、SB3 是控制室操作盘上的远程停止和启动控制按钮，SB2、SB4 是现场停止和启动按钮，

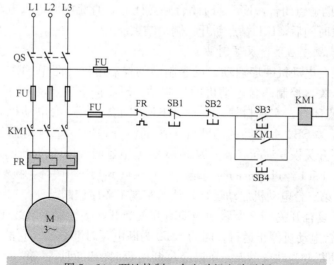

图 5 - 24　两地控制一台电动机电路示例

两地均可控制电动机的启停。当按下 SB3 或 SB4 都可以启动或停止电动机运行，这样方便操作。

4. 电动机能耗制动控制电路

电动机的能耗制动有多种，可以使用机械方式进行刹车制动，也可使用能耗制动的方式。图 5-25 为电动机能耗制动控制电路，分为主电路和控制电路两部分。主电路增加了变压器和二极管桥式整流电路，由接触器 KM2 的动合触点控制，当电动机断电时为其提供直流电源。控制原理为：当断开电源的同时，给电动机的定子绕组通入直流电源，此时电动机中产生了磁场，转子在切割磁力线时，产生了短路电流，该电流使电动机产生制动转矩，从而实现了能耗制动。

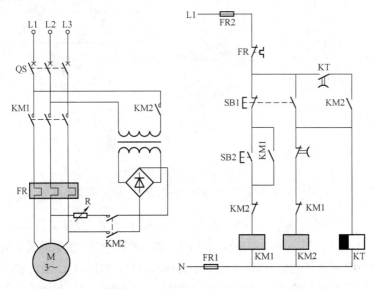

图 5-25　电动机能耗制动控制电路

正常运行时接触器 KM1 的主触点闭合，串在接触器 KM2 的接触器 KM1 的辅助触点断开，使接触器 KM2 不动作。当电动机停止时，KM1 断电，其主触点断开；同时与 KM2 的接触器 KM1 的辅助触点闭合，KT 延时闭合触点闭合，直流电源进入电动机定子线圈，制动开始，经过一段时间后，KT 触点断开，制动结束。

5. 两台电动机顺序启动，反序制动

图 5-26 为两台电动机顺序启动、反序制动的控制电路。图中 SB1 为电路的总停止按钮，SB2 为复合开关，控制两台电动机的启制动。SB2 按下（点动），KM 和 KT1 同时通电，KM1 动合触点闭合，实现自锁，主触点 KM1 闭合，第一台电动机启动运行；控制第二台电动机复合开关 SB2 所联动的动断开关瞬间打开，但 SB2 自动弹起复位，复合开关 SB2 所联动的动断开关恢复动断状态；因 KT1 为通电延时、KT2 为断电延时继电器，当按下 SB2 启动按钮，KT1 经过预定的时间延时，其触点 KT1-1 闭合，接触器 KM2 通电，主触点 KM2 闭合，第二台电动机启动运行，从而实现了顺序控制。

当按下 SB2，复合开关 SB2 所联动的动断开关断开，接触器 KM2、KT2 断电，主触点 KM2 断开，第二台电动机停止运行；因为 KT2 为断电延时继电器，它的触点 KT2-1 需要延时一段时间从动断变为动合触点，所以经过断电延时的时间后，第一台电动机停止运行，实现了反序制动的控制。

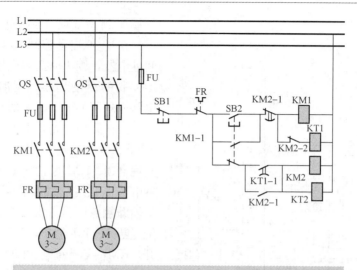

图 5 - 26　两台电动机顺序启动，反序制动图例

6．丫-△启动电路

当三相异步电动机容量较大（大于 10kW）时，因启动电流较大，不能直接启动，一般采用降压启动方式，即将电源电压适当降低后，加到电动机定子绕组上；然后再将电压恢复到额定值。启动时绕组为丫型联结，待转速上升到接近额定转速时，改为△联结，电动机进入全电压正常工作状态。常用的丫-△启动控制电路如图 5 - 27 所示。

读图时首先分析电路的组成结构，图中有三个交流接触器 KM、KM丫、KM△，开关 SB1、SB2、SB3，还有与之相对应的触点和保护电路。

丫-△启动控制电路的工作原理：先合上电源开关 QS。

（1）电动机丫型联结启动。在控制电路中如图 5 - 27（b）所示，按下 SB1，接触器线圈 KM 通电，KM 的辅助触点闭合，实现

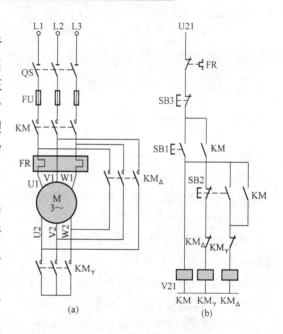

图 5 - 27　丫-△启动控制电路示例
(a) 主电路；(b) 控制电路

自锁；KM 的主触点闭合；同时，接触器线圈 KM丫 通电，KM丫 的主触点闭合，KM丫 的动断触点断开，实现互锁，确保 KM△ 断电，防止误动作。电动机丫型联结启动。

（2）电动机△型联结运行。当电动机转速升高到一定值时：按下复合控制按钮 SB2，KM丫 线圈断电，KM丫 的动断触点恢复闭合；同时 KM△ 得电，KM△ 的辅助触点动合变动断，实现自锁；KM△ 的辅助动断触点变为动合，实现互锁；KM△ 的主触点闭合，电动机进行△型联结运行，即进入全电压正常工作状态，这样就实现了丫-△启动控制。但从启动到全压运行，需要两次按动按钮，且切换的时间也很难准确。

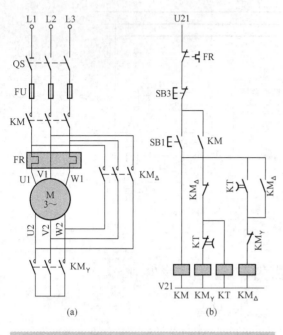

图 5-28　时间继电器自动切换控制电路示例
(a) 主电路；(b) 控制电路

7. 时间继电器自动切换控制电路

在丫-△启动控制电路的基础上加入时间继电器，则由时间继电器实现了丫-△启动控制的自动切换，延时继电器为 KT。电路原理图如图 5-28 所示。

工作原理：先合上电源开关 QS，按下 SB1，KM 线圈通电，KM 的辅助触点闭合，实现自锁；KM 的主触点闭合；同时，延时继电器 KT、接触器线圈 KT丫 通电，KT丫 的辅助触点闭合，实现自锁，KM丫 的动断触点断开。KT 通电，KT 动断触点延时断开，KM丫 线圈断电，KM丫 的主触点断开，电动机暂时断电；KT 线圈通电，KT 动合触点延时闭合，KM△ 线圈得电，KM△ 主触点闭合，KM△ 辅助动合触点闭合实现自锁，电动机△联接运行。KM△ 的辅助动断触点断开，实现互锁，保证电动机不会丫型运行，实现了电动机丫-△自动启动运行。

5.2.2　电气控制接线图

电气控制接线图表示成套设备、装置或元件之间的连接关系，是进行配线、调试和维修不可缺少的图纸，是识图中重要的环节之一。根据表达的对象和使用的场合不同，接线图可分为单元接线图、互连接线图、端子接线图等。

5.2.2.1　单元接线图

单元接线图是一种简图，它提供本单元内部各项目间导线的连接关系。一套电气控制系统是由多个电气单元构成的，它往往分布在不同的地点。例如某两地控制的电动机系统，现场有控制箱，而远程控制则在控制室的控制柜或配电柜等单元。单元之间内部接线查看单元接线图，外部之间的连接要查看互连接线图。

单元接线图中各个项目无需画出实体，而是以简化外形表示，用实线或点划线表示电器元件的外形，以便减少绘图工作量，框图中只绘出对应的端子，电器的内部、细节可简略。图中每个电器所处的位置应与实际位置一致，以方便工作人员读图。接线图中标注的文字符号、项目代号、导线标记等内容，均与电路图的标注一致。

1. 单元接线图表示方法

单元接线图一般有三种表示方法：连续线表示法、单线表示法、中断线表示法。每种方法各具特点，下面举例说明。

图 5-29 为某机床的电控柜单元接线图，图中单元内部各电器元件之间的接线关系是用细实线表示的，且每条细实线代表一根导线，导线清楚地标注了端子与端子的连接，读图直观明了，这种表示方法称为连续线表示法。连续线表示法就是将电气单元内部各项目之间的连接线全部表示在单元接线图内，不能省略。

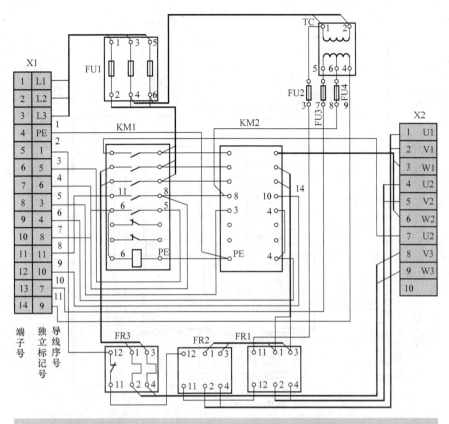

图 5-29 某机床的电控柜单元接线图连续线表示法示例

图 5-30 中将图 5-29 某机床的电控柜单元接线图的接线方法改为单线表示法。将同一方向的导线用一条线束表示，使图中的线条明显减少，显得简洁、明快。从图中最左边端子排的导线序号看，将相同走向的导线如 5～11 号中 7 根导线用一根线束表示，省去了多条导线的标注，使识图更加快捷。为了区分单线和线束，图中用粗实线表示线束，细实线表示单线。

用单线表示法即单线图绘制的线条，可以从中途汇集进去，也可以从中途分散出去，最终达到各自的终点，各自元器件的接线端子，读图 5-30 可分析出单线表示法的优点，图面清晰、明了，很容易在单线旁找到标注导线的型号、根数、敷设方法、穿管管径等，给工作人员带来很大的方便。

图 5-31 为中断线表示法也称相对编号法，它是采用中断线表示单元内的接线。此方法采用了远端标志，图中的连接线省略了，但需要用大量的文字标注，利用相对编号的方法表示出元件的连接关系。读图时，根据文字标注查看电器元件之间的联系。连接导线采用独立标记，电器端子旁标注的是与电路图对应的序号，电路图中每个节点无重复序号，这样各单元图的内部文字标注量简化，易读易懂。

例如 A 与 B 两元件连接，在 A 元件的接线端子旁标注 B 元件的文字符号或项目代号和端子代号；在 B 元件的接线端子旁标注 A 元件的文字符号或项目代号和端子代号。

相对编号法在施工中给接线、查线带来方便，但对线路走向表示得不直观，给敷设导线带来不便。

三种表示法各有特点：

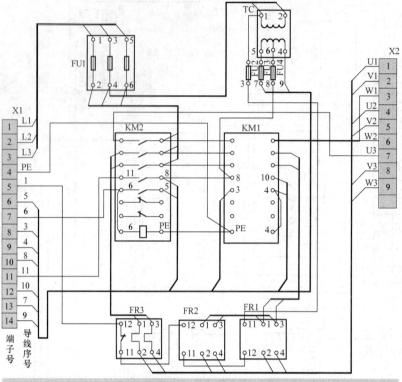

图 5-30　某机床的电控柜单元接线图单线表示法示例

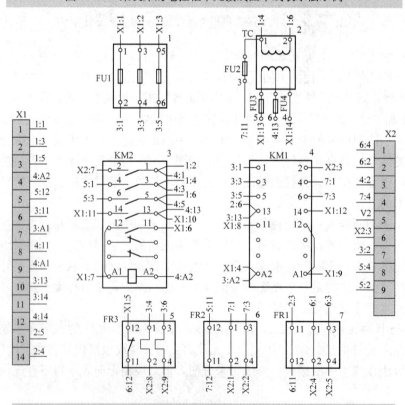

图 5-31　某机床的电控柜单元接线图中断线表示法示例

单元接线图的连续线表示法即简图上每个项目的相对位置与实际位置大体一致，相关工作人员识图方便。但连接线较多，使图形看起来复杂。而单线表示法就显得简洁清楚，识图便捷。为了方便识图，有时一个完整的系统接线图，将两种方法结合起来绘制。中断线表示法虽去掉了连接线，使用文字标注，但读图时不如前两种方法直观。

2. 单元接线图读图时的技巧

尽管单元接线图有三种表示方法，但在识图时应注意它们的共同特点，分析接线图中标注的项目代号、端子代号、导线标记与电路图上的对应关系。

接线图中各个项目采用简化外形表示，如图5-29所示其中一个接触器和热继电器的端子分布标注得详细，其他的接触器和继电器只绘制其对应端子，项目细节予以忽略，这样使接线图简化，读图时应注意。所以，一般单元接线图中各电器多采用简化外形，外形图所采用的线条一定是实线。

某些电路图主电路采用单线表示法绘制，辅助电路采用连接线绘制，这样既可以将主电路与辅助电路区分，又可以防止接线图接线过多。

在文字标注时，各电器的项目代号可以有两个，如图5-31中项目代号既是KM1又是4，那么它的第3个端子既可写成KM1：3又可写成3：4，图5-31是按后者标注的。

单元接线图的连接线只能用粗实线和细实线。

5.2.2.2 互连接线图

前面已提到各电气单元之间的联系用互连接线图，所以读完各个电气单元接线图后，要读互连接线图。互连接线图是表示多个电气设备和电气控制箱之间的连接关系，在互连接线图中为了区分电气单元接线图用点划线框架表示设备装置，不用实框线。框架内表示的是各单元的外接端子，并提供端子上所连接导线的去向，根据需要图中有时会给出相关电气单元接线图的图号。互连接线图只表示各单元外部之间的联系，而各电气单元内部导线连接关系不包括在内，由单元接线图表示。

互连接线图中连接线可用连续线表示法，也可用单线表示法。

互连接线图不只是给通过连接导线提供单元之间的连接信息，还提供各电气单元的项目代号，电缆和线号等内容。

图5-32互连接线图的连续表示法，图中的每一条导线对应一个端子，识图方便直观。

图5-33为互连接线图的单线表示法，图中连接同一方向的端子，用一条线束表示。连线图简单明了。图5-34为互连接线图的中断线或称相对编号表示法。

5.2.2.3 端子接线图

对于复杂的电气控制系统，经常由多个控制柜组成，为了减少绘图的工作量，方便识图者安装、施工及检修，常用端子接线图来替代互连接线图。

图5-35是端子接线图的示例。图中端子的位置与实际位置相对应。一般端子图表示的各单元的端子排列有规则，按纵向排列，电路图既规范，又便于读图。尤其在工程设计和施工中，便于安装接线。所以，用端子接线图代替互连接线图应用较广。

图5-36介绍某电气工程三相电能表端子的接线图纸，图中显示了电流互感器与电源以及电能表之间的接线，标出了电能表实测三相负载接线图，电能表接线端子编号示意图。此图直观清晰，读图简便，这也是一种常见的绘图方式。

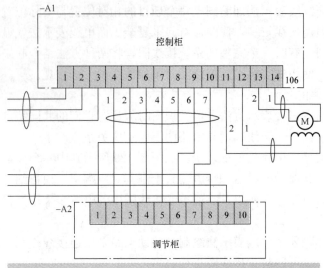

图 5-32 互连接线图的连续表示法示例

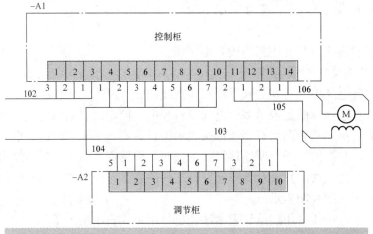

图 5-33 互连接线图的单线表示法示例

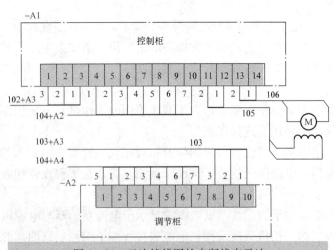

图 5-34 互连接线图的中断线表示法

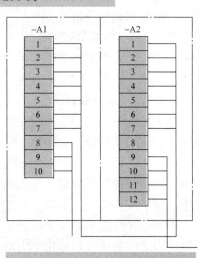

图 5-35 端子接线图的示例

118

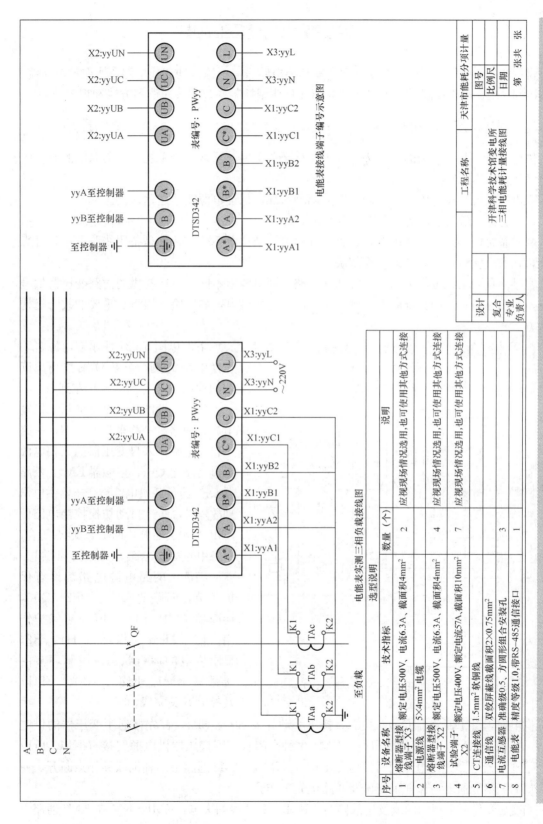

图5－36 某工程电气端子接线图纸

5.3 常用建筑电气设备工程图

常用的建筑电气控制设备有双电源自动切换电路、三电源自动切换电路、水泵控制系统、空调控制系统、电梯控制系统等。本节介绍几种典型控制系统的快速读图方法和识图技巧。

5.3.1 双电源自动切换电路

供电系统是一个复杂的系统，系统可靠性至关重要，通常供电系统设计为双电源或三电源自动切换供电。

双电源系统在设计中，通常同时考虑两种状况，保证电源能够送达末端。

(1) 电源中断问题，通过采用双电源供电解决。

(2) 系统内部线路中断供电，通过设计两路内部供电系统，特别是备用线路采用高可靠设计，在末端实现双电源自动切换解决。

在某些重要的地方需采用三电源切换电路，即电源由不同发电厂提供的两路变压器供电系统，一用一备；若两路都断电，则另设一路发电机供电，如医院、银行、重要的政府机构等地方。

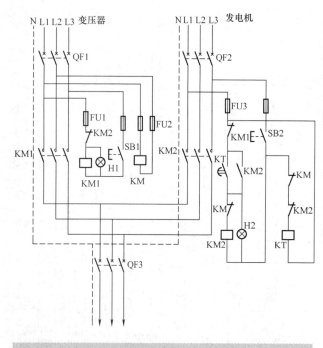

图 5 - 37 双电源自动切换电路

下面以图 5 - 37 所示双电源自动切换电路为例，分析读图技巧。读图的顺序是从上到下，从左到右。

粗读：读图从上至下分析，供电电源有两路：一路来自变压器，一路来自发电机。来自变压器的三相电源通过断路器 QF1、接触器 KM1、断路器 QF3 向负载供电；当变压器供电出现故障时，通过自动切换控制电路使 KM1 主触点断开，KM2 主触点闭合，将备用的发电机接入，保证正常供电。

细读：两路电源电路都设有保护环节，断路器 QF1、QF2、QF3，熔断器 FU1、FU2、FU3 起保护作用。信号环节为指示灯 H1、H2，显示供电的运行状态。控制环节由接触器 KM1、KM2、KM、KT 以及控制开关完成。

供电时，合上断路器 QF1、QF2，按下手动开关 SB1、SB2，首先接通了变压器的供电回路，接触器 KM1、KM 线圈得电，KM1 主触点闭合。因变压器供电通路接有 KM，所以保证了变压器通路先得电；同时接触器 KM1、KM 在 KM2 通路上的辅助联锁触点断开，使 KM2、KT 不能通电，保证了变压器通路优先工作。

当变压器供电出现问题或发生故障时，KM1、KM 线圈失电，KM1、KM 在 KM2 通路上的辅助联锁触点复原，恢复闭合状态。时间继电器 KT 线圈得电，经一段时间延时后，KT 动合触点闭合，KM2 线圈得电并实现自锁，KM2 主触点闭合，备用发电机供电。

综上所述，图 5-37 电路实现了双电源自动切换的供电过程。

5.3.2 潜污泵正/反转三地控制电路及相关工程图

图 5-38 为潜污泵甲、乙、丙三地正/反转的控制电路。电路图包括主电路和控制电路两部分。

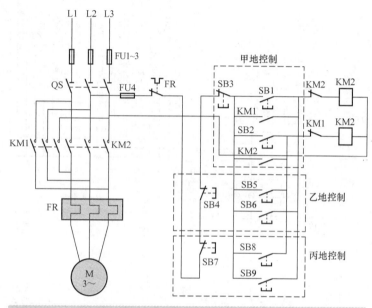

图 5-38　潜污泵三地控制正/反转控制电路示例

主电路中利用刀开关、熔断器实现电路的短路保护，热继电器 FR 实现电路的过载保护，KM1、KM2 为接触器的主触点。

控制电路中接触器 KM1、KM2 控制电动机正反转运行。图 5-38 中 SB3、SB4、SB7 为控制电路的停止按钮，在电动机运行过程中，按下其中任一控制按钮，控制电路立即断电。

正转启动控制按钮为 SB1、SB6、SB9，当接通主电路电源后，按下其中任一控制按钮，接触器 KM1 得电，控制电路中辅助触点闭合实现自锁，主电路中接触器 KM1 的主触点闭合，则电动机正转运行；同时 KM1 在反转通路的辅助触点断开，实现互锁，反转接触器 KM2 断电，保证电动机正转运行。

反转启动控制按钮为 SB2、SB5、SB8，按下其中任一控制按钮，接触器 KM2 得电，KM2 控制电路的辅助触点闭合实现自锁，接触器 KM2 在主电路中的主触点闭合，则电动机反转运行；同时 KM2 在正转通路的辅助触点断开，实现互锁，保证电动机反转运行时正转接触器 KM1 断电。此电路实现了甲、乙、丙三地分别均能控制潜污泵正反转的运行。

图 5-39 为潜污泵两地控制的电气控制工程施工图纸，识图者可对照图 5-24 分析，在图 5-24 中分析了实现两地控制的工作原理，此图给出了电气工程设计的施工图。读者在理解控制过程的基础上，了解施工图的读图方法，各部分设备的连接关系。可以先熟悉简单的工程设计线路图入手，进而分析完整的较复杂的工程设计施工图。

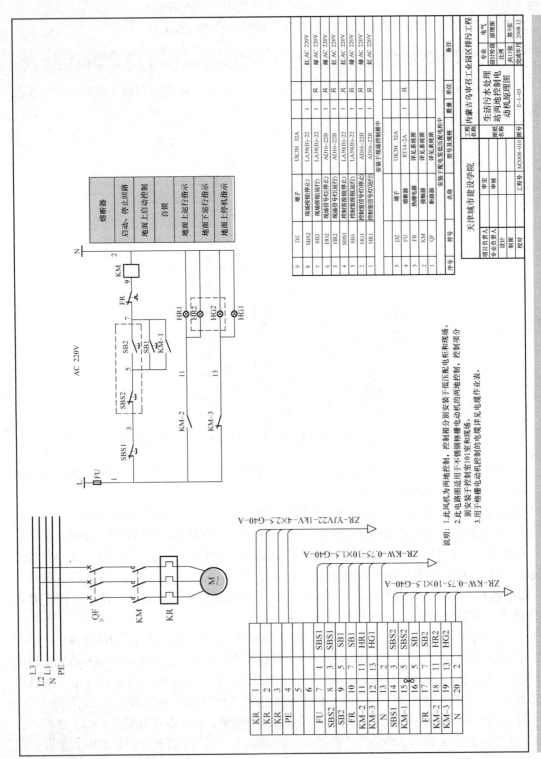

图 5-39 潜污泵两地控制—台电动机电气工程图示例

　　电气控制工程施工图纸要有元器件的设备和型号表，还需绘出端子与元器件的接线关系。

　　图 5－40 为两台电动机三地启停、运行控制并带信号显示的控制电路工程施工图。电路分四部分，主电路有两台电动机及 4 个接触器所控制的触点；控制电路由 4 个接触器、2 个中间继电器的线圈及触点、控制开关等完成电动机的启停、运行控制。同时还设置了电动机各种状态的显示环节，显示电路由旁路接触器、各接触器、继电器触点控制，显示电动机的启停、运行及故障状态。保护电路由断路器、热继电器等完成。

　　图 5－40（a）为主电路；（b）为控制电路；（c）为设备材料表。三部分绘制在一张图中，为了识图方便，将图分成了三个部分。

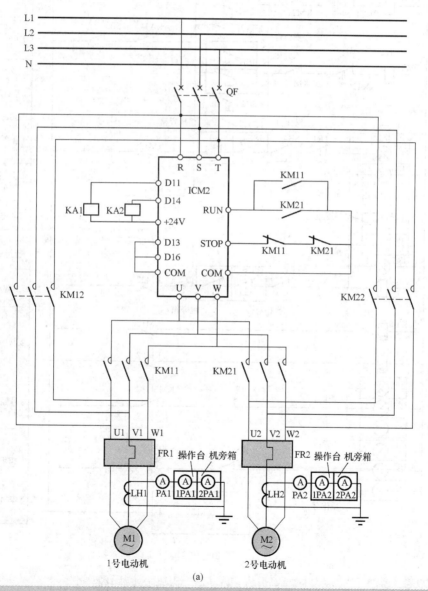

(a)

图 5－40　潜污泵两台电动机三地控制电气工程图（一）

(a) 主电路

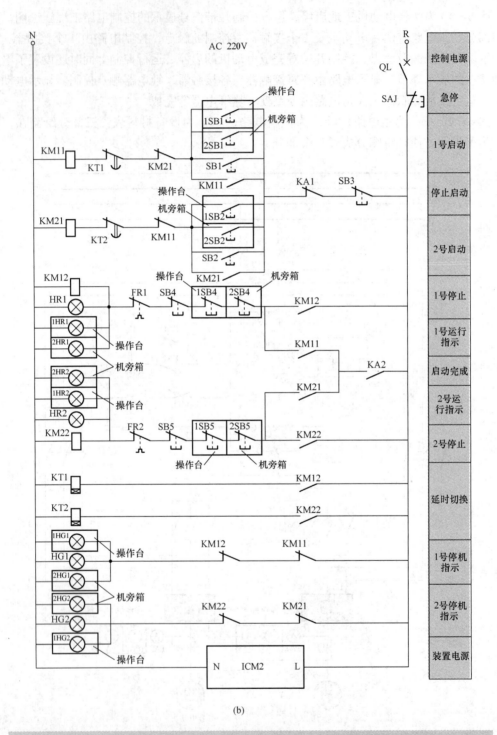

图 5-40　潜污泵两台电动机三地控制电气工程图（二）

（b）控制电路

序号	符号	名称	型号及技术规格	单位	数量	备注
25	2SB1 - 2 2SB4 - 5	按钮	LA18 - 22	只	4	装在机旁操作箱上
24	2HR1 - 2 2HG1 - 2	指示灯	AD11/220V	只	4	
23	2PA1 - 2	电流表	6L2 - A 600/5A	只	2	
22	1SB1 - 2 1SB4 - 5	按钮	LA18 - 22	只	4	装在总操作台上
21	1HR1 - 2 1HG1 - 2	指示灯	AD11/220V	只	4	
20	1PA1 - 2	电流表	6L2 - A 600/5A	只	2	
19						
18	QF	低压断路器	YSA2A 630/450A	只	1	
17	KR1 - 2	热过载继电器	JRS2 - 630F/570A	只	2	
16	KA1	中间继电器	52P DC24V	只	1	
15	KA2	中间继电器	52P DC24V	只	1	
14	LH1 - 2	电流互感器	BH - 0.66 600/5A	只	2	
13	QL	空气开关	DZ47 - 63/1P, 6A	只	1	
12	PA1 - 2	电流表	6L2 - A 600/5A	只	2	
11	KT1 - 2	时间继电器	H3Y - 2 - 30S	只	2	
10	HR1 - 2	指示灯	AD16 - 22	只	2	红色
9	HG1 - 2	指示灯	AD16 - 22	只	2	绿色
8	SB3 - 5	按钮	LA39	只	3	红色
7	SB1 - 2	按钮	LA39	只	2	绿色
6	SAJ	按钮	LA39	只	1	红色
5	KM21	交流接触器	CJX4 - 400F	台	1	
4	KM11	交流接触器	CJX4 - 400F	台	1	
3	KM22	旁路接触器	CKJ5 - 630/1140	台	1	
2	KM12	旁路接触器	CKJ5 - 630/1140	台	1	
1	ICM2	软启动器	ICM2 - 200 - A	台	1	
安装在软启动柜上的设备						
序号	符号	名称	型号及技术规格	单位	数量	备注
设 备 材 料 表						

(c)

图 5 - 40 潜污泵两台电动机三地控制电气工程图（三）

(c) 设备材料表

图 5 - 40（a）为主电路：主电路带有软启动，电流表三地显示环节；并带有保护环节，完成过电流、过载及失电压等保护作用。

图 5 - 40（b）为控制电路：控制电路设置了三地控制启停开关，任一启动或停止开关

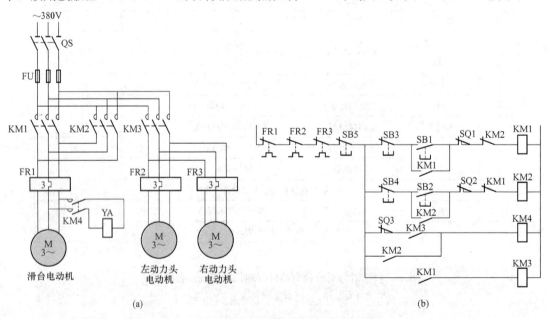

均可控制电动机的运行状态，接触器、时间继电器及触点等控制电动机各种运行控制，识图者对照三个子图及表进行分析。

图5-40（c）为设备材料表：列出了工程施工图中所有元器件的设备数及型号。

5.3.3 铣削加工机床控制电路

某铣削加工机床有左、右两个动力头，用以铣削加工，它们各由一台交流电动机拖动；另外有一个安装工件的滑台，由一台交流电动机拖动，机床控制共有3台电动机。其加工工艺过程：在开始工作时，要求滑台先快速移动到加工位置，然后自动变为记速进给，进给到指定位置自动停止；再由操作者发出指令使滑台快速返回，回到原位后自动停车。要求两动力头电动机在滑台电动机正向启动后启动，而在滑台电动机正向停车时也要停车。识图者在熟悉了加工工艺过程，明确了控制铣削加工过程所需的控制功能后，进而分析电路图。

将机床控制电路分为两个部分：主电路和控制电路。首先分析两部分的元器件组成以及将系统划分成各个基本环节，明确基本环节的作用。然后针对主电路和控制电路的控制原理进行分析。

主电路：动力头拖动电动机只要求单方向旋转，为使两台电动机同步启动，图中用接触器KM3控制。两接触器KM1、KM2控制滑台拖动电动机的正转、反转运行。滑台的快速移动由电磁铁YA改变机械传动链来实现，由接触器KM4控制，如图5-41（a）所示。

控制电路：两个启动按钮SB1与SB2控制滑台电动机的正转、反转，SB3与SB4为停止按钮，控制电动机停车。由于动力头电动机在滑台电动机正转后启动，停车时也停车，故用接触器KM1、KM2的动合辅助触点控制KM3的线圈，如图5-41（b）所示。

图5-41 机床控制电路
（a）主电路；（b）控制电路

滑台的快速移动通过电磁铁 YA 通电时，改变凸轮的变速比来实现。滑台的快速前进与返回分别用 KM1 与 KM2 的辅助触点控制 KM4，再由 KM4 触点去通断电磁铁 YA。滑台快速前进到加工位置时，要求慢速进给，因而在 KM1 触点控制 KM4 的支路上串联限位开关 SQ3 的动断触点。此部分的辅助电路如图 5－41（b）所示。

电路还设有互锁控制与保护环节：SQ1、SQ2 为限位开关。限位开关 SQ1 的动断触点控制滑台慢速进给到位时的停车；限位开关 SQ2 的动断触点控制滑台快速返回至原位时的自动停车。接触器 KM1 与 KM2 之间有互锁，保证电动机安全运行。三台电动机均用热继电器作过载保护。

铣削加工机床的电气控制环节中用了四个交流接触器，其中两接触器 KM1、KM2 控制滑台电动机、实现电动机正/反转运行；接触器 KM3 控制两台电动机同步启动；接触器 KM4 控制滑台的快速移动。限位开关 SQ1、SQ2 起到位置控制的作用。保护环节中热继电器作过载保护 FR1、FR2、FR3 起过载保护作用；FU、QS 起到短路保护等作用。

一般完整的电气控制图纸需要有完善的保护措施，常用的保护措施有漏电流、短路、过载、过电流、过电压、失电压等保护环节，有时还应设有合闸、断开、事故、安全等必需的指示信号。识图时在读懂基本的电路后，再进一步分析扩展电路。

5.3.4 某卧式车床的电气控制电路

某卧式车床由三台电动机控制，即主电动机 M1、冷却泵电动机 M2、快速移动电动机 M3，完成机床的左右、前后及快速移动。

机床电气传动的特点及控制要求：机床主运动和进给运动由电动机 M1 集中传动，主轴运动的正反向（满足螺纹加工要求）是靠两组摩擦片离合器完成。主轴制动采用液压制动器，电动机 M2 拖动冷却泵，刀架快速移动由单独的快速电动机 M3 拖动。进给运动的纵向（左右）运动，横向（前后）运动以及快速移动都集中由一个手柄操纵。识图时将电气总图分为主电路和控制电路，控制电路分为继电器接触器控制电路部分；信号指示与照明电路部分；控制电路电源三部分。

主回路分析：由接触器 KM1、KM2、KM3 分别控制电动机 M1、M2 及 M3，如图 5－42（a）所示。三相电源由开关引入。主电动机的短路保护由刀开关 QS 和熔断器 FU1 完成，主电动机 M1 的过载保护由热继电器 FR1 实现，冷却泵电动机中 FR2 起过载保护作用，主电动机的短路保护可由机床的前一级配电箱中的熔断器控制，冷却泵电动机和快速电动机的短路保护由 FU1 控制。

控制电路简图如图 5－42（b）所示：设计时考虑到操作方便，主电动机 M1 可在床头操作板上和刀架拖板上分别设启动和停止按钮 SB1、SB2、SB3、SB4 进行操纵。接触器 KM1、KM2 的辅助触点与控制按钮组成带自锁的控制电路。如图 5－42（b）表示三个继电器线圈的分段控制电路。

冷却泵电动机 M2 由 SB5、SB6 进行启停操作控制，装在机床头部。快速移动电动机 M3 工作时间短，为了操作灵活，由按钮 SB7 与接触器 KM3 组成点动控制。信号指示与照明电路如下。

图 5－43 将图 5－42（a）和（b）连接在一起，增加了辅助电路，构成了卧式车床的完整控制电路。图中设有电源指示灯 HL2（绿色），在电源开关 QS 接通后，立即发光显示，表示

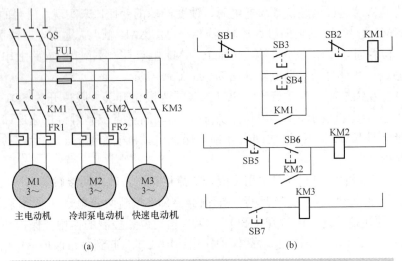

图 5-42　某卧式车床的电气控制电路

（a）主回路；（b）控制电路简图

机床电气电路已处于供电状态。设电源指示灯 HL1（红色）显示主电动机是否运行。这两个指示灯由接触器 KM1 的动合和动断两对辅助触点进行切换显示，如图 5-43 右上方所示。

在操作板上设有交流电流表 PA，它串联在电动机主回路中，用以指示机床的工作电流。这样可根据电动机工作情况调整切削用量使电动机尽量满载运行，以提高生产效率，并能提高电动机的功率因数。EL 照明灯为 36V 安全电压。

控制电路电源：从图中分析，考虑安全可靠及满足照明指示灯的要求，电路采用变压器供电，控制电路 127V，照明 36V，指示灯 6.3V。

根据各局部电路之间相互关系，在图 5-42 简图的基础上增加了信号指示与照明电路部分，实现了某卧式车床的电气控制功能。读者可根据图 5-43 所示的两部分图连接起来对照分析。

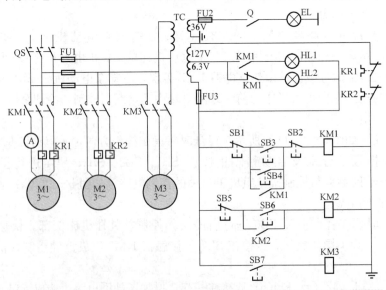

图 5-43　某卧式车床的电气控制总电路

5.3.5   集水井液位电气控制电路

图 5-44 是一套较完整的集水井液位电气控制电路，图中包括了控制盘面及设备表。控制的原理是通过检测集水井液位高度来控制水泵的运行状态，从而达到液位稳定的效果。水泵由电动机控制，图中利用手动按钮控制电动机的启停。电路图设有高低液位、超高限位指示灯，并可实现两地控制。

识图时首先分析集水井液位电气控制电路，将电气控制电路分成主电路和控制电路，主电路与其他主电路基本相同，不同之处是用断路器代替了刀开关和熔断器，断路器起到短路、欠电压和失电压保护等作用。

读控制电路图 5-44（a）时，将控制图根据作用划分为各个环节，即保护环节、启停环节、高低液位显示环节等。对照集水井主要设备表，明确元件的功能，从而分析如何实现

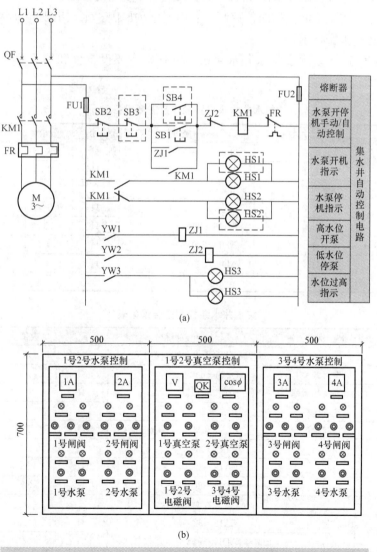

(a)

(b)

图 5-44   集水井控制电路及控制箱盘面
(a) 集水井电气控制电路；(b) 机旁控制箱盘面图

各环节的控制作用。在图中 SB3、SB4 是启动和停止按钮，它的符号加外框，表示是装在集水井旁（现场）控制箱内，其他加外框的元件也如此。因为是两地控制，所以控制按钮和指示灯均为两套。SB3、SB4 是安装在控制箱上的启动和停止按钮；SB1、SB2 是安装在控制室控制柜上的启动和停止按钮，按下其中的任一按钮，都可以控制电动机的启动和停止。接触器 KM1 带有主触点和辅助触点，主触点闭合电动机通电运行，一个动合辅助触点实现自锁，另一个动合辅助触点通电闭合，表示水泵运行显示。动断辅助触点无电时信号灯亮，表示待机状态；通电时动断辅助触点变为动合，信号灯关闭，表示水泵处在工作状态。

液位控制通过 YW（液位控制器）测量井内的液位，并将测量的信号通过中间继电器控制电动机的启停。当水位降至低限液位时，中间继电器的动断触点 JZ2 变为动合触点，接触器线圈 KM1 断电，电动机停止运行，水泵不工作。当水位达到高限液位时，中间继电器的动合触点 JZ1 变动断，接触器线圈得电，电动机重新启动，处于运行状态，水泵工作。这样周而复始地工作，实现了液位的两位控制。若由于某种原因，水位出现超高状态时，控制电路中设有水位超高报警指示。

表 5-3 及表 5-4 表示了集水井水泵机旁操作盘主要设备表和集水井水泵控制主要设备表。

表 5-3　　　　　　　　　　　　　集水井水泵机旁操作盘主要设备表

序号	符号	名　称	型号及规格	单位	数量	备　注
1	1～4A	交流电流表	6L2-A　450/5A	只	4	
2	SPV	交流电压表	6L2-V　0～450V	只	1	
3	cosφ	功率因素表	6L2-cosφ	只	1	
4	OK	电压转换开关	LW12-YH3/3	只	1	
5	SB	按钮	LA18-22	只	28	红绿各 12 黄 4
6	HS	指示灯	AD11/220V	只	4	红绿各 2
7	HS	指示灯	AD11/380V	只	20	红绿各 10
8						

表 5-4　　　　　　　　　　　　　集水井水泵控制主要设备表

符　号	名　称	型号及规格	单位	数量	备注
装在集水井控制箱上					
QF1	空气开关	DZ20-63 30	只	1	
KM1	交流接触器	B16/380V	只	1	
FR1	热继电器	JRS2-20	只	1	
ZJ1～ZJ2	中间继电器	Z7-380V	只	2	
FU1～FU2	熔断器	RT18-20/6	只	2	
SB3～SB4	按钮	LA18-22	只	2	红绿各 1
HS1～HS3	信号灯	AD11/380V	只	3	红 2 绿 1
装在总操作台上					
SB1～SB2	按钮	LA18-22	只	2	红绿各 1
HS1～HS3	信号灯	AD11/380V	只	3	红 2 绿 1
装在集水井内					
YW	干簧式水（液）位自动控制器 GSK（2A）		只	1	

若控制多台水泵及真空泵，每部设备的控制原理相同，控制电路可根据要求略有差异，识图方法相同。图5-44（b）控制箱盘面及主要设备表中显示了多台水泵及真空泵控制箱盘面器件的平面图，以及控制箱内主要设备的型号和数量。读者可根据图自行分析。

5.3.6　罗茨风机启停顺序控制系统

两台罗茨风机的控制方式为手动控制，风机可利用各自的控制按钮来实现启动、运行和停止。运行方式如下。

（1）风机的启动方式为直接启动，可单独运行一台或两台同时运行，但不允许两台同时启动。可以设置顺序启动、同时运行方式等。

（2）启动风机时可以选择两台风机中任意一台启动运行。

（3）当一台风机启动时，另一台风机处于运行或停止状态。

（4）当一台风机启动时，若另一台风机处于停止状态，则在启动约10s内，将处于停止状态的风机锁死，使之不能启动。

根据上述控制要求，我们分析罗茨风机电气控制电路图的原理，如图5-45所示。电路图分为主电路和辅助电路，主电路与前几节基本相同，故不做分析。辅助电路如图5-45（b）控制电路所示，电路分为信号指示环节、1号风机控制环节、2号风机控制环节。

图中控制系统由接触器KM1、KM2，时间继电器KT1、KT2和中间继电器KA1、KA2以及它们所带的动合动断触点，控制按钮SB1、SB2、SBS1、SBS2，指示灯HG1、HG2、HR1、HR2等元器件组成。

当只按下启动控制按钮SB1时，接触器KM1得电，接触器KM1的触点KM1-1闭合实现自锁，其主触点闭合，1号风机启动运行。同时KT1（延时时间定在10s）、KA1得电，经过了10s的延时后，时间继电器的触点KT1-1断开，KA1失电压，KA1的动断触点KA1-1恢复原来状态。

当先按下启动控制按钮SB1，再按下SB2时，接触器KM1得电，接触器KM1的触点KM1-1闭合实现自锁，其主触点闭合，1号风机启动运行。同时KT1（延时时间定在10s）、KA1得电，KA1的动断触点KA1-1先断开，暂时断开了KM2的通路，使2号风机不能同时启动。再按下SB2时，KM2得电，接触器KM2的触点KM2-1闭合实现自锁，其主触点闭合，2号风机启动运行。由于接触器KM1的动断触点KM1-2断开，所以KA2不起作用，这时两台风机都处于运行状态。反之当先按下启动控制按钮SB2，再按下SB1时，原理相同，此电路在设计上保证了两台风机不能同时启动。

信号指示环节中显示风机的运行状态，1号风机运行时，接触器KM1的动合触点KM1-3闭合，指示灯绿灯亮显示运行状态。接触器KM1的动合触点KM1-4打开，指示灯断电。反之2号风机运行时，原理相同。

图5-45（c）绘出了电器元件之间的端子接线图，使读者通过端子接线图理解电气工程图的设备与元件之间的连接方式。罗茨风机电气控制电路的主要设备见表5-5。

5.3.7　空调机组的控制系统

1. 空调机组的组成及控制原理

空调机组由送风机、回风机、过滤器、冷水阀门、热水阀门、新风阀、回风阀、排风

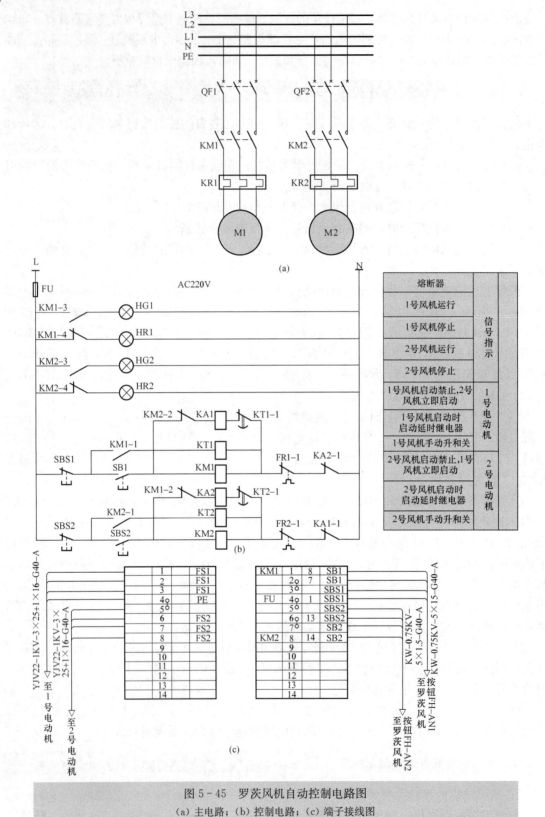

图 5-45　罗茨风机自动控制电路图

(a) 主电路；(b) 控制电路；(c) 端子接线图

表 5 - 5　　　　　　　　　　　　罗茨风机控制系统主要设备表

符　号	名　称	型号及规格	单位	数量	备注
罗茨风机电动机控制箱设备					
QF1 - 2	断路器	详见系统图	只	1	
KM1 - 2	交流接触器	详见系统图	只	1	
FR1 - 2	热继电器	详见系统图	只	1	
HG1 - 2 HR1 - 2	信号灯（停止） 信号灯（运行）	AD16 - 22B AD16 - 22B	只	2 2	红 AC 220V 绿 AC 220V
KA1 - 2	中间继电器	N22E	只	2	AC 220V
KT1 - 2	时间继电器	AH3 - 3	只	2	AC 220V
DZ	端子	UK 3N　32 A			
DZ	端子	UK16　101A			
装在 104 室现场					
SBS1 - 2	按钮（停止）	LA39（B）- 22	只	2	红 AC 220V
SB1 - 2	按钮（运行）	LA39（B）- 22	只	2	绿 AC 220V

阀等部分组成。控制系统中的现场设备由 DDC、送风温度传感器、送风湿度传感器、防冻
开关、压差开关、电动调节阀、风阀执行器等组成。

　　空调机组的工作主要是对系统中的新风和回风混合后进行热湿处理，再送入到空调房
间，使调节室内空气参数达到预定要求。由于空调机组处理的空气，除新风外还有回风，所
以除了要面对室外空气参数变化干扰外，还存在室内人员、设备散热、散湿量变化引起的干
扰。空调控制系统必须同时监测新风参数、送风参数和回风参数，并选用适当方式对干扰进
行补偿，满足室内温/湿度和空气卫生要求，同时减少运行能耗。

　　典型的定风量空调机组监控原理如图 5 - 46 所示，图的上方是空调系统图，下方是

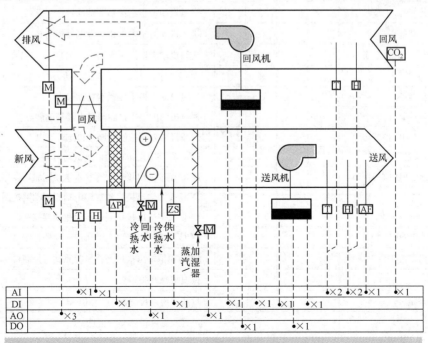

图 5 - 46　定风量空调机组监控系统原理图

DDC 控制接线表，有 4 个输入/输出接口，根据传感器和执行器的不同，分别接入不同的输入/输出接口，并按照事先编制的控制程序对系统进行检测和执行。

建筑电气设计，要求根据设备的情况选择配置下列相关的空调机组监控项目：空调机组启停控制及运行状态显示；过载报警监测；送、回风温度监测；室内外温、湿度监测；过滤器状态显示及报警；风机故障报警；冷（热）水流量调节；加湿器控制；风门调节；风机、风阀、调节阀联锁控制；室内 CO_2 浓度或空气质量监测；（寒冷地区）防冻控制；送回风机组与消防系统联动控制。

2. 空调机组的监控功能

（1）送/回风机运行状态监测。送/回风机故障状态监测。监控点分别取自送/回风机配电柜接触器辅助触点和送回/风机配电柜热继电器辅助触点。

对送风机的各种状态：手动控制/自动控制/运行/故障状态进行监控。系统具备按给定时间表控制风机的启停功能。

（2）送/回风温/湿度监测，室外（或新风）温湿度监测。监控点分别取自送/回风管上的风管式空气温、湿度传感器输出和室外（或新风口）的温/湿度传感器输出。

定风量空调系统是以回风温度为被调参数，传感器测出回风温度值传送给 DDC，DDC 将接收到的温度值与设定值比较，PID 调节器按其偏差计算输出信号，控制冷、热水调节阀的开度，从而控制冷水或热水流量，使空调区域气温保持在设定值（一般夏季温度低于 28℃，冬季高于 16℃）。系统运行中，室外温度变化是一个扰动输入，为提高系统的控制性能，把新风温度作为扰动信号加入调节系统中，一般采用前馈补偿方式消除新风温度变化对输出的影响。其识图需将图 5-46 与表 5-6 对照起来分析。

表 5-6　　　　　　　　　　　　　　定风量空调机组监控点表

监测控制点描述	AI	AO	DI	DO	接口位置
送风机运行状态			√		送风机动力柜主接触器辅助触点
送风机故障状态			√		送风机动力柜主电路热继电器辅助触点
送风机手/自动转换状态			√		送风机动力柜控制电路（可选）
送风机开/关控制				√	DDC 数字输出接口到送风机动力柜主接触器控制回路
回风机运行状态			√		回风机动力柜主接触器辅助触点
回风机故障状态			√		回风机动力柜主电路热继电器辅助触点
回风机手/自动转换状态			√		回风机动力柜控制电路（可选）
回风机开/关控制				√	DDC 数字输出接口到回风机动力柜主接触器控制回路
空调冷冻水/热水阀门调节		√			DDC 模拟输出接口到冷热水电动阀驱动器控制口
加湿阀门调节		√			DDC 模拟输出接口到加湿电动阀驱动器控制口
新风口风门开度控制		√			DDC 模拟输出接口到送风门驱动器控制口
回风口风门开度控制		√			DDC 模拟输出接口到回风门驱动器控制口
排风口风门开度控制		√			DDC 模拟输出接口到排风门驱动器控制口
防冻报警			√		低温报警开关
过滤网压差报警			√		过滤网压差传感器
新风温度	√				风管式温度传感器（可选）

续表

监测控制点描述	AI	AO	DI	DO	接 口 位 置
新风湿度	√				风管式湿度传感器（可选）
室外温度	√				室外温度传感器（可选）
回风温度	√				风管式温度传感器
回风湿度	√				风管式湿度传感器
送风温度	√				风管式温度传感器（可选）
送风风速	√				风管式风速传感器（可选）
送风湿度	√				风管式湿度传感器（可选）
空气质量	√				空气质量传感器（CO_2、CO 浓度）

空调机组湿度调节是把回风湿度传感器测量的湿度信号送入 DDC 与给定值比较，产生偏差，由 DDC 按 PI 算法输出信号控制加湿电动阀开度，以保持空调房间相对湿度。

（3）过滤网两侧压差监测。监控点取自安装在过滤网两侧的压差开关。当过滤网积尘堵塞严重时，压差超限，压差开关报警，提醒工作人员清洗。

（4）送风风速监测。监控点取自送风管上的风管式风速传感器输出。

（5）防冻开关状态监测（只用于冬季气温低于 0℃ 的北方地区）。监控点取自安装在送风管靠近表冷器出风侧的防冻开关输出。

当室外温度过低，使换热器出风侧温度低于 5℃ 时，防冻开关报警。此时，应关闭风门和风机，以免换热器温度进一步下降。

（6）空气质量检测。监控点取自安装在空调区域（或回风管）的空气质量传感器（通常选用 CO_2 传感器）。

传感器将空调房间 CO_2 浓度信号传送到 DDC，DDC 通过计算输出控制信号，控制新风风门开度，调节新风量以保证室内空气质量。

（7）送/回风机启停控制。控制信号从 DDC 数字输出口输出到送/回风机配电柜接触器控制回路。

空调机组的定时运行和远程控制。通过控制系统，按给定的时间表对空调机组进行定时启/停控制，并能对相关设备进行远程控制。

（8）新风口风门开度及回风、排风风门开度控制。控制信号分别从 DDC 模拟数字输出口输出到新风口风门驱动器控制输入口和回风、排风风门驱动器控制输入口。

根据新风温/湿度、回风温/湿度在 DDC 进行回风和新风焓值计算，按回风和新风焓值比例及空气质量检测值对新风的需要量，控制新风门和回风门的开度，使系统在最佳新风回风比状态下运行，达到节能的目的。

（9）冷热水阀门开度调节及加湿阀门开度调节。控制信号分别从 DDC 模拟输出口输出，到冷热水二通调节阀驱动器控制输入口和加湿二通调节阀驱动器控制输入口。

为使空调机组能正常运行，通过编制程序，严格按照各设备启停顺序的工艺流程要求运行。空调机组的启动、停止须满足工艺流程要求的逻辑联锁关系。空调机组启动顺序：新风风门、回风风门、排风风门开启→送风机启动→回风机启动→冷热水调节阀开启→加湿阀开启；空调机组停机顺序：加湿阀关闭→冷热水调节阀关闭→回风机停止→送风机停止→新风风门、回风门、排风门关闭。

5.3.8 变风量空调控制系统

变风量系统根据空调负荷的变化以及室内要求参数的变化来自动调节各末端及空调机组风机的送风量，最大程度地保证空调环境的舒适性，降低空调机组的运行能耗，它具有节能、控制灵活等显著特点。变风量系统是全空气系统，可以设置送回风双风机，以便在过渡季节使用新风，甚至采用全新风运行，充分利用室外空气的自然冷源。

1. 典型的变风量空调机组监控原理见图 5-47

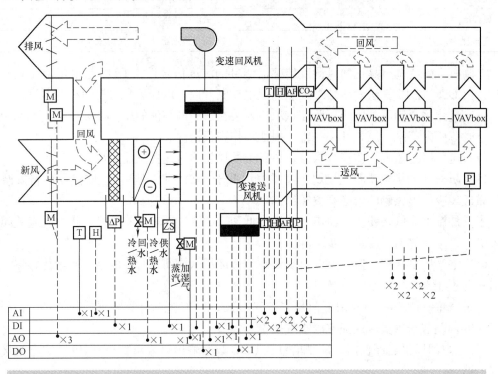

图 5-47　变风量空调机组监控

变风量空调系统具有很多传统定风量空调系统不具备的优势，因此取得了越来越广泛地应用。但变风量空调系统，空调一次投资有所增加，控制相对复杂，对管理水平要求较高。

变风量空调系统是通过控制末端风阀的开度来调节进入房间的风量，以满足房间的温度要求。压力相关型末端不带风速传感器，由室内温控器直接控制电动风阀的动作，末端送风量受风阀开度与风道静压二者制约，房间温度波动，精度不高，但是压力相关型末端装置只要配以较灵敏的室内温控器，仍然可以将室温控制在舒适范围之内。压力无关型末端送风量仅与室温偏差有关，与风道静压无关，房间温度控制稳定，设有风速传感器、温控器和风量控制器。温控器根据室温设定值与测定值的偏差向风量控制器给出设定值，风量控制器根据风量设定值与测定值的偏差来调节末端装置的风阀开度。

对于送风量的控制方法有定静压控制、变静压控制和总风量控制法。

（1）定静压定温度法：即采用变频驱动器，当末端风量的变化引起送风管路系统的静压产生变化时，通过改变风机电动机的转速来实现系统的总送风量的控制。而维持送风管路的系统静压恒定，只要保证最不利环路末端有足够的出风静压，静压控制点应尽可能低，以节约风机的能耗。这种控制方法是在送风温度保持不变条件下，保证系统风管中某一点或几个固定点处平均静压为一个定值，通过控制变频器转速，将以上诸参考点的平均静压控制在给定值，实现总风量的调节控制。

（2）定静压变温度法：当 VAV 系统末端负荷发生变化时，在保持参考点平均静压不变的条件下，调节空调机组送风温度，以实现末端负荷变化引起 VAV 系统总负荷的动态跟踪变化。这种方法中，可以保持送风温度不变，通过调节空调机组通风量，动态跟随末端负荷变化的要求，同时保证末端静压不变。也可以在保持空调机组通风量不变的情况下，通过调整空调机组送风温度，以满足末端负荷变化的要求，同时保持末端静压维持在稳定值。还可以在保持末端定静压的条件下，同时调节空调机组的总送风量和送风温度，以实现定静压变温度的控制方法。

（3）变静压变温度法：使用带风阀开度的传感器、风量传感器和室内温控器的变风量末端装置控制。由变风量末端装置的风阀的开度来判断系统中的静压来调节风机转速。在末端负荷变化时，同时调节末端静压和送风温度，即末端静压和送风温度均是可调节参数。定静压方法控制简单，但风机能耗较高，末端风阀多处于偏小状态，带来了噪声问题；变静压方法虽然能最大限度地节省风机能耗，但控制算法复杂，实现较为困难。

（4）总风量控制法：控制末端静压的变风量空调系统工作运行存在着不稳定性因素，采用总风量与末端负荷匹配的总风量控制法，可有效地进行变风量空调系统中的运行与节能控制。通过自动计量和统计求出各末端风量总量，通过送风机相似特性及相关的计算求出对应的送风机转速，并控制空调机组送风机在此转速运行，使送风量与负荷匹配，这就是 VAV 系统中的总风量控制法。根据系统各末端风量之和与系统当前总风量相匹配，采用末端实时的风量需求来控制主风机的转速。根据风机相似定律，在空调系统阻力系数不发生变化时，总风量和风机转速是一个正比的关系。可以说是一种间接根据房间温度偏差由 PID 控制器来控制转速的风机控制方法。

对于新风量的控制有以下几种方法。

（1）送风机、回风机风量测量控制法：同时测量送风机和回风机风量，由于送风机和回风机风量远大于新风量，风管内风速较高，所以测量误差相对较小，新风量应该等于送风机和回风机风量之差。

（2）新风风机风量控制法：由安装在新风管内的速度传感器调节风阀来维持最小新风量。该方法的优点是误差小，缺点是需要另设最小新风管，增加了一次投资。

（3）CO_2 浓度监控法：将 CO_2 传感器置于空调房间具有代表性的地方，当 CO_2 高于设定值时，即增大新风量。这种控制方法是目前认为最先进的新风量控制方法，也是使用最多的控制方法，主要的问题是完全忽略了 CO_2 以外的污染物的影响和控制滞后，而且这种测量只能代表某个点或者小范围内 CO_2 的瞬时浓度。

智能建筑设计中要求根据建筑设备的情况选择配置下列相关的变风量空调系统监控项目：变风量（VAV）系统的总风量调节；送风压力监测；风机变频控制；最小风量控制；最小新风量控制；加热控制。

2. 变风量空调系统的监控功能（参见图5-47及表5-7）

表5-7　　　　　　　　　　　　VAV空调系统主要监控点配置表

监测控制点描述	AI	AO	DI	DO	接口位置
送风机运行状态			√		送风机动力柜主接触器辅助触点
送风机故障状态			√		送风机动力柜主电路热继电器辅助触点
送风机手/自动转换状态			√		送风机动力柜控制电路（可选）
送风机开/关控制				√	DDC数字输出接口到送风机动力柜主接触器控制回路
送风机转速控制		√			DDC模拟输出接口到送风机变频器控制口
回风机运行状态			√		回风机动力柜主接触器辅助触点
回风机故障状态			√		回风机动力柜主电路热继电器辅助触点
回风机手/自动转换状态			√		回风机动力柜控制电路（可选）
回风机开/关控制				√	DDC数字输出接口到回风机动力柜主接触器控制回路
回风机转速控制		√			DDC模拟输出接口到回风机变频器控制口
空调冷冻水/热水阀门调节		√			DDC模拟输出接口到冷热水电动阀驱动器控制口
加湿阀门调节		√			DDC模拟输出接口到加湿电动阀驱动器控制口
新风口风门开度控制		√			DDC模拟输出接口到送风门驱动器控制口
回风口风门开度控制		√			DDC模拟输出接口到回风门驱动器控制口
排风口风门开度控制		√			DDC模拟输出接口到排风门驱动器控制口
空调机组送风出口（静）压力	√				风管式空气压力传感器
送风管末端静压	√				风管式空气压力传感器
防冻报警			√		低温报警开关
过滤网压差报警			√		过滤网压差传感器
新风温度	√				风管式温度传感器（可选）

（1）送/回风机运行状态监测，送、回风机故障状态监测：监控点分别取自送、回风机配电柜接触器辅助触点和送回、风机配电柜热继电器辅助触点。

（2）送/回风温/湿度监测，室外（或新风）温湿度监测：监控点分别取自送、回风管上的风管式空气温/湿度传感器输出和室外（或新风口）的温/湿度传感器输出。

（3）过滤网两侧压差监测：监控点取自安装在过滤网两侧的压差开关。

当过滤网积尘堵塞严重时，压差超限，压差开关报警，提醒工作人员清洗。

（4）送风、回风风速监测：监控点分别取自送风管、回风管上的风管式风速传感器输出端。用送、回风风速值计算系统总送风量和总回风量。

（5）防冻开关状态监测（只用于冬季气温低于0℃的北方地区）：监控点取自安装在送风管靠近表冷器出风侧的防冻开关输出。

当室外温度过低，导致换热器出风侧温度低于5℃时，防冻开关报警。此时，应关闭风门和风机，以免换热器温度进一步下降。

（6）空气质量检测：监控点取自安装在空调区域（或回风管）的空气质量传感器输出（通常选用CO_2传感器）。

CO_2传感器将空调房间CO_2浓度信号传送到DDC，DDC通过计算输出控制信号，控制新风风门开度，调节新风量以保证室内空气质量。

（7）送风管末端压力检测：监控点取自安装在送风管压力最不利位置的空气压力传感器输出（一般采用风管式空气压力传感器）。

（8）送、回风机电动机转速控制：控制信号从 DDC 模拟输出口输出到送、回风机电动机变频器控制口。

在较大的 VAV 空调系统中，末端数量多、分布范围广，总风量大且风道管路较长，系统装置中包含总回风管路中的回风机。在控制上，除了对风机进行变频调速控制外，还要求对回风机进行相应的联动控制，即对送风量控制。同时也对回风量控制，以保证空调房间在其他运行参数得到满足的同时满足送风量和回风量的平衡。

（9）送、回风机启停控制：控制信号从 DDC 数字输出口输出到送、回风机配电柜接触器控制回路。

空调机组的定时运行和远程控制。通过控制系统，按给定的时间表对空调机组进行定时启/停控制，并能对相关设备进行远程控制。

（10）新风口风门开度及回风、排风风门开度控制：控制信号分别从 DDC 数字输出口输出到新风口风门驱动器控制输入口和回风、排风风门驱动器控制输入口。

DDC 根据新风温/湿度、回风温/湿度进行回风和新风焓值计算，按回风和新风焓值比例及空气质量检测值对新风的需要量，控制新风门和回风门的开度，使系统在最佳新风回风比状态下运行，达到节能的目的。

（11）冷热水阀门开度调节及加湿阀门开度调节：控制信号分别从 DDC 模拟输出口输出到冷热水二通调节阀驱动器控制输入口和加湿二通调节阀驱动器控制输入口。

为了使空调机组能正常运行，通过编制程序，严格按照各设备启停顺序的工艺流程要求运行。空调机组的启动、停止须满足工艺流程要求的逻辑联锁关系。空调机组的启动顺序控制：新风风门开启→回风风门开启→送风机启动→排风风门开启→回风机启动→空调冷冻水/热水调节阀开启→加湿阀开启；空调机组的停机顺序控制：加湿阀关闭→空调冷冻水/热水调节阀关闭→回风机停机→排风风门关闭→送风机停机→回风门关闭→新风门关闭。

3. 变风量空调末端的监控功能（参见图 5 - 47）

（1）变风量空调末端房间温度检测：监控点取自安装在空调房间的温度传感器输出。

（2）变风量空调末端房间静压检测：监控点取自安装在空调房间的压力传感器输出。

（3）变风量空调末端装置送风风速（风量）检测：监控点取自安装在空调房间送风管的风速（风量）传感器输出。

（4）变风量空调末端送风、回风风门开度调节：控制信号分别从 VAV 末端控制器模拟输出口输出到送风、回风风门驱动器控制输入口。

（5）变风量空调末端再热器开关控制：控制信号从 VAV 末端控制器数字输出口输出到末端装置再热器控制输入口。

5.4　可编程控制器的应用

目前，可编程控制器（简称 PLC）在国内外已被广泛应用于石油、化工、电力、交通运输、楼宇自控等各个行业，为各种各样的自动化控制提供了非常可靠的平台。在 PLC 问世之前，电气自动控制的任务基本上是由继电器接触器控制系统完成。这种系统具有结构简单、抗干扰能力强、成本低等优点。但体积大、耗电多、可靠性差、寿命短、运行速度慢、生产适应能力差等缺点，很难适应现代工业的需求。PLC在控制原理上，由单一具有控制触点的、硬接点的继电器接触器控制系统发展到以计算机为核心的"软"控制系统。PLC可根据用户需要选择模块，用户程序在系统程序上运行和编制，具有开发简单、抗干扰能力强、语言简单、易学易通等优点，用户能够快速地适应设计工作。

可编程控制器可实现开关逻辑控制和顺序控制、运动控制、模拟控制、数据处理以及通信联网控制等功能。下面简单介绍PLC的编程语言，并且以三相电动机的基本控制电路为例，对照继电器接触器控制的基本电路，转换设计为PLC的控制电路，分析PLC的工作原理。解读几种常用的利用可编程控制器实现的电动机控制电路。

5.4.1　PLC的梯形图和编程语言

PLC要实现其控制功能，必须把硬件与软件结合起来。系统软件已经固化在PLC的存储芯片中，用户只需要根据控制对象和控制要求正确编写程序即可控制外部对象。

每个PLC生产厂家生产的PLC有自己的指令系统，甚至同一个厂家不同型号的PLC指令系统也不一样。目前，国内使用比较多的PLC一般是三菱、西门子、欧姆龙等公司的产品，它们的工作原理和性能大致相同，只是在组合形式、语言环境等方面有所区别。下面以西门子S7-200系列为例，介绍PLC的基本知识和典型系统。

1. PLC的基础知识

S7-200中的指令通常可以用梯形图（LADDER）、语句表（STL）和功能块图（FBD）来表示。

梯形图是一种从继电控制电路图演变而来的图形语言。它借助类似于继电器的动合/动断触点、线圈、串联、并联等术语和符号，根据控制要求来表示输入和输出之间的逻辑关系，既直观又易懂。因图形像梯子，因而得名。

指令语句表是一种用指令助记符（图中LD、=、O等）来编写PLC程序语言，它类似于计算机汇编语言，比汇编语言容易理解。由若干条指令组成的程序就是指令语句表。

功能块图是使用逻辑与、或、非、异或门等组合而成。

图5-48是同一程序的三种表示方法。注意，并不是所有情况都可以转化成功能块图。

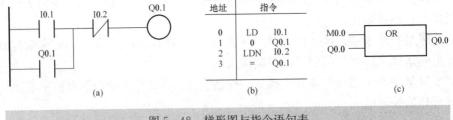

图5-48　梯形图与指令语句表
(a) 梯形图；(b) 指令语句表；(c) 功能块

由于梯形图形象直观，适合初学者和广大工程技术人员采用。虽语句表抽象不易理解，但书写方便，容易保存，可以添加注解，为比较熟悉指令的高级用户所采用。

基本指令包含四种基本类型，定时指令、比较类指令、基本逻辑指令、对运算类指令。

2. 基本逻辑指令

装载指令：LD（Load）、LDN（Load Not）。

线圈驱动指令：＝（Out） $\_($ $^{M0.0}$ $)$ 或 $-\bigcirc$ 表示。

LD 与 LDN 指令对应的触点一般与左侧母线相连，在使用 A、AN、O、ON 指令时，用来定义与其他电路串联、并联的电路的起始接触点。读者参照下面的电动机启保停控制，可加深对触点的理解。

＝指令不能用于输入继电器 I，线圈和输出类指令应放在梯形图的最右边。一个主干通道可以并联输出若干个线圈或输出类指令。

图 5-49 梯形图程序分解图例帮助初学者理解装载指令和线圈驱动指令的连接和使用情况，梯形图的常见使用规则。

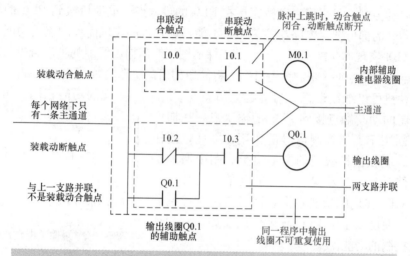

图 5-49　梯形图程序分解图例

5.4.2　典型 PLC 控制电路的识读

本节介绍几种常用的 PLC 控制电路，并与继电器接触器控制电路相对照，使读者在掌握了继电控制系统的基础上，全面地了解 PLC 的控制原理和应用技术。

5.4.2.1　电动机的启停控制

PLC 控制系统由硬件和软件两部分组成，如图 5-50 所示。硬件部分：将输入元件通过输入点与 PLC 连接，输出元件通过输出点与 PLC 连接，构成 PLC 控制系统的硬件部分。软件部分：用 PLC 指令将控制思想转变为 PLC 可以接受的程序。

启动控制：通常使用按钮来实现，将其动合触点接到 PLC 的输入

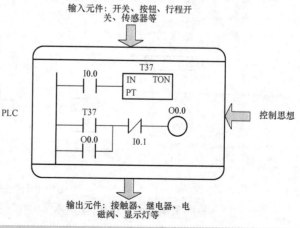

图 5-50　PLC 控制系统的组成

点，PLC 输入映像寄存器中的对应位与该触点形成映射关系，用数字量"1"和"0"反映触点的接通和闭合状态，如图 5－51 所示。电动机先连接接触器，接触器的主触点接到 PLC 的输出点，PLC 中有一个输出映像寄存器与各输出点形成一一对应的映射关系。

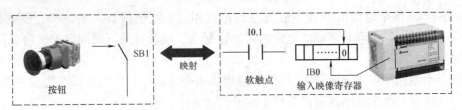

图 5－51　按钮与输入映像寄存器的映射

　　通常的启动控制，只需将启动按钮接在 PLC 的输入点，电动机接到 PLC 的输出点即可实现。图 5－52 的梯形图，电路功能单一，不能自锁，只能实现简单的点动功能。与继电控制图 5－53 (b) 实现的功能相同。图 5－54 梯形图，使用输出线圈的辅助触点（软触点）与按钮映射触点（软触点）并联，称为自锁。将简单的启动电路增加了自锁功能，这样手离开按钮后，电动机可以继续运行。与继电控制图 5－53 (c) 实现的功能相同。图 5－55 梯形图，使用按钮的动断触点接到 PLC 的输入点，在梯形图中起到切断主干通道控制信号的作用，因此，按钮的动断触点串联在被控线圈的主通道上。图中增加了停止按钮，使其具备启动保持停止的功能。与继电控制图 5－53 (d) 实现的功能相同。读者将两种控制装置对照比较，便可以了解 PLC 软硬件以及如何利用梯形图来实现控制的功能。

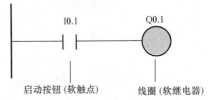

图 5－52　最简单电动机启动程序

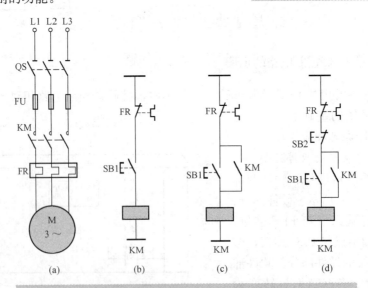

图 5－53　电动机继电控制的启/停电路
(a) 主电路；(b) 点动控制；(c) 带自锁的点动控制；(d) 典型的启/停控制

　　图 5－55 电路中包含了启动、保持和停止控制，是最典型的启/保/停控制电路，读图时

将三个梯形图对应分析。在实际电路中还需加上一些保护措施,如互锁保护、过载保护等,梯形图相对复杂些。梯形图实现的电动机启停控制与继电器接触器控制系统功能相同,梯形图表达得更简练、直观。

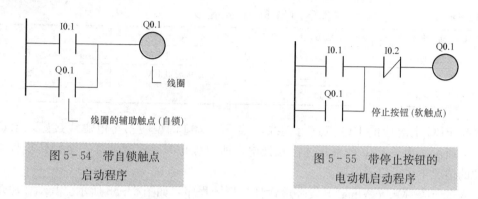

图5-54 带自锁触点 启动程序

图5-55 带停止按钮的 电动机启动程序

5.4.2.2 电动机正反转控制

前面已经介绍了利用继电控制系统实现电动机的正/反转控制。要实现三相电动机正/反转,只需将接入电动机的三相中任意交换其中两相,如图5-56所示。梯形图在启/保/停电路的基础上,为了防止电动机正/反转同时接通而烧毁电动机线圈,加入互锁保护,从而构成了简单的正/反转控制程序,如图5-57所示。在实际电路中,通常使用按钮、行程开关和传感器等发出的控制信号作为正/反转切换的输入信号。

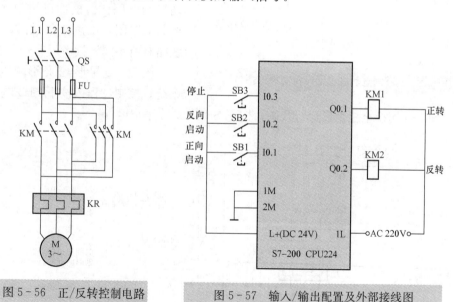

图5-56 正/反转控制电路

图5-57 输入/输出配置及外部接线图

实现电动机正/反向启动控制。按下SB1,电动机正向启动(保持运行状态);按下SB2,电动机反向运行,按下SB3,电动机停止。

(1)要实现正/反转,需要使用两个接触器KM1、KM2。对应PLC输入点可选Q0.1、Q0.2。

(2)因为正/反转电路中,若同时接通会造成短路,因此每次只能接通其一。一种方法可以使用带互锁的按钮,另一种方法可以将接触器的动断辅助触点接到对方电路中。本例中采用双重互锁，为保持某一方向的运行状态，应使用自锁触点。

（3）不可能让电动机无休止地运行下去，因此将停止按钮的动断触点串联在对应的电路中。

根据输入输出点数分配 I/O 地址，见表 5-8。

表 5-8   I/O 地 址 分 配 表

输入元件	地 址	输入元件	地 址
启动按钮 SB1	I0.1	电动机前进 KM1	Q0.1
停止按钮 SB2	I0.2	电动机后退 KM2	Q0.2
行程开关 SB3	I0.3	—	—

根据 PLC 上对应的 I/O 点进行连线，按 S7-200 的说明书将电源线接好，示意图如图 5-57 所示。由于 PLC 的输出往往是强电，所以操作时一定要遵守安全操作规程，检验没问题的情况下才可以通电调试。

进入 Step7-MicroWin32 开发环境设计梯形图程序，如图 5-58 所示。其动作原理的分析与继电器控制相同。

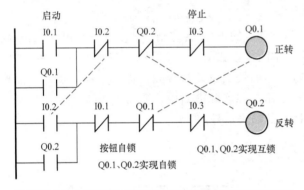

图 5-58　电动机正反转控制梯形图

5.4.2.3　Y-△减压启动

星形-三角形减压启动能大大减少启动电流，减少电流冲击和延长电动机使用寿命，在轻载或空载的启动电路中得到广泛应用。图 5-59 为 Y-△减压启动控制电路图。前面已讲过 Y-△启动控制电路图，虽然作用雷同，但实现的线路有所不同，读者可比较分析。

图 5-59 星形-三角形减压启动控制系统。控制过程：按下 SB2 电动机星形启动，延时 3s 切换至三角形运行状态，按下 SB1，系统停止运行。

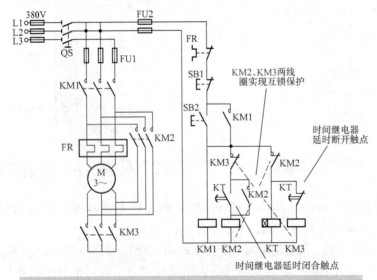

图 5-59　Y-△ 减压启动控制电路

继电控制系统的控制过程如下。

（1）电动机星形连接时，三相绕组线圈的一端连在一起，三角形连接时，三相绕组线圈的头尾分别相连。要实现这两种状态的切换，需用 3 个接触器 KM1、KM2、KM3，连接方式如图 5 - 59 所示。

（2）KM1、KM3 通电，KM2 断开时，电动机星形连接。

（3）KM1、KM2 通电，KM3 断开时，电动机为三角形连接。

为防止切换到三角形连接时 KM3 不能及时断开而产生短路，在 KM2 和 KM3 之间建立互锁保护。

SB1 为停止按钮，串联在能够切断整个控制电路的地方。

依据上述电路的工作过程，根据所需元件，设置 I/O 地址，其分配 I/O 地址见表 5 - 9。将其继电控制系统转化为 PLC 编程控制系统。读者可根据其设计的思路来分析，依据分析继电控制原理的方式设计 PLC 的梯形图。

表 5 - 9　　　　　　　　　　　　Y-△减压启动 I/O 地址

输入元件	地　址	输入元件	地　址
停止按钮 SB1	I0.1	线圈 KM1	Q0.1
启动按钮 SB2	I0.2	线圈 KM2	Q0.2
热继电器 KR	I0.3	线圈 KM3	Q0.3

根据传统继电控制电路图，将其转化成 PLC 的梯形图，如图 5 - 60 所示。读者首先要明确Y-△减压启动 I/O 地址以及所用软继电器的作用，PLC 的书写规则。识图时采用顺藤摸瓜的方法，沿着继电器控制电路的每一支路上的输入输出元件，在 PLC 控制程序梯形图中用对应的指令取代，再对其位置依据符合 PLC 书写规则分析即可。Y-△减压启动梯形图中用定时器代替了继电控制中的时间继电器。

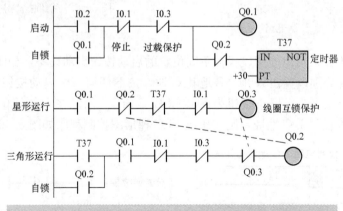

图 5 - 60　Y-△减压启动梯形图

为了帮助读者更好地理解梯形图程序的执行过程，图 5 - 60 中梯形图程序执行过程分析如下：

按下 SB2 触点 I0.2 闭合→线圈 Q0.1 得电并自锁；定时器 T37 启动→线圈 Q0.1 动合触点闭合，线圈 Q0.3 得电→星形运行；同时 Q0.3 的动断触点断开，实现了互锁。

在按下 SB2 的同时→定时器 T37 定时 3s→时间到，则 T37 动断触点断开，线圈 Q0.3 失电；T37 动合触点接通，线圈 Q0.2 得电并自锁→三角形运行。Q0.2 的动断触点断开，实现了互锁。Q0.2动断触点断开，定时器复位。

按下 SB1 停止按钮→整个系统停止运行。

操作人员可根据 PLC 上对应的 I/O 点进行硬件连线，按 S7‐200 的说明书将电源线接好。由于 PLC 的输出往往是强电，所以操作时一定要遵守安全操作规程，检验合格后才可以加电调试。

5.4.2.4 多点启动控制电路

在很多设备装置中，为了操作方便，常要求能在多个地点进行控制操作；在某些机械设备上，为保证操作者的安全，需要满足多个条件设备才能开始工作。这样的控制要求可以通过在电路中串联或并联电器的动断触点（常闭触点）或动合触点（常开触点）来实现，如图 5‐61、图 5‐62 所示。

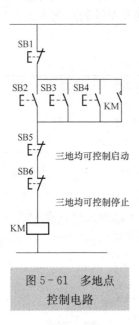

图 5‐61 多地点控制电路

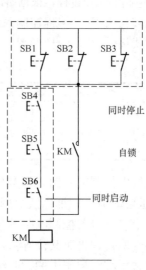

图 5‐62 条件控制电路

多地点控制电路，可以使用设置在不同位置的启动按钮启动设备，如图 5‐61 所示，启动按钮 SB2～SB4 分别设置在 A 地、B 地和 C 地，按下任何一个启动按钮，KM 线圈自锁，保持设备的运行状态。3 个停止按钮为 SB1、SB5、SB5，保证在方便的位置启动和停止设备。如按表 5‐10 设置 I/O 地址，则转化成 PLC 梯形图控制程序如图 5‐63 所示。

表 5‐10 多地点控制电路 I/O 地址分配表

输 入 元 件	地 址
启动按钮 SB2	I0.2
启动按钮 SB3	I0.3
启动按钮 SB4	I0.4
停止按钮 SB1	I0.1
停止按钮 SB5	I0.5
停止按钮 SB6	I0.6
输 出 元 件	地 址
线圈 KM1	Q0.1

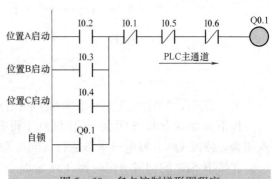

图 5‐63 多点控制梯形图程序

146

多条件控制电路中，要启动设备，处在 A 地、B 地和 C 地 3 个不同地点的操作者必须同时按下启动按钮 SB4、SB5、SB6，要停止设备也需要 3 个操作者同时按下停止按钮 SB1、SB2、SB3 才能完成。因大型设备往往有很多工作位置，而单个操作者无法看清所有的位置，为了防止出现安全意外，根据设备的工作条件和安装情况，需要布置多个条件点。按表5-11 设置 I/O 地址，将图 5-62 转化成 PLC 控制程序，如图 5-64 所示。

表 5-11　条件控制电路 I/O 地址分配表

输入元件	地　址
启动按钮 SB4	I0.4
启动按钮 SB5	I0.5
启动按钮 SB6	I0.6
停止按钮 SB1	I0.1
停止按钮 SB2	I0.2
停止按钮 SB3	I0.3
输出元件	地　址
线圈 KM1	Q0.1

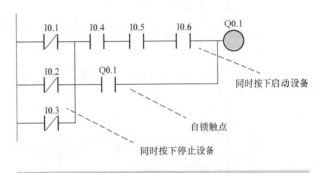

图 5-64　多条件控制梯形图程序

5.4.2.5　自动门控制电路

自动门控制系统是利用 PLC 启/保/停电路的编程实现控制门的开关自动控制。自动门控制系统的顺序功能图和梯形图如图 5-65、图 5-66 所示。

控制要求及控制步骤分析如下。

（1）当人靠近自动门时，感应器 X0 为 ON，Y0 驱动电动机高速开门，碰到开门减速开关 X1 时，变为减速开门。碰到开门极限开关 X2 时，电动机停转，开始延时。若在 0.5s 内感应器检测无人，Y2 启动电动机高速关门。碰到开门减速开关 X4 时，改为减速门，碰到开门极限开关 X5 时，电动机停转。在关门期间，若感应器检测到有人，停止关门，T1 延时 0.5s 后自动转换为高速开门。

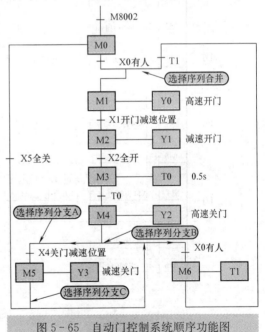

图 5-65　自动门控制系统顺序功能图

在图 5-65 中，步 [1] 之前有一个选择序列的合并，当 M0 为活动步，并且转换条件 X0 满足，或 M6 为活动步，且转换条件T1 满足时，步 M1 都应变为活动步，即控制 M1 的启动、保持、停止电路的启动条件应为 M0 和 X0 动合触点串联电路与 M6 和 T1 的动合触点串联电路进行并联（见图 5-66 的第二梯级）。

在图 5-65 中，M4 之后有一个选择序列的分支，当它的后续步 M5、M6 变为活动步时，它应变为不活动步。所以，需要将 M5 和 M6 的动断触点与 M4 的线圈串联。同样，M5之后也有一个选择序列的分支，当它的后续步 M0、M6 变为活动步时，它应变为不活动步。

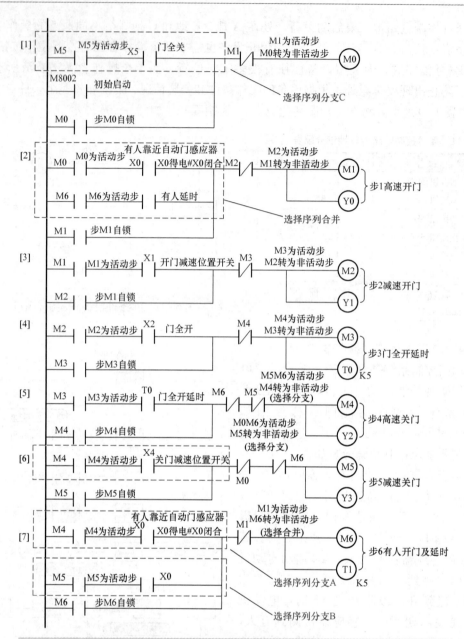

图 5-66 自动门控制梯形图

因此需要将 M0、M6 的动合触点串联电路与 M5 的线圈串联。

初始启动过程：PLC 开始运行后，M8002 自动接通 1 个扫描周期，M0 得电，M0（2）闭合，M0（1）闭合、自锁。

先分析步［1］～步［4］的工作过程（见图 5-64）：

当人靠近自动门感应器时，输入继电器 X0 得电，X0 闭合，M1 得电（M1 已闭合），步 M1 进入活动步。·················步 4 后进行选择分支。

（2）无靠近自动门时，高速关门只减速关门位置，X4 得电，X4 闭合。步 M5 后进行选择分支。

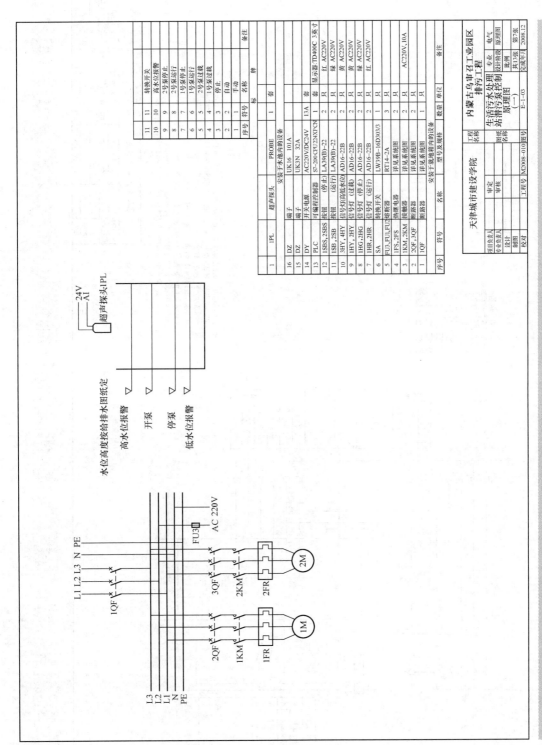

序号	符号	名称	型号及规格	数量	单位	备注
1	1PL	超声探头	PROBE	1	套	安装于水槽内的设备
						显示器TD400C 3英寸

序号	符号	名称	型号及规格	数量	单位	备注
16	DZ	端子	UK16 101A			
15	DZ	端子	UK3N 32A			安装于水槽内的设备
14	DY	开关电源	AC220V/DC24V	13A		
13	PLC	可编程控制器	S7-200 CPU224XPCN	2		
12	1SBS,2SBS	按钮 (停止)	LA39(B)-22	2	只	红 AC220V
11	1SB,2SB	按钮 (运行)	LA39(B)-22	2	只	绿 AC220V
10	3HY,4HY	信号灯(高低水位)	AD16-22B	2	只	黄 AC220V
9	1HY,2HY	信号灯 (过载)	AD16-22B	2	只	黄 AC220V
8	1HG,2HG	信号灯 (停止)	AD16-22B	2	只	绿 AC220V
7	1HR,2HR	信号灯 (运行)	AD16-22B	2	只	红 AC220V
6	SA	转换开关	LW39B-16D303/3	1	只	
5	FU3,FU1,FU2	熔断器	RT14-2A	3	只	
4	1FS,2FS	热继电器	详见系统图	2	只	
3	1KM,2KM	接触器	详见系统图	2	只	
2	2QF,3QF	断路器	详见系统图	2	只	
1	1QF	断路器	详见系统图	1	只	安装于泵站电箱内的设备
序号	符号	名称	型号及规格	数量	单位	备注

11		转换开关			
10		高水位报警			
9		2号泵停止			
8		2号泵运行			
7		1号泵停止			
6		1号泵运行			
5		2号泵过载			
4		1号泵过载			
3		停止			
2		启动			
1		手动			
序号	符号	名称			备注

天津城市建设学院		工程名称	内蒙古乌审召工业园区	专业	电气
项目负责人			生活污水处理	阶段	原理图
专业负责人		图纸名称	站潜污泵控制原理图	比例	
设计			(一)	张次	第7张
制图		工程号	MZ008-010 图号	E-1-03	共13张 完成日期 2008.12
校对					

图5-67 潜污泵控制电路

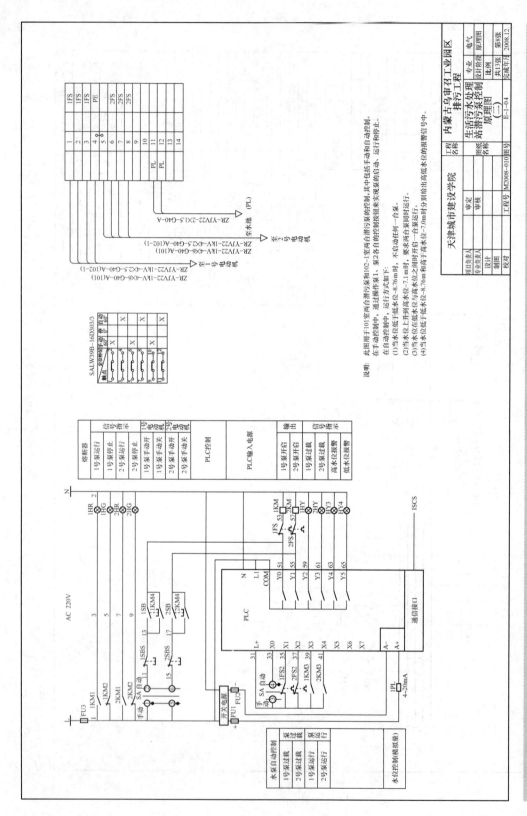

图 5－68　潜污泵控制电路

识图时两图对照分析，读者可自行识图。

5.4.2.6　PLC 电气控制工程图举例

图 5-67、图 5-68 为两台潜污泵启动、运行和停止手动和自动控制的电气工程图。主电路为图 5-67，与前述基本相同，图中还标出了水位控制点及高低水位报警线，液位传检测采用了超声波传感器。图纸列出了设备清单。而图 5-68 采用了 PLC 控制潜污泵的启动、停止及高低水位的报警。

根据工艺要求：在手动控制中，通过操作泵 1、泵 2 各自的控制按钮实现泵的启动、运行和停止。

在自动控制中：

（1）当水位低于 −8.76m 时，两台泵处于停止状态。

（2）当水位上升到高水位 −7.1m 时，两台泵同时运行。

（3）当水位在低水位与高水位之间时，开启一台泵运行。

（4）当水位低于 −8.76m 和高于高水位 −7.1m 时，分别给出高低水位的报警信号。

图 5-68 将控制电路分成了若干个环节，PLC 的输入、输出继电器的地址分配，从 PLC 模块的接线图可以看出，梯形图是根据上述要求绘制的。识读时重点在于掌握如何在理解原理图的基础上阅读工程图。图中增加了一些辅助环节，如手自动转换开关、信号显示等以及交直流电源。识图者依照先主后辅的原则，先分析主要功能再分析辅助环节。

图中通过超声波传感器发出电信号，传送给 PLC，PLC 则根据电信号相对应的液位高度，发出指令控制泵的运行状态。图 5-68 是完整的施工图，PLC 模块的输入/输出接线及与外部的连接方式表达得很清楚，读者可根据原理图及接线方式对照分析。

第**6**章

轻松看懂建筑弱电系统图

本章主要介绍建筑弱电工程图中消防自动报警系统（FAS）、安保监控系统（CCTV）、卫星接收及有线电视系统（CATV）、综合布线等系统的控制原理，以及与其相对应的平面图和系统图的识图方法和技巧，并通过工程实例讲解如何在掌握建筑弱电系统原理的基础上，快速阅读建筑弱电工程图。

6.1 弱电系统概述

建筑弱电工程是一个复杂的集成系统工程，它是多种技术的集成，多门学科技术的综合。一般的建筑弱电系统有消防自动报警系统（FAS）、安保监控系统（CCTV）、卫星接收及有线电视系统（CATV）、通信系统等。由于建筑弱电系统的引入，使得智能建筑的自动化程度大幅度提高，增加了建筑物与外界的信息交流，创造了安全、舒适、快捷的生活和工作环境。

建筑弱电工程图是建筑电气工程的重要组成部分，因为弱电工程是电气工程中一个重要的分项工程，所以完成一个弱电工程，首先要识读弱电工程图。

6.1.1 建筑弱电系统

现代建筑都装有完善的弱电系统，建筑弱电系统组成如图6-1所示。

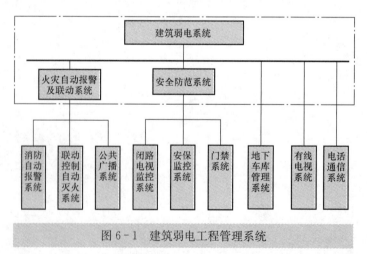

图6-1 建筑弱电工程管理系统

6.1.2 建筑弱电工程图识图基本知识

建筑弱电工程图识图方法与强电工程图类似，分析弱电工程图可以借助于强电工程图的某些分析思想。弱电工程图有几种表示形式，常用的弱电工程图如下。

1. 弱电系统图

弱电系统图包括火灾自动报警联动控制系统图、电视监控系统图、共用天线系统图以及电话系统图等。

2. 弱电平面图

弱电平面图包括火灾自动报警平面图、防盗报警装置平面图、电视监控装置平面图、综合布线平面图、卫星接收及有线电视平面图等。

3. 弱电系统装置原理图

火灾自动报警联动控制原理结构框图、电视监控系统结构框图等。

识图前要了解弱电系统的特点，弱电工程中信号的传输一般采用总线制，所以线路敷设简化。弱电系统图是分析弱电工程的重点，弱电系统图与弱电系统装置原理图结合起来分析，弱电系统图表示了元器件及设备的组成和相互之间的联系；弱电系统装置原理图则说明弱电各设备的功能及原理，两图对照分析，对弱电工程系统的理解、安装和调试起着关键性的指导作用。在熟读了弱电系统图后进而识读弱电平面图。

弱电平面图是决定设备、元件、装置和线路平面布局的图纸，与照明平面图类似，只要掌握识图技巧，就很容易掌握阅读方法。弱电平面图是指导弱电工程施工不可缺少的图纸，是弱电设备布局安装、信号传输线路敷设的依据。在前面章节已经掌握了阅读照明平面图的方法，可以依据同样的方法阅读弱电平面图。

弱电工程是一项复杂的电气工程，它的涵盖面极广，涉及电子技术、电声技术、计算机技术、电视技术等多学科领域，因此，必须具备一定的专业知识才能读懂弱电工程图。

在弱电工程图中重点分析楼宇管理自动化系统所包括的主要部分的弱电平面图、弱电系统图以及弱电系统装置原理图。

6.2 火灾自动报警和消防控制系统

6.2.1 系统概述及工作原理

根据我国政府相关部门的有关规定，建筑物根据其性质、火灾危险程度、疏散和救火难度等因素，把建筑物的防火分为两大类。

（1）一类防火建筑：指的是楼层在19层及以上的普通住宅；建筑高度超过24m的高级住宅、医院、百货大楼、广播大楼、高级宾馆，以及主要的办公大楼、科研大楼、图书馆、档案馆等都属于一类防火建筑。

（2）二类防火建筑：指的是10～18层的普通的住宅，建筑高度超过24m，但又不超过50m的教学大楼、办公大楼、科研大楼、图书馆等建筑物都属于二类防火建筑。

由于建筑物的多样性，防火对象的多样性以及形成火灾的不同场合及特点，自然要求设置多种消防系统和报警装置。火灾报警及消防自控系统的主要任务是采用计算机对整个大楼内多而散的建筑设备实行测量、监视和自动控制，各子系统之间可以互通信息，也可以独立工作，实现最优化的管理。

消防系统的工作原理是由探测器不断向监视现场发生检测信号，监视烟雾浓度、温度、火焰等火灾信号，并将探测到的信号不断送至火灾报警器。报警器将代表烟雾浓度、温度数值及火焰状况的电信号与报警器内存储的现场正常整定值进行比较，判断并确定火灾的程度。当确认发生火灾时，在报警器上发出声光报警，显示火灾发生的区域和地址编码并打印出报警时间、地址等信息，同时，向火灾现场发出声光报警信号。值班人员打开火灾应急广播，通知火灾发生层及相邻两层人员疏散，各出入口应急疏散指示灯亮，指示疏散路线。为防止探测器或火警线路发生故障，现场人员在发现火灾时，也可手动启动报警按钮或通过火警对讲电话直接向消防控制室报警。

在火灾报警器发生报警信号的同时，火警控制器可实现手动/自动控制消防设备，如关闭风机、防火阀、非消防电源、防火卷帘门、迫降消防电梯；开启防烟、排烟（含正压送风机）风机和排烟阀；打开消防泵，显示水流指示器、报警阀、闸阀的工作状态等。以上控制均有反馈信号到火警控制器上。上述工作原理用框图表示如图6-2所示。

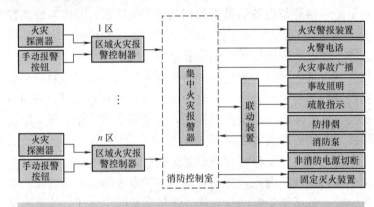

图6-2　火灾自动报警及控制框图

消防报警系统大致可分为火灾探测与报警系统、通报与疏散系统、灭火控制系统、防排烟控制系统。

为了方便起见，一般将自动灭火系统和与其连锁的防排烟设备、防火门、火灾事故广播和应急照明等防火及减灾系统合称为自动灭火系统。火灾自动报警控制器上有多组联动控制自动灭火设备的输出接点，当其确认出现火灾时，一方面控制警报器报警，另一方面输出控制信号，命令灭火执行机构（继电器、电磁阀等）动作，开启喷洒阀门，启动消防水泵，接通排烟风机电源等进行灭火。

同样为了防止自动灭火系统失灵，贻误灭火，在配备有灭火、减灾设备的地方，如消防水阀、风门等部位，除了设置手动电控开关外，还安装有手动机械开关。

6.2.2　消防系统的主要设备

6.2.2.1　火灾自动报警系统的组成

火灾自动报警系统一般由触发器件、火灾报警控制器和消防联动控制装置等部分组成。

在火灾自动报警系统中，自动或手动产生火灾报警信号的器件称为触发器件，主要包括火灾探测器和手动报警按钮。火灾探测器按其探测火灾不同的理化现象而分为四大类：感烟探测器、感温探测器、感光探测器、可燃性气体探测器。

（1）离子感烟式探测器。离子感烟式探测器适用于点型火灾探测。根据探测器内电离室的结构形式，又分为双源和单源感烟式探测器。离子感烟式探测器是利用放射性同位素衰变过程中放出的 α 射线，使电离室内的空气产生电离，使电离室在电子电路中呈现电阻特性。当烟雾进入电离室后，改变了空气电离的离子数，即改变了电离电流，也就相当于电离室的阻值发生了变化。根据电阻变化的大小识别烟雾量的大小，并作出是否发生火灾的判断。离子感烟式探测器实物如图 6-3 所示。

（2）感温式探测器。在发生火灾时，对空气温度参数响应的火灾探测器称为感温式探测器。按其动作原理可分为定温式、差温式和差定温式三种。感温式探测器外形如图 6-4 所示。

图 6-3　离子感烟式探测器

图 6-4　感温式探测器

（3）感光火灾探测器。又称为火焰探测器。与感烟、感温等火灾探测器相比，主要优点是响应速度快。感光探测器的敏感元件在接收到火焰辐射光后的几 ms，甚至几 μs 内就发出信号，特别适用于突然起火无烟的易燃易爆场所；它不受环境气流的影响，是唯一能在户外使用的火灾探测器。

（4）可燃气体火灾探测器。可燃气体火灾探测器是一种能对空气中可燃气体浓度进行检测并发出报警信号的火灾探测器。

（5）手动火灾报警按钮。它是手动方式产生火灾报警信号，启动火灾自动报警系统的器件。图 6-5 是手动火灾报警按钮原理接线图。

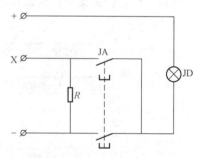

图 6-5　手动报警器接线原理图

6.2.2.2　火灾报警控制器

火灾报警控制器是建筑消防系统的核心部分。它可以独立构成自动监测报警系统，也可以与灭火装置、联锁减灾装置构成完整的火灾自动监控消防系统。

火灾报警控制器是整个系统的心脏，它具有分析、判断、记录和显示火灾情况的智能化设备。火灾报警控制器不断向探测器（探头）发出巡测信号，监视被控区域的烟雾浓度、温度等，探测器则将代表烟雾浓度、温度等的电信号反馈给报警控制器，报警控制器将这些反馈回来的信号与其内存中存储的各区域正常整定值进行比较分析，判断是否有火灾发生。当确认出现火灾时，报警控制器首先发出声光报警，提示值守人员。在控制器中，还将显示探测出的烟雾浓度、温度等值及火灾区域或楼层房号的地址编码，并把这些值以及火灾发生的时间等记录下来。同时向火灾现场以及相邻楼层发出声光报警信号。

火灾报警控制器大体上可以分成总线制区域火灾报警控制器、集中火灾报警控制器两类，具体如下。

（1）总线制区域火灾报警控制器核心控制器件为微处理器芯片（CPU），接通电源后，CPU立即进入初始化程序，对CPU本身及外围电路进行初始化操作。然后转入主程序的执行，对探测器总线上的各探测点进行循环扫描采集信息，并对采集到的信息进行分析处理。当发现火灾或故障信息，即转入相应的处理程序，发出声光或显示报警，打印起火位置及起火时间等重要数据，同时将这些重要数据存入内存备查，并且还要向集中报警控制器传输火警信息。在处理火警信息时，必须经过多次数据采集确认无误之后，方可发出报警信号。

（2）集中火灾报警控制器。集中火灾报警控制器的组成与工作原理和上述区域火灾报警控制器基本相同，除了具有声光报警、自检及巡检、计时和电源等主要功能外，还具有扩展了的外控功能，如录音、火警广播、火警电话、火灾事故照明等。集中报警控制器的作用是将若干个区域报警控制器连成一体，组成一个更大规模的火灾自动报警系统。

6.2.2.3 火灾报警系统

传统型火灾报警系统大体上可分为三种：区域报警系统、集中报警系统、控制中心报警系统。

1. 区域报警系统

区域报警系统比较简单，操作方便，易于维护，使用面很广。它既可单独用于面积比较小的建筑，也可作为集中报警系统和控制中心系统中的基本组成设备。区域报警系统框图如图6-6所示。

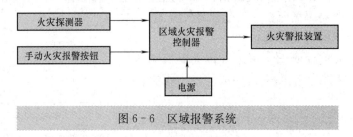

图6-6　区域报警系统

2. 集中报警系统

集中报警系统由集中报警控制器、区域报警控制器、火灾探测器、手动报警按钮及联动控制设备、电源等组成，如图6-7所示。集中报警系统除具有区域报警系统的基本功能外，还能控制两台以上的区域报警控制器，所以它的控制规模大、回路更多，适合于一级和二级保护对象。随着计算机在火灾报警系统中的应用，带有地址码的火灾探测器、手动报警按钮、监视模块、控制模块都可以通过总线技术将信息传输给报警控制器并实现联动控制。

3. 控制中心报警系统

控制中心报警系统是由设置在消防控制室的消防控制设备、集中报警控制器、区域报警控制器和火灾探测器等组成。图6-8所示为控制中心报警系统，它与上述两个系统相比，功能更完善，增加了消防控制联动功能和设备：火灾警报装置、火警电话、火灾事故广播、火灾事故照明、防排烟、通风空调和消防电梯、固定灭火系统等。这对整个消防设施的保护对象提供了更安全、更可靠的保障。

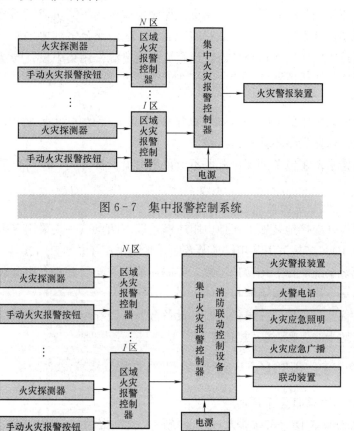

图6-7 集中报警控制系统

图6-8 控制中心报警系统

一般情况下，一级保护对象宜采用控制中心报警系统，并设有专用消防控制室。二级保护对象宜采用集中报警系统，消防控制室可兼用。三级保护对象宜用区域报警系统，可设消防报警室。在具体工程设计时根据工程实际需要进行综合考虑，并取得当地公安部门的认可。

6.2.2.4 消防联动控制

近几年来高层建筑大量增加。一旦发生火情，灭火难度增大，疏散人员、抢救物资变得更为复杂。消防联动控制是在对火灾确认后向消防设备、非消防设备发出控制信号的处理单元。作为消防控制系统的关键部分，它的可靠性尤为重要。其控制方式一般分两种，即集中控制方式和分散与集中相结合方式。消防联动控制的对象是消防水泵、防排烟设施、防火卷帘、防火门、喷淋水泵、正压送风、气体自动灭火、电梯、非消防电源切除等。

6.2.2.5 消防设备的供电控制

1. 消防设备供电

建筑物中火灾自动报警与消防设备联动控制系统的工作特点是连续的、不间断的。为保证消防系统供电电源的可靠性，应设有主供电电源和直流备用供电电源。消防自动监控系统的主供电电源应采用消防专用电源，其负荷等级应按照《建筑设计防火规范》和《高层民用建筑设计防火规范》划分，并按照电力系统设计规范规定的不同负荷级别要求供电。

根据火灾自动报警系统本身的特点和实际需要，还应满足下列要求。

系统的负荷等级应按一级负荷考虑。当直流备用电源采用集中设置的蓄电池时，火灾报警控制器应采用单独的供电回路，并应保证在消防系统处于最大负载状态下时，不会影响火灾报警控制器的正常工作。

火灾自动报警系统中的 CRT 显示器、消防通信设备等的电源宜采用由 UPS 装置供电，以防突然断电时，这些设备不能正常工作。

火灾自动报警系统主电源的保护开关不应采用漏电保护开关，以防止系统突然断电，不能正常工作。

2. 火灾自动报警系统的接地

火灾自动报警系统接地装置的接地电阻应满足以下两点：一是采用专用接地装置时，接地电阻不应大于 4Ω；二是采用共用接地装置时，接地电阻不应大于 1Ω。

火灾自动报警系统应设专用接地干线，并应在消防控制室设置专用接地板。专用接地干线应从消防控制室专用接地板引至接地体。

消防电子设备凡是采用交流电供电时，设备金属外壳和金属支架等需保护接地，接地线应与电气保护接地干线（PE 线）相连接。

6.2.3 消防系统图例识读

6.2.3.1 消防自动报警系统图

图 6-9 是某建筑消防自动报警及联动系统图，火灾报警与消防联动设备装在一层，安装在消防及广播值班室。火灾报警与消防设备的型号为 JB 1501A/G508-64，JB 为国家标准中的火灾报警控制器，消防电话设备的型号为 HJ-1756/2 消防广播设备型号为 HJ1757（120W×2）；外控电源设备型号为 HJ-1752。JB 共有 4 条回路，可设 JN1～JN4，JN1 用于地下层，JN2 用于 1、2、3 层，JN3 用于 4、5、6 层，JN4 用于 7、8 层。

1. 配线标注

报警总线 PS 采用多股软导线、塑料绝缘、双绞线，其标注为 RVS-2×1.0GS15CEC/WC；2 根截面积为 1mm²；保护管为水煤气钢管，直径为 15mm；沿顶棚、暗敷设及有一段沿墙、暗敷设，均指每条回路。消防电话线 FF 标注为 BVR-2×0.5GC15FC/WC，BVR 为塑料绝缘软导线。其他与报警总线类似。

火灾报警控制器的右边有 5 个回路标注，依次为 C、FP、FC1、FC2、S。其对应依次为 C：RS-485 通信总线 RVS-2×1.0GC15WC/FC/CEC；FP：24VDC 主机电源总线 BV-2×4GC15WC/FC/CEC；FC1：联动控制总线：BV-2×1.0GC15WC/FC/CEC；FC2：多线联动控制线：BV-2×1.5GC20WC/FC/CEC；S：消防广播线：BV-2×1.5GC15WC/CEC。

在系统图中，多线联动控制线的标注为 BV-2×1.5GC15WC/CEC。多线，即不是一根线，具体几根要根据被控设备的点数确定。从系统图中可以看出，多线联动控制线主要是控制 1 层的消防泵、喷淋泵、排烟风机，其标注为 6 根线，在 8 层有两台电梯和加压泵，其标注也是 6 根线。

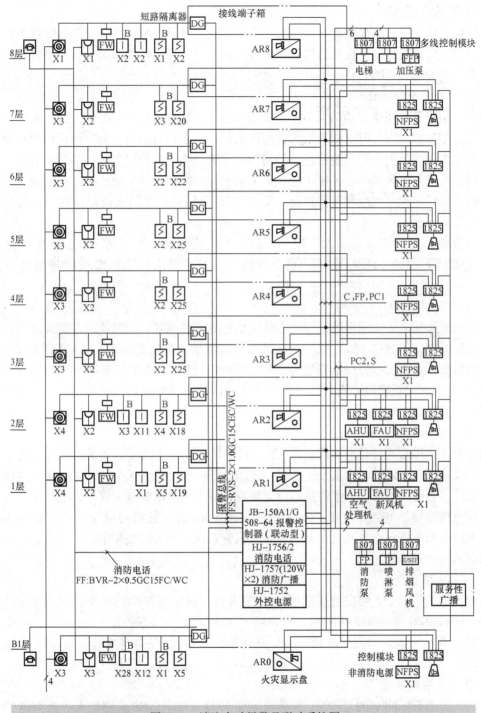

图 6-9 消防自动报警及联动系统图

2. 接线端子箱

从系统图中可知，每层楼安装一个接线端子箱，端子箱中安装短路隔离器 DG。其作用是当某一层的报警总线发生短路故障时，将发生短路故障的楼层报警总线断开，就不会影响其他楼层的报警设备正常工作了。

3. 火灾显示盘 AR

每层楼安装一个火灾显示盘，可以显示各个楼层，显示盘用 RS-485 总线连接，火灾报警与消防联动设备可以将信息传送到火灾显示盘上进行显示，因为显示盘有灯光显示，所以需接主机电源总线 FP。

4. 消火栓箱报警按钮

消火栓箱报警按钮也是消防泵的启动按钮，消火栓箱是人工用喷水枪灭火最常用的方式，当人工用喷水枪灭火时，如果给水管网压力低，就必须启动消防泵。消火栓箱报警按钮是击碎玻璃式，将玻璃击碎，按钮将自动动作。接通消防泵的控制电路，消防泵启动，同时通过报警总线向消防报警中心传递信息，每个消火栓箱按钮占一个地址码。在系统图中，纵向第 2 排图形符号为消火栓箱报警按钮，X3 代表地下层有 3 个消火栓箱，报警按钮编号为 SF01、SF02、SF03。

消火栓箱报警按钮的连线为 4 根线，由于消火栓箱的位置不同，形成两个回路，每个回路 2 根线，线的标注是 WDC：启动消防泵。每个消火栓箱报警按钮与报警总线相连接。

5. 火灾报警按钮

火灾报警按钮是人工向消防报警中心传递信息的一种方式，一般要求在防火区的任何地方至火灾报警按钮不超过 30m，纵向第 3 排图形符号是火灾报警按钮。×3 表示地下层有 3 个火灾报警按钮，火灾报警按钮编号为 SB01、SB02、SB03。火灾报警按钮也与消防电话线 FF 连接，每个火灾报警按钮板上都设置电话插孔，接上消防电话就可以用，8 层纵向第一个图符就是消防电话符号。

6. 水流指示器

纵向第 4 排图形符号是水流指示器 FW，每层楼一个。由此可以知道，该建筑每层楼都安装了自动喷淋灭火系统。火灾发生超过一定温度时，自动喷淋灭火的闭式感温元件融化或炸裂，系统将自动喷水灭火，水流指示器安装在喷淋灭火给水的枝干管上，当枝干管有水流动时，水流指示器的电触点闭合，接通喷淋泵的控制电路，使喷淋泵电动机启动加压。同时，水流指示器的电触点也通过控制模块介入报警总线，向消防报警中心传递信息。每个水流指示器占一个地址码。

7. 感温火灾探测器

在地下层，1、2、8 层安装了感温火灾探测器，纵向第 5 排图符上标注 B 的为母座。编码为 ST012 的母座带动 3 个子座，分别编码为 ST012-1、ST012-2、ST012-3，此 4 个探测器只有一个地址码。子座到母座是另外接的 3 根线，ST 是感温火灾探测器的文字符号。

8. 感烟火灾探测器

纵向 7 排图符标注 B 的为子座，8 排没标注 B 的为母座，SS 是感烟火灾探测器的文字符号。

9. 其他消防设备

系统图右面基本上是联动设备，而 1807、1825 是控制模块，该控制模块是将报警控制器送出的控制信号放大，再控制需要动作的消防设备。空气处理机 AHU 是将电梯前厅的楼梯空气进行处理。新风机 PAU 共 2 台，1 层安装在右侧楼梯走廊处，2 层安装在左侧楼梯前厅，是送新风的，发生火灾时都要求开启换空气。非消防电源配电箱安装在电梯进到的后面电气井中，火灾发生时需切换消防电源。广播有服务广播和消防广播，两者的扬声器合用，发生火灾时需要切换成消防广播。

6.2.3.2 消防报警系统平面图

1. 配线基本情况

阅读平面图时先从消防报警中心开始，再将其与本层及上、下层之间的连接导线走向关系分析清楚，便容易理解配套工程图。图6-10为某建筑1层消防报警系统平面图，消防报警中心在1层，在图6-9的系统图中，我们已经知道导线按功能分共有8种，即FS、FF、FC1、FC2、FP、C、S和WDC。

来自消防报警中心的报警总线FS：先进各楼层的接线端子箱后，再向其编址单元配线；消防电话FF：只与火灾报警按钮有连接关系；联动控制总线FC1：只与控制模块1825所控制的设备有连接关系；联动控制线FC2：只与控制模块1807所控制的设备有连接关系；通信总线C：只与火灾显示盘AR有连接关系；主机电源总线FP：与火灾显示盘AR和控制模块1825所控制的设备有连接关系；消防广播线S：只与控制模块1825中的扬声器有连接关系；控制线WDC只与消火栓箱报警按钮有连接关系，再配到消防泵，与报警中心无关系。

在控制柜的图形符号中，共有4条线路向外配线，为了分析方便，将这四条线分别编成N1、N2、N3、N4。其中N1配向②轴线，有FS、FC1、FC2、FP、C、S功能的导线，再向地下层配线；N2配向③轴线，本层接线端子箱，再向外配线，有FS、FC1、FP、S、FF和C功能的导线；N3配向④轴线，再向2层配线，有FS、FC1、FC2、FP、C和S功能的导线；N4配向⑩轴线，再向下层配线，只有FC2一种功能的导线（4根线）。

2. N2线路分析

③轴线的接线端子箱共有4条出线，即配向②轴线SB11处的FF线；配向⑩轴线的电源配电间的NFPS处，有FC1、FP、S功能线；配向SS101的FS线；配向SS115的FS线。另一条为进线。

该建筑设置的感烟探测器文字符号标注为SS，感温探测器标注文字符号ST，火灾报警按钮SB，消火栓箱报警按钮SF，其数字排序按种类自排。例如，SS112为1层第12号地址码的感烟火灾探测器，ST105为1层第5号感温火灾探测器。有母座带子座的，子座又编为SS115-1、SS115-2等。

（1）N2线路总线配线。配向SS101的配线，用钢管沿墙暗敷设配到顶棚，进入SS101接线底座进行接线，再配到SS102，依次类推，直到SS119而回到火灾显示器，形成一个环路。在这个环路中也有分支，如SS110、SB12、SF14等，其目的是减少配线路径。由于母座和子座之间的连接线增加了3根线，在SS115-1、SS115-2、SS115之间配了5根线。

（2）N2线路其他配线。火灾显示器向②轴线SB11处的消防电话线FF，FF与SB11连接后，在此处又分别到2层和本层的⑨轴线SB12处，在SB12处又分别向上、下层配线。SF11的连接线WDC（2根）来之地下层，SF11与SF12之间有WDC连接线，SF11的连接线WDC配到2层。SF13处的连接线WDC（2线）来至地下层，又配到2层。系统图中标注的4线就是这两处线的相加。

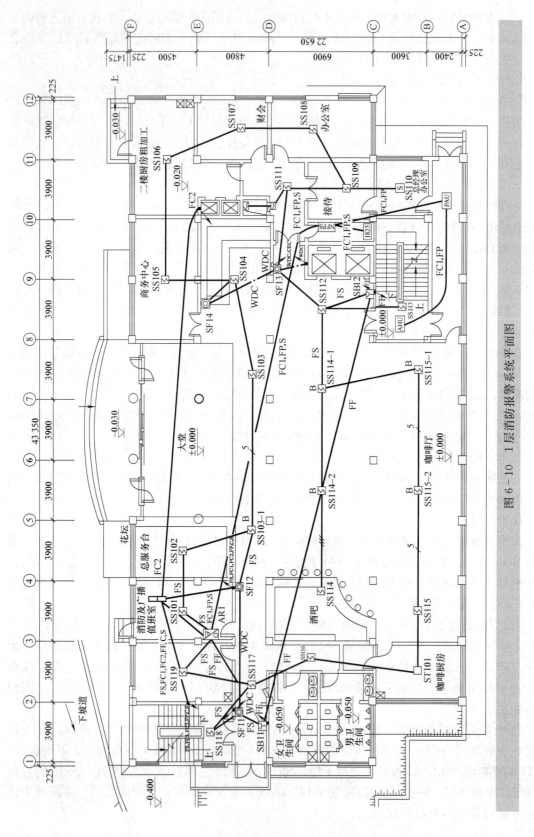

图 6-10 1层消防报警系统平面图

火灾显示器配向⑩轴线电源配电的 NFPS 处，有 FC1、FP、S 功能线。NFPS 接 FC1、FP 线。电源配电间有 1825 模块，是扬声器的切换控制接口，接 FC1、FP、S 功能线。NF-PS 又接到 PAU 和 AHU，接 FC1 和 FP 线。

6.3 安全技术防范系统

6.3.1 安全技术防范系统的基本知识

6.3.1.1 安全技术防范系统的概念

安全技术防范系统是指以维护社会公共安全为目的，综合运用技术防范产品和科学技术手段组成的安全防范系统。它主要包括报警、通信、出/入口控制、防爆、安全检查等设施和设备。

具体来说，安全技术防范工程是以安全防范为目的，将具有防入侵、防盗窃、防抢劫、防破坏、防爆炸功能的专用设备、软件组合成一个有机整体，构成具有综合功能的技术网络。

安全技术防范工程是人、设备、技术、管理的综合产物。安全技术防范工程的设计要依据风险等级、防护级别和安全防护水平三个标准。

（1）风险等级：指存在于人和财产（被保护对象）周围的、对他（它）们构成严重威胁的程度。一般分为三级：一级风险为最高风险，二级风险为高风险，三级风险为一般风险。

（2）防护级别：指对人和财产安全所采取的防范措施（技术的和组织的）的水平。一般也分为三级，一级防护为最高安全防护，二级防护为高安全防护，三级防护为一般安全防护。

（3）安全防护水平：指风险等级被防护级别所覆盖的程度，即达到或实现安全的程度。

（4）风险等级和防护级别的关系：一般来说，风险等级与防护级别的划分应有一定的对应关系：各风险的对象需采取高级别的防护措施才能获得高水平的安全防护。

6.3.1.2 安全技术防范系统的基本构成

近年来，在智能建筑和社区安全防范中，形成了防盗报警、视频监控、门禁控制、访客查询、保安巡更、停车场管理等系列的综合监控与管理的系统模式。

安全技术防范系统的基本构成包括如下子系统：①入侵报警子系统；②电视监控子系统；③门禁控制子系统；④保安巡更子系统；⑤通信和指挥子系统；⑥供电子系统；⑦其他子系统。

其中，入侵报警子系统、电视监控子系统、出/入口控制子系统和保安巡更子系统是最常见的子系统。通信和指挥子系统在整个安防系统中起着非常重要的作用，主要表现在如下几个方面。

（1）可以使控制中心与各有关防范区域及时地互通信息，了解各防范区域的安全情况。

（2）可以对各有关防范区域进行声音监听，对产生报警的防区进行声音复核。

（3）可以及时调度、指挥保安人员和其他保卫力量相互配合，统一协调地处置突发事件。

（4）一旦出现紧急情况和重大安全事件，可以与外界（派出所、110、单位保卫部门等）及时取得联系并报告有关情况，争取增援。

通信和指挥系统一般要求多路、多信道，采用有线或无线方式。其主要设备有手持式对讲机、固定式对讲机、手机、固定电话，重要防范区域安装拾音器。

供电子系统是安防系统中一个非常重要，但又容易被忽视的子系统。系统必须具有备用电源，否则，一旦市电停电或被人为切断外部电源，整个安防系统就将完全瘫痪，不具有任何防范功能。

备用电源的种类可以是下列之一或其组合：①二次电池及充电器；②UPS电源；③发电机。

其他子系统还包括访客查询子系统、车辆和移动目标防盗防劫报警子系统、专用的高安全实体防护子系统、防爆和安全检查子系统、停车场（库）管理子系统、安全信息广播子系统等。

6.3.2 门禁控制系统

6.3.2.1 门禁控制系统概述

门禁控制系统也是出入口控制系统。该系统控制各类人员的出入以及他们在相关区域的行动，通常被称做门禁管理系统。通常是预先制作出各种层次的卡或预定密码，在相关的大门出入口处安装磁卡识别器或密码键盘等，用户持有效卡或输入密码方能通过和进入。门禁出入系统一般要与防盗（劫）报警系统、闭路电视监视系统和消防系统联动，实现有效地安全防范。

1. 系统的组成

门禁控制系统一般有出入口目标识别子系统、出入口信息管理子系统和出入口控制执行机构三部分组成，如图6-11所示。系统的主要设备有门禁控制器、读卡器、电控锁、电源、射频卡、出门按钮及其他选用设备（如门铃、报警器、遥控器、自动拨号器、门禁管理软件、门窗磁感应开关）等。

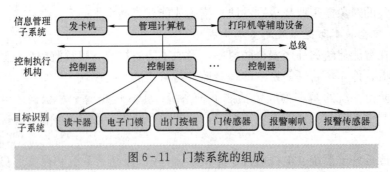

图6-11 门禁系统的组成

（1）系统的前端设备为各种出入口目标的识别装置和门锁启闭装置。包括识别卡、读卡器、控制器、出门按钮、钥匙、指示灯和警报信号等。主要用来接受人员输入的信息，再转换成电信号送到控制器，同时根据来自控制器的信号，完成开锁、闭锁、报警等工作。

（2）控制器接收底层设备发来的相关信息，同存储的信息相比较并做出判断，然后发出处理信息。单个控制器可以组成一个简单的门禁系统用来管理一个或多个门。多个控制器通过通信网络同计算机连接起来就组成了可集中监控的门禁系统。

（3）整个系统的传输方式一般采用专线或网络传输。

（4）出入口目标识别子系统可分为对人的识别和对物的识别。以对人的识别为例，可分为生物特征识别系统和编码识别系统两类。生物特征识别（由目标自身特性决定）系统如指纹识别、掌纹识别、眼纹识别、面部特征识别、语音特征识别等。

2. 门禁系统的主要设备

（1）识别卡：按照工作原理和使用方式等方面的不同，可将识别卡分为：接触式和非接触式、IC 和 ID、有源和无源。最终的目的都是作为电子钥匙被使用，只是在使用的方便性，系统识别的保密性等方面有所不同。

射频识别技术，是一项非接触式自动识别技术。它是利用射频方式进行非接触双向通信，以达到自动识别目标对象并获取相关数据，具有精度高、适应环境能力强、抗干扰强、操作快捷等优点。

（2）读卡器：读卡器分为接触式读卡器如磁条、IC 卡和非接触式读卡器如感应卡等。

（3）写入器：写入器是对各类识别卡写入各种标志、代码和数据（如金额、防伪码）等。

（4）控制器：控制器是门禁系统的核心，它由一台微处理机和相应的外围电路组成。如将读卡器比作系统的眼睛，将电磁锁比作系统的手，那么控制器就是系统的大脑。由它来确定哪张卡是否为本系统已注册的有效卡，该卡是否符合所限定的授权，从而控制电锁是否打开。

3. 门禁系统的主要功能

（1）管理各类进出人员并制作相应的通行证，设置各种进出权限。凭有效的卡片、代码和特征，根据其进出权限允许进出或拒绝进出。属黑名单者将报警。

（2）门的状态及被控信息记录到上位机中，可方便地进行查询。断电等意外情形下能自动开门。可实时统计、查询和打印。

（3）系统可以对所有存储的记录进行考勤统计。

6.3.2.2 门禁控制系统的联网设计

门禁系统联网通信常用 RS-232、RS-422 和 RS-485 三种通信技术，RS-232、RS-422 与 RS-485 都是串行数据接口标准，最初都是由电子工业协会（EIA）制定并发布的，RS-232 在 1962 年发布，命名为 EIA-232-E 作为工业标准，以保证不同厂家产品之间的兼容。

1. 采用 RS-485 总线制方式联网

一般的 RS-485 网络普通门禁方案采用 RS-485 总线制方式联网，整个系统的拓扑结构显得非常简单。图 6-12 为 RS-485 控制网络实物连接示意图。

图中读卡器与控制器之间采用 8 芯屏蔽双绞线（称读卡器线），线径要求大于 0.3mm×0.3mm。用五类网络线。

电控锁与控制器之间采用 2 芯电源线（称锁线），线径要求大于 0.5mm×0.5mm。如果锁线与读卡器线穿于同一根管中，则要求锁线采用 2 芯屏蔽线。

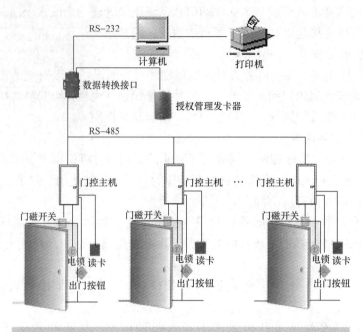

图 6-12   RS-485 控制网络实物连接示意图

门按钮与控制器之间采用 2 芯电源线（称出门按钮线），线径要求大于 0.5mm×0.5mm。控制器与控制器及控制器与电脑的联网线，采用 8 芯屏蔽双绞线，线径要求大于 0.3mm×0.3mm。可用五类网络线。

如果通信距离过长，若超过 500m，常采用中继器或者 485Hub 来解决问题。如果负载数过多，一条总线上超过 30 台设备，采用 485Hub 来解决问题。对线路较长、负载较多的情况采用主动科学的、有预留的解决方案。

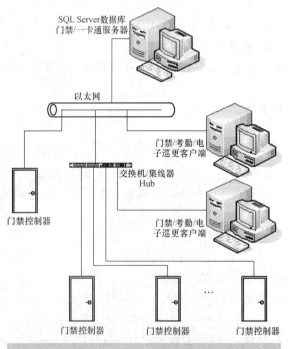

图 6-13   TCP/IP 控制网络实物连接示意图

2. 带 TCP/IP 网络功能的门禁系统控制网络

当使用 TCP/IP 联网方式时，每条 TCP/IP 下面可连接 32 台控制器，由于局域网的稳定性和无限扩展性，连接控制器数量也会大幅度增加，且稳定性极高。

如果系统支持 30 条 RS-485 总线，另加上 TCP/IP 联网方式，控制门点可达到几万个。如果自带 TCP/IP 网络转换模块，无需另接 TCP/IP 转换器，可直接接入局域网。如图 6-13 所示，利用带 TCP/IP 联网功能的控制器接入交换机（或集线器），可以实现多级的大型联网，组建带

Internet 功能的控制网络。

6.3.2.3 门禁管理系统图的识读

某建筑出入口管理系统示意图如图 6-14 所示，系统由出入口控制管理主机、读卡器、电控锁、控制器等部分组成。各出入口管理控制器电源由 UPS 电源通过 BV-3×2.5 线统一提供，电源线穿 φ15 的 SC 管暗敷设。出入口控制管理主机和出入口数据控制器之间采用 RVVP-4×1.0 线连接。图中在出入口管理主机引入消防信号，当有火灾发生时，门禁将被打开。

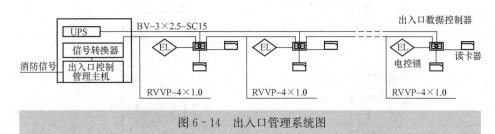

图 6-14 出入口管理系统图

6.3.3 楼宇对讲系统

6.3.3.1 访客对讲系统

访客对讲系统是指来访客人与住户之间提供双向通话或可视通话，并由住户遥控防盗门的开关及向保安管理中心进行紧急报警的一种安全防范系统。它适用于单元式公寓、高层住宅楼和居住小区等。

图 6-15 为一个访客对讲系统，它由对讲系统、控制系统和电控防盗安全门组成。

对讲系统：对讲系统主要由传声器、语言放大器及振铃电路等组成，要求对讲语音清晰、信噪比高、失真度低。

控制系统：采用总线制传输、数字编码解码方式控制，只要访客按下户主的代码，对应的户主摘机就可以与访客通话，并决定是否打开防盗安全门；而户主可以凭电磁钥匙出入该单元大门。

电控安全防盗门：对讲系统用的电控安全门是在一般防盗安全门的基础之上加上电控锁、闭门器等构件组成。

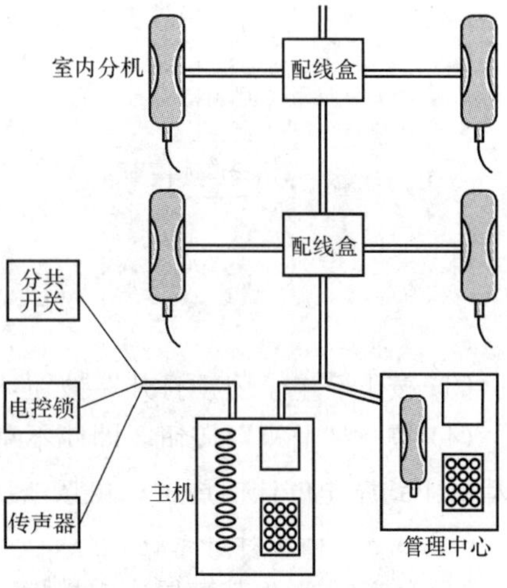

6.3.3.2 可视对讲系统

图 6-15 某住宅楼访客对讲系统图

可视对讲系统除了对讲功能外，还具有视频信号传输功能，使户主在通话时可同时观察到来访者的情况。因此，系统增加了一部微型摄像机，安装在大门入口处附近，用户终端设一部监视器。可视对讲系统如图 6-16 所示。

可视对讲系统主要具有以下功能。

（1）通过观察监视器上来访者的图像，可以将不希望的来访者拒之门外。

（2）按下"呼出"键，即使没人拿起听筒，屋里的人也可以听到来客的声音。

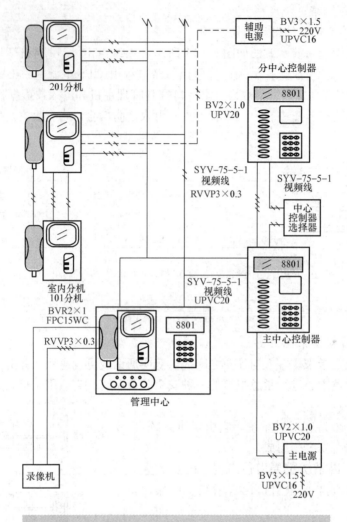

图 6-16　可视对讲系统图

（3）按下"电子门锁打开"按钮，门锁可以自动打开。

（4）按下"监视"按钮，即使不拿起听筒，也可以监听和监看来访者长达 30s，而来访者却听不到屋里的任何声音；再按一次，解除监视状态。

6.3.3.3　楼宇对讲系统

图 6-17 所示为某高层住宅楼楼宇对讲系统图。通过识读系统图可以知道，该楼宇对讲系统为联网型可视对讲系统。

每个用户室内设置一台可视电话分机，单元楼梯口设一台带门禁编码式可视梯口机，住户可以通过智能卡和密码打开单元门，可通过门口主机实现在楼梯口与住户的呼叫对讲。楼梯间设备采用就近供电方式，由单元配电箱引一路 220V 电源至梯间箱，实现对每楼层楼宇对讲 2 分配器及室内可视分机供电。

从图 6-17 可知，视频信号线型号分别为 SYV75-5＋RVVP6×0.75 和 SYV75-5＋RVVP6×0.5，楼梯间电源线型号分别为 RVV3×1.0 和 RVV2×0.5。

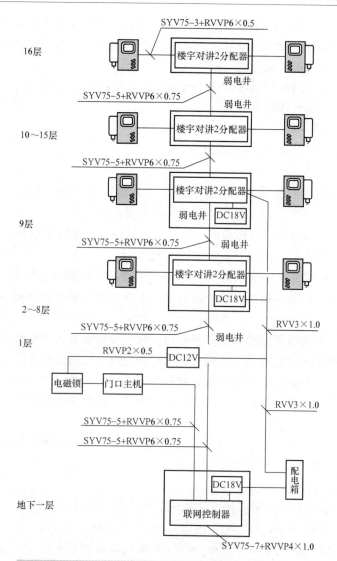

图 6-17　某高层住宅楼楼宇对讲系统图

6.3.4　闭路电视监控系统

6.3.4.1　系统概述

闭路电视监控系统是安全技术防范体系中的一个重要组成部分，是一种先进的、防范能力极强的综合系统，它可以通过遥控摄像机及其辅助设备（镜头、云台等）直接观看被监视场所的一切情况，能实时、形象、真实地反映被监视控制对象的画面，已成为人们在现代化管理中监控的一种极为有效的观察工具。CCTV 是应用光纤、同轴电缆、微波在其闭合的环境内传输电视信号，从摄像到图像显示构成独立完整的电视系统。通过闭路电视监控系统可记录事件的发生过程，对安全防护起到关键性的作用。

1. 系统功能

闭路电视监控系统的主要功能如下。

（1）主要出入口、主干道、周围墙或栅栏、停车场出入口以及其他重要区域进行监视。

（2）物业管理中心监视系统采用多媒体视像显示技术，由计算机控制、管理及进行图像记录。

（3）报警信号与摄像机、录像机与摄像机联锁控制。

（4）系统可与外界防越报警系统联动进行图像跟踪及记录。

（5）视频失落及设备故障报警。

（6）图像自动/手动切换、云台及镜头的遥控。

（7）相关信息的显示、存储、查询及打印。

2. 系统组成

电视监控系统由摄像机部分（有时还有麦克）、传输部分、记录和控制部分以及显示部分四大块组成。在每一部分中，又含有更加具体的设备或部件。

（1）摄像部分。摄像部分包括摄像机、镜头等。摄像机就像整个系统的眼睛一样，把它监视的内容变为图像信号，传送给控制中心的监视器上。

（2）传输部分。传输部分就是系统的图像信号通路，传输部分包括电源线、控制线等。这里所说的传输部分，通常是指所有要传输的信号形成的传输系统的总和（电源传输、视频传输、控制传输等）。

在传输方式上，目前电视监控系统多半采用视频基带传输方式。如摄像机距离控制中心较远，也可采用射频传输方式或光纤传输方式。特殊情况下还可采用无线或微波传输。

（3）控制部分。总控制台中主要功能有视频信号放大与分配、图像信号的校正与补偿、图像信号的切换、图像信号（或包括声音信号）的记录、摄像机及其辅助部件（如镜头、云台、防护罩等）的控制（遥控）等。

（4）显示部分。显示部分一般由几台或多台监视器（或带视频输入的普通电视机）组成。它的功能是将传送过来的图像显示出来。

（5）监控辅助设备。

1）防护罩（Housing）：用于保护摄像机免于水、人为的破坏。

2）支架（Mounting Bracket）：用于固定 Camera、防护罩及云台。

3）红外线照明器（Infra - Red Lamp）：红外线只可被摄像机感应，无法被肉眼看见，可用于夜晚辅助照明。按红外灯功率划分有 10m、20m、30m、50m、100m 之分。

4）分割器（Quad，Multiplex）。有四分割、九分割、十六分割等、可把多个影像同时显示在一个屏幕上。可以在一台监视器上同时显示 4、9、16 个摄像机的图像，也可以单独显示某一画面的全屏。四分割是最常用的设备之一，其性能价格比也较好，图像的质量和连续性可以满足大部分要求。

5）解码器。在具体的闭路电视监控系统工程中，解码器是属于前端设备的，它一般安装在配有云台及电动镜头的摄像机附近，有多芯控制电缆直接与云台及电动镜头相联，另有通信线（通常为两芯护套线或两芯屏蔽线）与监控室内的系统主机相联。

同一系统中有很多解码器，所以每个解码器上都有一个拨码开关，它决定了该解码器在本系统中的编号（即 ID 号），在使用解码器时首先必须对拨码开关进行设置。在设置时，必须跟系统中的摄像机编号一致，如不一致，会使操作混乱，例如：当摄像机的信号连接到主机第一视频输入口，即 CAM1，而相对应的解码器的编号应设为 1。否则，操作解码器时，很可能在监视器上看不见云台的转动和镜头的动作，甚至可能认为此解码器有故障。

6）视频矩阵系统。矩阵主机最基本的功能就是把任何一个通道的图像显示在任何一个监视器上，且相互不影响，又称"万能切换"，现在一般还增加了更多的如序列切换、分组切换、群组切换、图像巡游等功能。所谓32路进5路出是指可以接32路视频输入，5路视频输出。

带环通是指外部接入一路视频信号给矩阵主机的同时，矩阵还可以把这路视频信号传给别的设备，如录像机，这样就可以省一个一分二的视频分配器。

7）录像存储设备（数字式硬盘录像机DVR）。PC型硬盘录像机实质上就是一部专用工业计算机，利用专门的软件和硬件集视频捕捉、数据处理及记录、自动警报于一身。操作系统一般采用Windows系列。目前硬盘录像机一般可同时记录视频1~32路。其优点是控制功能和网络功能较为完善；不足之处是其操作系统基于Windows运行，不能长时间连续工作，必须隔时重启且维护较困难。

6.3.4.2 电视监控系统配线技术

1. 电源线

电视监控系统中的电源线一般都是单独布设的，在监控室安置总开关，以对整个监控系统直接控制。一般情况下，电源线是按交流220V布线，在摄像机端再经适配器转换成直流12V，这样可以采用总线式布线，且不需很粗的线。当然在防火安全方面要符合规范（穿钢管或阻燃PVC管），并与信号线相距一定距离。

有些小系统也可采用12V直接供电的方式，即在监控室内用一个大功率的直流稳压电源对整个系统供电。在这种情况下，电源线就需要选用线径较粗的线，且距离不能太长，否则就不能使系统正常工作。电源线一般选用RVV-2×0.5、RVV-2×0.75、RVV-2×1.0等。

2. 视频电缆

视频电缆选用75Ω的同轴电缆，通常使用的电缆型号为SYV-75-3和SYV-75-5。它们对视频信号的无中继传输距离一般为300~500m，当传输距离更长时，可相应选用SYV-75-7、SYV-75-9或SYV-75-12的粗同轴电缆（在实际工程中，粗缆的无中继传输距离可达1km以上），当然也可考虑使用视频放大器。一般来说，传输距离越长则信号的衰减越大，频率越高则信号的衰减也越大，但线径粗则信号衰减小。当长距离无中继传输时，由于视频信号的高频成分被过多地衰减而使图像变模糊（表现为图像中物体边缘不清晰，分辨率下降），而当视频信号的同步头被衰减得不足以被监视器等视频设备捕捉到，图像便不能稳定地显示了。

视频同轴电缆的结构，其中外导体用铜丝编织而成。不同质量的视频电缆其编织层的密度（所用的细铜丝的根数）是不一样的，如80编、96编、120编、128编等。

3. RS-485通信转换

RS-485通信的标准通信长度约为1.2km，如增加双绞线的线径，则通信长度还可延长。实际应用中，用RVVP2×1.0的两芯护套线作通信线，其通信长度可达2km。

4. 音频电缆

音频电缆通常选用2芯屏蔽线，虽然普通2芯线也可以传输音频，但长距离传输时易引入干扰噪声。在一般应用场合下，屏蔽层仅用于防止干扰，并于中心控制室内的系统主机处单端接地，但在某些应用场合，也可用于信号传输，如用于立体声传输时的公共接地线（2芯线分别对应于立体声的两个声道）。

常用的音频电缆有 RVVP-2×0.3 或 RVVP-2×0.5。

5. 控制电缆

控制电缆通常指的是用于控制云台及电动可变镜头的多芯电缆，它一端连接于控制器或解码器的云台、电动镜头控制接线端，另一端则直接接到云台、电动镜头的相应端子上。由于控制电缆提供的是直流或交流电压，而且一般距离很短（有时还不到 1m），基本上不存在干扰问题，因此不需要使用屏蔽线。常用的控制电缆大多采用 6 芯电缆或 10 芯电缆，如 RVV-6×0.2、RVV-10×0.12 等。其中 6 芯电缆分别接于云台的上、下、左、右、自动、公共 6 个接线端。10 芯电缆除了接云台的 6 个接线端外，还包括电动镜头的变倍、聚焦、光圈、公共 4 个接线端。

6.3.4.3 电视监控系统图的识读

1. 电视监控及报警系统图

图 6-18 是某建筑的电视监控系统图，此建筑为地下 1 层，地上 6 层，监控中心设置在 1 层。监控室统一提供给摄像机、监视机及其他设备所需要的电源，并有监控室操作通断。1 层安装 13 台摄像机，2 楼安装 6 台摄像机，其余楼层各安装 2 台摄像机。视频线采用 SYV-75-5，电源线采用 BV-2×0.5，摄像机通信线采用 RVVP-2×1.0（带云台控制另配一根 RVVP-2×1.0）。视频线、电源线、通信线共穿 φ25 的 PC 管暗敷设。系统在 1 层、2 层设置了安防报警系统，入侵报警主机安装在监控室内。2 层安装了 4 只红外、微波双鉴探测器，吸顶安装；1 层安装了 9 只红外、微波双鉴探测器，3 只紧急呼叫按钮和一个警铃。报警线采用 RVV-4×1.0 线穿 φ20PC 管暗敷设。

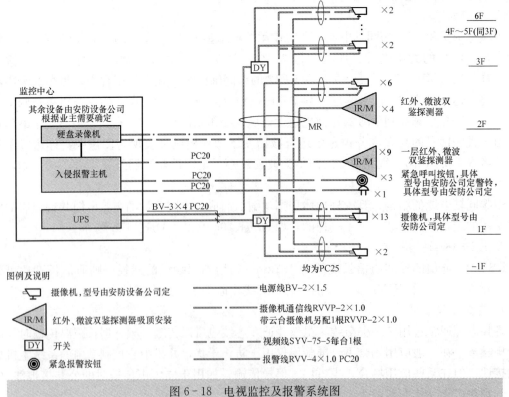

图 6-18 电视监控及报警系统图

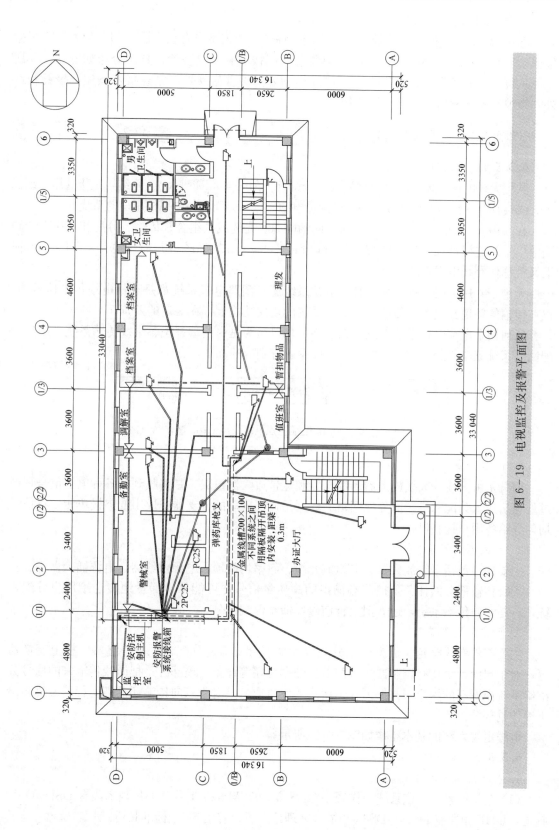

图 6-19　电视监控及报警平面图

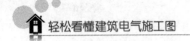
2. 电视监控及报警平面图

图6-19为1层的电视监控及报警系统平面图，监控室设置在本层。1层共设置13只摄像机，9只红外、微波双鉴探测器，3只紧急呼叫按钮和1只警铃，具体分布如图6-19所示。从每台摄像机附近吊顶排管经弱电线槽到安防报警接线箱。紧急报警按钮，警铃和红外、微波双鉴探测器直接引至接线箱。

6.3.5 共用天线电视系统

6.3.5.1 系统概述

共用天线电视系统简称为CATV（Community Antenna Television）系统，是指共用一组优质天线接收电视台的电视信号，并通过同轴电缆传输、分配给各电视机用户的系统。

在共用天线的基础之上出现了通过同轴电缆、光缆或其组合来传输、分配和交换声音和图像信号的电视系统，称为电缆电视（Cable Television）系统，其简写也是CATV，习惯上又常称作有线电视系统。

无论是共用天线电视系统、有线电视系统还是闭路电视系统都是利用电缆传送信号的。仅在传输的频道数量上、传送方式上、系统的规模功能上存在一定的差别。

任何一个电缆电视系统无论多么复杂，均可认为是由前端系统、干线传输系统、用户分配网络系统三个部分组成。如图6-20所示，分别简述如下。

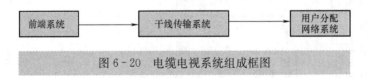

图6-20 电缆电视系统组成框图

1. 前端部分

前端是由天线、天线放大器、混合器和宽带放大器组成，是将收到的各种电视信号，经过处理后送入分配网络。而分配网络的作用是使用成串的分支器或成串的串接单元，将信号均匀分给各用户接收机。

2. 干线传输部分

主要器件包括干线放大器、电缆或光缆、斜率均衡器、电源供给器、电源插入器等。

干线传输部分的任务是把前端输出的高质量信号尽可能保质保量地传送给用户分配系统，若是双向传输系统，还需把上行信号反馈至前端部分。

3. 用户分配系统

主要部件有线路延长放大器、分配放大器、分支器、分配器、用户终端、机上变换器等，对于双向系统还有调制器、解调器、数据终端等设备。该部分是把干线传输来的信号分配给系统内所有的用户，并保证各个用户的信号质量，对于双向传输还需把上行信号传输给干线传输部分。

电缆电视系统的基本组成如图6-21所示。

6.3.5.2 系统分类

1. 按工作频率分类

（1）全频道系统。该系统工作频率为48.5～958MHz，其中VHF频率段有DS1～DS12频道，UHF频段有DS13～DS68频道，在理论上可以容纳68个标准频道。

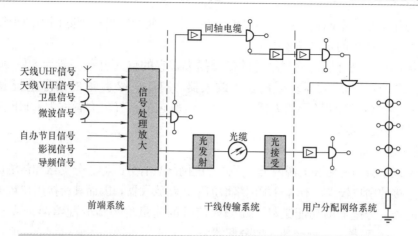

图 6 - 21　电缆电视系统图

（2）邻频传输系统。由于国家规定的 68 个标准频道的频率是不连续的、跳跃的，因此在系统内部可以利用这些不连续的频率来设置增补频道，用 Z 表示。

750MHz 系统最多可以传输 79 个频道的信号，其中有 DS1～DS42 标准频道、Z1～Z37 增补频道。

2. 按系统规模分类

（1）小型系统：传输距离小于 1.5km，人口数量为几万人以下，适用于乡、镇、厂矿企业及居民区等。

（2）中型系统：传输距离为 5～15km，人口数量在 50 万人左右，适用于一般中等城市。

（3）大型系统：传输距离大于 15km，人口在 100 万左右，适用于省会级城市。

（4）特大型系统：传输距离大于 20km，人口在 100 万以上，适用于大城市。

3. 按系统传输方式分类

（1）全同轴电缆传输系统。该系统适用于小型系统。

（2）光缆和同轴电缆相结合的传输系统。适用于中型系统。

（3）光缆传输系统。该系统从干线到用户终端均采用光缆，是今后发展的方向。

（4）混合型传输系统。该系统除采用光缆和电缆外，在地形复杂或不易设置电缆的地区采用微波传输信号。一般大中型系统均采用这种形式。

6.3.5.3　主要器件的功能和电气特性

1. 天线及前端设备

前端设备主要包括天线放大器、混合器、主干放大器等。图 6 - 22 给出了较为典型的一种前端方案。

天线放大器的作用是提高接收天线的输出电平，它的输入电平一般为 50～60dB，输出电平一般为 90dB。

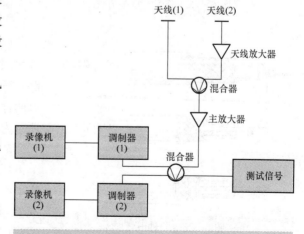

图 6 - 22　开路电视与闭路电视的混合

175

混合器的作用是将不同输入端的信号混合在一起，使用它可以消除因不同天线接收同一信号而互相叠加所产生的重影现象。

主放大器的作用是补偿传输网络中的信号损失，它的输入电平一般为80～90dB，输出电平一般为110dB。主放大器多采用宽带放大器。对1～12频道的信号进行放大者称为VHF全频道放大器，简称V形放大器。对13～68频道的信号放大者称为UHF全频道放大器或简称为U形放大器。

2. 传输分配网络

传输分配网络分为有源和无源两类。无源分配网络只有分配器、分支器和传输电缆等无源器件，其可连接的用户较少。有源分配网络增加了线路放大器，因而其所接用户数可以增多。

（1）分配器。分配器的功能是将一路输入信号的能量均等地分配给两个或多个输出器件。常见的有二分配器、三分配器、四分配器。

（2）分支器。分支器是串在干线中，从干线耦合部分信号能量，然后分一路或多路输出的器件。在输入端加入信号时，主路输出端加上反向干扰信号时，对主路输出应无影响。所以分支器又称为定向耦合器。

（3）分配网络的分配方式。图6-23为全部采用分配器的"分配—分配"方式；图6-24为全部采用分支器的"分支—分支"方式；还有"分支—分配"方式，用于终端不空载、分段平面辐射型的用户分配；"分配—分支"方式，用于用户端垂直位置相同、上下成串的多层与高层建筑，节省管线。

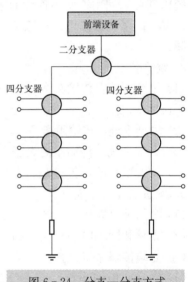

图6-24 分支—分支方式

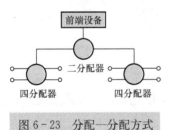

图6-23 分配—分配方式

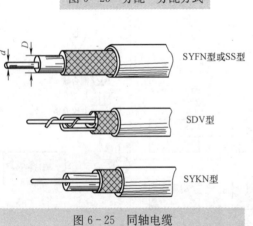

图6-25 同轴电缆

（4）传输电缆。在以上各分配系统中各元件之间均用馈线连接，它是提供信号传输的通路，分为主干线、干线、分支线等。馈线一般有两种类型：平行馈线和同轴电缆。图6-25所示为同轴电缆的结构。

3. 用户终端

用户终端是电视信号和调频广播的输出插座，有单孔盒和双孔盒之分。单孔盒仅输出电视信号，双孔盒既能输出电视信号，又能输出调频广播信号。

用户终端可以有明装和暗装两种安装方式，如图 6-26 和图 6-27 所示。

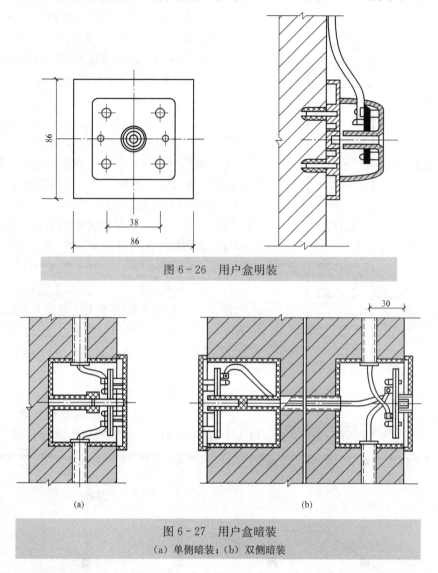

图 6-26 用户盒明装

图 6-27 用户盒暗装

(a) 单侧暗装；(b) 双侧暗装

电缆电视系统中各终端的电视信号电平 VHF 段应在 $57 \sim 83\mathrm{dB}\mu\mathrm{V}$（即 $708\mu\mathrm{V} \sim$ $14.1\mathrm{mV}$）。一般应在 $73\pm5\mathrm{dB}\mu\mathrm{V}$（即 $4.47\mathrm{mV}$）范围内。

4. 电缆电视系统的施工与安装

（1）线路应尽量短直，安全稳定，便于施工和维护。

（2）电缆管道敷设应避开电梯及其他冲击性负荷干扰源，一般应保持 $2\mathrm{m}$ 以上的距离，与一般电源线（照明）在钢管敷设时，间距不小于 $0.5\mathrm{m}$。

（3）配管弯曲半径应大于 10 倍的管径，应尽量减少弯曲次数。

（4）预埋箱体一般距地 $1.8\mathrm{m}$，以便于维修安装。

（5）配管切口不应损伤电缆，伸入预埋箱体不大于 $10\mathrm{mm}$。SYV-75-9 电缆应选直径为 $25\mathrm{mm}$ 的管径，SYV-75-5 电缆应选直径为 $20\mathrm{mm}$ 的管径。

（6）管长超过 $25\mathrm{m}$ 时，须加接线盒。电缆连接也应在盒内处理。

（7）明线敷设时，对有阳台的建筑，可将分配器、分支器设置在阳台遮雨处。

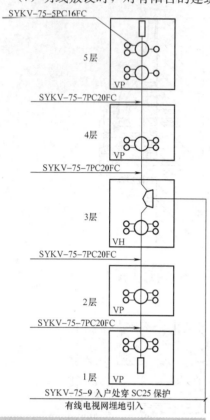

图6-28 某建筑共用天线电视系统图

（8）两建筑物之间架空中电缆时，应预先拉好钢索绳，然后挂上电缆，不宜过紧。

（9）电缆线路可以和通信电缆同杆架设。

6.3.5.4 有线电视系统图例识读

1. 有线电视系统图

图6-28为某建筑共用天线电视系统图，从图中可以看出，该共用天线电视系统采用分配—分支方式。系统干线选用SYKV-75-9型同轴电缆，穿管径为25mm的水煤气钢管埋地引入，在3层处由二分配器分为两条分支线，分支线采用SYKV-75-7型同轴电缆，穿管径为20mm的硬塑料管暗敷设。在每一楼层用四分支器将信号通过SYKV-75-5型同轴电缆传输至用户端，穿管径为16mm的硬塑料管暗敷设。

2. 有线电视平面图

图6-29为某建筑共用天线电视系统的5楼有线电视平面图。有线电视的电缆型号为SYKV-75-7，配管PC从底楼引入，敷设到弱电信息箱内，信息箱距地0.4m明敷。每个办公室安装一只电视终端出线盒，共有电视终端出线盒6只，电视电缆型号为SYKV-75-5，均引至楼层弱电信息箱的分支器。电缆配管PC16，暗敷在墙内。出线盒暗敷在墙内，离地0.3m。

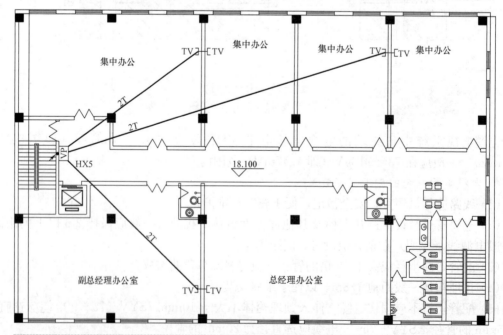

图6-29 某建筑共用天线电视系统平面图

6.4　电 话 通 信 系 统

6.4.1　电话通信系统的组成

电话通信系统的基本目标是实现某一地区内任意两个终端用户之间互相通话，因此电话通信系统必须具备3个基本要素：①发送和接收话音信号；②传输话音信号；③话音信号的交换。

这3个要素分别由用户终端设备、传输设备和电话交换设备来实现。一个完整的电话通信系统是由终端设备、传输设备和交换设备三大部分组成的，如图6-30所示。

图6-30　电话通信系统示意图

1. 用户终端设备

常见的用户终端设备有电话机、传真机等，随着通信技术与交换技术的发展，又出现了各种新的终端设备，如数字电话机、计算机终端等。

（1）电话机的组成。电话机一般由通话部分和控制系统两大部分组成。通话部分是话音通信的物理线路连接，以实现双方的话音通信，它由送话器、收话器、消侧音电路组成；控制系统实现话音通信建立所需的控制功能，由叉簧、拨号盘、极化铃等组成。

（2）电话机的基本功能。

1）发话功能通过压电陶瓷器件将话音信号转变成电信号向对方发送。

2）收话功能通过炭砂式膜片将对方送来的话音电信号还原成声音信号输出。

3）消侧音功能话机在送/受话的过程中，应尽量减轻自己的说话音通过线路返回受话电路。

4）发送呼叫信号、应答信号和挂机信号功能。

5）发送选择信号（即所需对方的电话号码）供交换机作为选择和接线的根据。

6）接收振铃信号及各种信号音功能。

（3）电话机的分类。按电话制式来分，可分为磁石式、共电式、自动式和电子式电话机。

按控制信号划分，可分为脉冲式话机、双音多频（DTMF）式话机和脉冲/双音频兼容（P/T）话机。

按应用场合来分，可分为台式、挂墙式、台挂两用式、便携式及特种话机，如煤矿用话机、防水船舶话机和户外话机等。

2. 电话传输系统

在电话通信网中，传输线路主要是指用户线和中继线。在图6-31所示的电话网中，A、B、C为其中的3个电话交换局，局内装有交换机，交换可能在一个交换局的两个用户之间进行；也可能在不同交换局的两个用户之间进行，

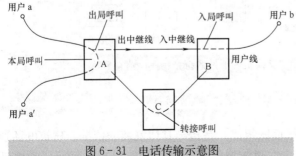

图6-31　电话传输示意图

两个交换局用户之间的通信有时还需要经过第3个交换局进行转接。

常见的电话传输媒体有市话电线电缆、双绞线和光缆。为了提高传输线路的利用率，对传输线路常采用多路复用技术。

3. 电话交换设备

电话交换设备是电话通信系统的核心。电话通信最初是在两点之间通过原始的收话器和导线的连接由电的传导来进行，如果仅需要在两部电话之间进行通话，只要用一对导线将两部电话机连接起来就可以实现。但如果有成千上万部电话机之间需要互相通话，则不可能采用个个相连的办法。这就需要有电话交换设备，即电话交换机，将每一部电话机（用户终端）连接到电话交换机上，通过线路在交换机上的接续转换，就可以实现任意两部电话机之间的通话。

目前主要使用的电话交换设备是程控交换机。程控是控制方式，即存储程序控制，其英文名称是 Stored Program Control，简称为 SPC，它是把电子计算机的存储程序控制技术引入到电话交换设备中来。这种控制方式是预先把电话交换的功能编制成相应的程序（或称软件），并把这些程序和相关的数据都存入存储器内。当用户呼叫时，由处理器根据程序所发出的指令来控制交换机的操作，以完成接续功能。

在现代化建筑大厦中的程控用户交换机，除了基本的线路接续功能之外，还可以完成建筑物内部用户与用户之间的信息交换，以及内部用户通过公共电话网或专用数据网与外部用户之间的话音及图文数据进行传输。程控用户交换机通过控制机配备的各种不同功能的模块化接口，可组成通信能力强大的综合数据业务网（ISDN）。程控用户交换机的一般性系统结构如图6-32所示。

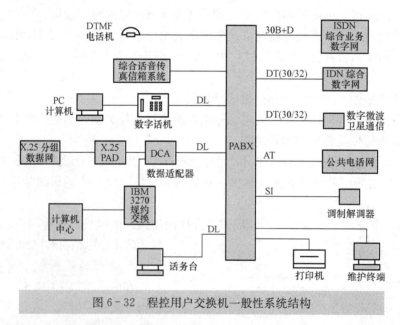

图6-32　程控用户交换机一般性系统结构

6.4.2　电话通信系统工程图识读

电话通信系统工程图同样由系统图和平面图组成，是指导具体安装的依据。建筑电话通信系统通常是通过总配线架和市话网连接。在建筑物内部一般按建筑层数、每层所需电话门数以及这些电话的布局，决定每层设几个分接线箱。自总配线箱分别引出电缆，以放射式的布线形式引向每层的分接线箱，由总配线箱与分接线箱依次交接连接。也可以由总配线架引出一路大对数电缆，进入一层交接箱，再由一层交接箱除供本层电话用户外，引出供其他楼层交接箱的一定芯线的电缆。

1. 系统图

图 6-33 为某建筑电话系统图，该电话通信系统是采用 HYA-50（2×0.5）SC50WCFC 自电信局埋地引入建筑物，埋设深度为 0.8m。再由一层电话分接线箱 HX1 引出 3 条电缆，其中一条供本楼层电话使用，一条引至二、三层电话分接线箱，还有一条供给四、五层电话分接线箱，分接线箱引出的支线采用 RVB-2×0.5 型绞线穿塑料 PC 管敷设。

2. 平面图

平面图如图 6-34 所示。五层电话分接线箱信号通过 HYA-10（2×0.5mm）型电缆由四楼分接线箱引入。每个办公室有电话出线盒 2 只，共 12 只电话出线盒。各路电话线均单独从信息箱分出，分接线箱引出的支线采用 RVB-2×0.5 型双绞线，穿 PC 管敷设。出线盒暗敷在墙内，离地 0.3m。

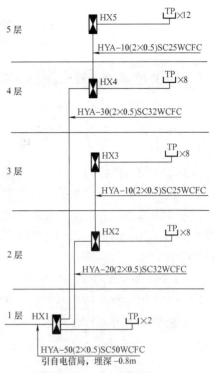

支线采用 RVB-2×0.5, 穿线规格：
1~2 根穿 PC16,3~4 根穿 PC20,
电话分线箱 HX1 尺寸：380×260×120
其余电话分线箱尺寸：280×200×120

图 6-33 电话通信系统

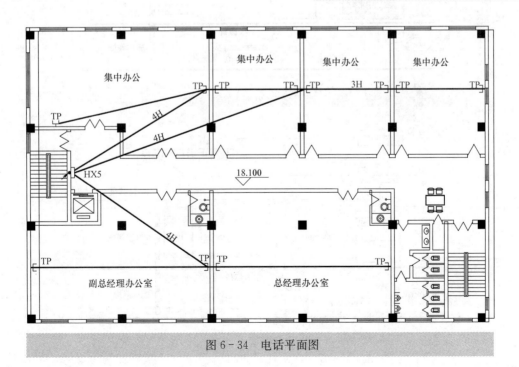

图 6-34 电话平面图

6.5 停车场车辆管理系统

1. 停车场车辆管理系统功能

(1) 车辆驶近入口时，可看到停车场指示信息标志，标志牌显示入口方向与停车场内空余车位的情况。

(2) 车辆驶过栏杆门后，栏杆自动放下，阻挡后续车辆进入。

(3) 进场的车辆在停车引导灯指引下，停在规定的位置上。

(4) 车辆离场时，汽车驶近出口电动栏杆处，出示停车凭证，并经验读器识别出行车辆的停车编号与出场时间，出口车辆摄像识别器提供车牌数据与验读器读出的数据一起送入管理系统进行计费。

2. 停车场车辆管理系统的组成

停车场车辆管理系统一般分为 3 个部分：车辆出入的检测与控制、车位和车满的显示与管理、计时收费管理。停车场出入口系统结构如图 6-35、图 6-36 所示。

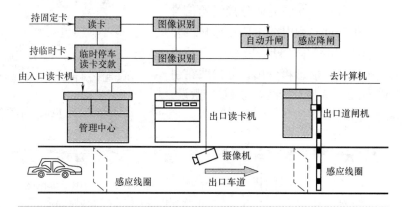

图 6-35 停车场出口系统结构

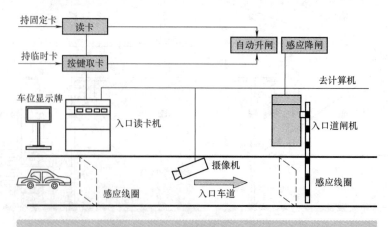

图 6-36 停车场入口系统结构

6.5.2 停车场管理系统的主要设备

停车场管理系统的主要设备有出入口票据验读器、电动栏杆、自动计价收银机、车牌图像识别器、管理中心等。

（1）出入口票据验读器：停车有临时停车、短期租用停车位与停车位租用三种情况，因而对停车人持有的票据卡上的信息要作相应区分。停车场的票据卡有条形码卡、磁卡与IC卡三种类型，因此，出入口票据验读器的停车信息阅读方式可以由条形码读出、磁卡读写和IC卡读写三类。无论采用哪种票据卡，票据验读器的功能都是相似的。

（2）电动栏杆：电动栏杆由票据验读器控制。如果遇到冲撞，立即发出报警信号，栏杆受汽车碰撞后会自动落下，不会损坏电动栏杆机与栏杆。图6-37为电动栏杆机基本组成。

（3）自动计价收银机：根据停车票卡上的信息自动计价或向管理中心取得计价信息，并向停车人显示。停车人则按照显示价格投入钱币或信用卡，支付停车费。停车费结清后，则自动在票据卡上打入停车费收讫的信息。

图6-37 电动栏杆机基本组成

（4）车牌图像识别器：车牌识别器是防止偷车事故的保安系统。
当车辆驶入停车场入口，摄像机将车辆外形、色彩与车牌号送入计算机保存起来，有些系统还可将车牌图像识别为数据。车辆出场前，摄像机再次将车辆外形、颜色与车牌号送入计算机，与驾车人所持有的票据编号的车辆在入口时的信息相比，若两者相符合即可放行。

（5）管理中心：主要由功能较强的PC和打印机等外围设备组成。

6.5.3 停车场系统图识读

图6-38为某一进一出停车场系统图。系统主要设备出入口读卡机、电动栏杆、地感

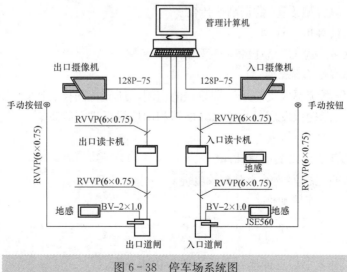

图6-38 停车场系统图

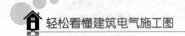

线圈、出入口摄像机、手动按钮、管理计算机等。出入口道闸可以手动和自动抬起、落下。管理电脑和读卡机之间，读卡机和道闸之间均采用 RVVP-6×0.75 线缆。地感和道闸之间采用 BV-2×1.0 线缆，手动按钮和道闸之间采用 RVVP-6×0.75 线缆。管理计算机和摄像机之间采用 128P-75 的视频电缆。

6.6 综合布线系统图

6.6.1 综合布线系统概述

综合布线是建筑物内或建筑群之间的一个模块化、灵活性极高的信息传输通道，是智能建筑的"信息高速公路"。它既能使语音、数据、图像设备和交换设备与其他按钮信息管理系统彼此相连，也能使这些设备与外部通信网相连接，它包括建筑物外部网络和电信线路的连线点与应用系统设备之间的所有线缆以及相关的连接部件。

综合布线由不同系列和规格的部件组成，其中包括传输介质、相关连接硬件（如配线架、连接器、插座、插头、适配器）以及电气保护设备等。

综合布线系统分为基本型、增强型和综合型三个等级。

1. 基本型综合布线系统

基本型综合布线系统是一个经济有效的布线方案。它支持语音或综合型语音/数据产品，并能够全面过渡到数据的异步传输或综合型布线系统。

（1）基本配置。

1）每一个工作区有 1 个信息插座。

2）每个工作区的配线为 1 条 4 对对绞电缆。

3）完全采用 110A 交叉连接硬件，并与未来的附加设备兼容。

4）每个工作区的干线电缆至少有 2 对双绞线。

（2）基本特性。

1）能够支持所有语音和数据传输应用。

2）支持语音、综合型语音/数据高速传输。

3）便于维护人员维护、管理。

4）能够支持众多厂家的产品设备和特殊信息的传输。

2. 增强型综合布线系统

增强型综合布线系统不仅支持语音和数据的应用，还支持图像、影像、影视、视频会议等。它具有为增加功能提供发展的余地，并能够利用接线板进行管理。

（1）基本配置。

1）每个工作区有 2 个以上信息插座。

2）每个工作区的配线为 2 条 4 对对绞电缆。

3）具有 110A 交叉连接硬件。

4）每个工作区的干线电缆至少有 3 对双绞线。

（2）基本特性。

1）每个工作区有 2 个信息插座，灵活方便、功能齐全。

2）任何一个插座都可以提供语音和高速数据处理应用。

3）便于管理与维护。

4）能够为众多厂商提供服务环境的布线方案。

3．综合型布线系统

综合型布线系统适用于配置标准较高的场合，是将光缆、双绞电缆或混合电缆纳入建筑物布线的系统。

（1）基本配置。应在基本型和增强型综合布线的基础上增设光缆及相关连接件。

（2）基本特性。由于引入了光缆，可以适用于规模较大、功能较多的智能建筑，其余特点与基本型和增强型相同。

6.6.2 综合布线系统构成

综合布线系统由六个子系统组成，它们是工作区子系统、水平干线子系统、管理子系统、垂直干线子系统、建筑群子系统和设备间子系统。子系统之间的关系如图6-39所示。

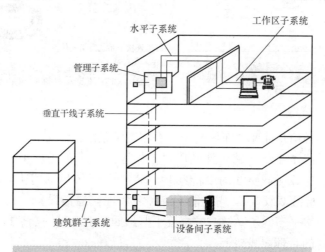

图6-39 综合布线系统的结构示意图

综合布线系统中需要用到的功能部件，一般有以下几种。

（1）建筑群配线架（CD）。

（2）建筑群干线电缆或建筑群干线光缆。

（3）建筑物配线架（BD）。

（4）建筑物干线电缆或建筑物干线光缆。

（5）楼层配线架（FD）。

（6）水平电缆或水平光缆。

（7）转接点（选用）（TP）。

（8）信息插座（IO）。

（9）通信引出端（TO）。

1．工作区子系统

工作区子系统由终端设备连接到信息插座的连线（或软线）组成，它包括装配软线、适配器和连接所需的扩展软线，并在终端设备和I/O之间搭桥。在进行终端设备和I/O连接时，可能需要某种传输电子装置，但是这种装置并不是工作区子系统的一部分。例如，有限距离调制解调器能为终端与其他设备之间的兼容性和传输距离的延长提供所需的转换信号。有限距离调制解调器不需要内部的保护线路，但一般的调制解调器都有内部的保护线路。

工作区布线是用接插软线把终端设备连接到工作区的信息插座上。工作区布线随着系统终端应用设备不同而改变，因此它是非永久的。工作区子系统的终端设备可以是电话、微机和数据终端，也可以是仪器仪表、传感器和探测器。图6-40所示为工作区子系统的信息插座配置，图6-41为工作区子系统组成示意图。

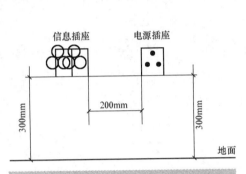

图6-40　工作区子系统的信息插座配置

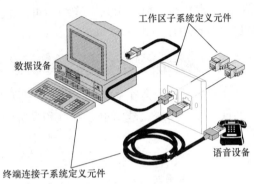

图6-41　工作区子系统

2. 水平配线子系统

从楼层配线架到各信息插座的布线属于水平布线子系统。水平布线子系统是整个布线系统的一部分，它将干线子系统线路延伸到用户工作区。水平布线子系统总是处在一个楼层上，并端接在信息插座或区域布线的中转点上。SYSTIMAX SCS将上述的电缆数限制为4对或25对UTP（非屏蔽双绞线），它们能支持大多数现代通信设备。在需要某些宽带应用时，可以采用光缆。水平布线子系统一端端接于信息插座上，另一端端接在干线接线间、卫星接线间或设备机房的管理配线架上。

水平子系统包括水平电缆、水平光缆及其在楼层配线架上的机械终端、接插软线和跳接线。水平电缆或水平光缆一般直接连接至信息插座。必要时，楼层配线架和每一个信息插座之间允许有一个转接点。进入和接出转接点的电缆线对或光纤应按1:1连接，以保持对应关系。转接点处的所有电缆或光缆应作机械终端。转接点处只包括无源连接硬件，应用设备不应在这里连接。转接点处宜为永久连接，不应作配线用。

图6-42所示为水平子系统，它由工作区用的信息插座及其至楼层配线架（FD）以及它们之间的缆线组成。水平子系统设计范围遍及整个智能化建筑的每一个楼层，且与房屋建筑和管槽系统有密切关系。

（1）水平配线子系统概述。

水平配线子系统涉及水平子系统的传输

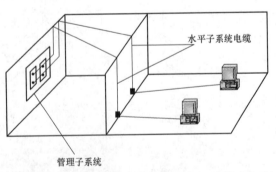

图6-42　水平子系统

轻松看懂建筑弱电系统图

介质和部件集成，主要有以下 5 点。

1）确定线路走向。

2）确定线缆、槽、管的数量和类型。

3）确定电缆的类型和长度。

4）订购电缆和线槽。

5）如果采用吊杆或托架走支撑线槽，需要用多少根吊杆或托架。

（2）水平子系统布线线缆。

水平子系统布线中常用的线缆有以下 4 种。

1）100Ω 非屏蔽双绞线（UTP）电缆。

2）100Ω 屏蔽双绞线（STP）电缆。

3）75Ω 同轴电缆。

4）62.5/125μm 光纤线缆。

（3）水平子系统布线方案。水平子系统布线根据建筑物的结构特点，按路由（线）最短、造价最低、施工方便、布线规范等几个方面考虑，优选最佳的水平布线方案。如图 6-43 所示，水平布线方案一般可采用 3 种布线方式。

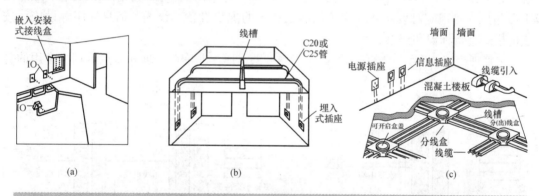

图 6-43 水平子系统布线方案
(a) 直接埋管布线方式；(b) 先走线槽再走支管布线方式；(c) 地面线槽方式

1）直接埋管式。

2）先走吊顶内线槽，再走支管到信息出口。

3）地面线槽方式。

水平子系统的网络结构都为星型结构，它是以楼层配线架（FD）为主节点，各个信息插座为分节点，二者之间采取独立的线路相互连接，形成以 FD 为中心向外辐射的星型线路网状态。这种网络结构的线路较短，有利于保证传输质量，降低工程造价和维护管理。

布线线缆长度等于楼层配线间或楼层配线间内互连设备电端口到工作区信息插座的线缆长度。水平子系统的双绞线最大长度为 90m。工作区、跳线及设备电缆总和不超过 10m，即 A+B+E≤10m。图 6-44（a）给出了水平布线的距离限制。当需要有转换接点时，布线距离如图 6-44（b）所示。要合理安排好弱电竖井的位置，如水平线缆长度超过 90m，则要增加 IDF（楼层配线架）或弱电竖井的数量。

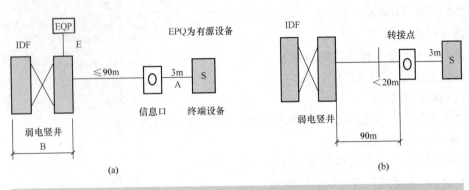

图 6-44　水平子系统布线距离限制
(a) 不带转换接点的距离限制；(b) 带转换接点的距离限制

3. 管理子系统

管理子系统的作用是提供与其他子系统连接的手段，使整个综合布线系统及其所连接的设备、器件等构成一个完整的有机体。通过对管理子系统交接的调整，可以安排或重新安装系统线路的路由，使传输线路能延伸到建筑物内部的各工作区。管理子系统由交连、互连以及 I/O 组成。管理应对设备间、交接间和工作区的配线设备、线缆、信息插座等设施，按一定的模式进行标识和记录。

(1) 管理交接方案。一般有两种管理方案可供选择，即单点管理和双点管理。常用的管理方案如图 6-45 所示。

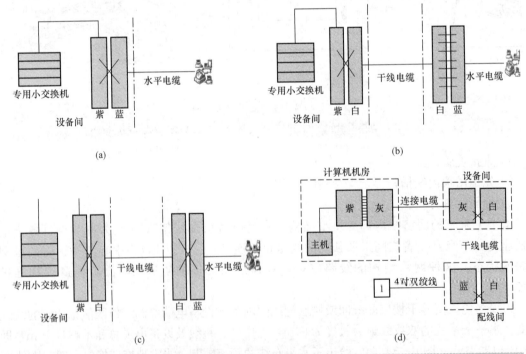

图 6-45　管理交接方案
(a) 单点管理—单交连；(b) 单点管理—双交连；(c) 双点管理—双交连；(d) 双点管理—三交连

单点管理位于设备间里面的交换机附近，通过线路直接连至用户间或连至服务接线间里面的第二个硬件接线交连区。如果没有服务间，第二个交连可安放在用户房间的墙壁上。

（2）综合布线交连系统标记。综合布线交连系统标记是管理子系统的一个重要组成部分，标记系统能提供如下信息：建筑物名称（如果是建筑群）、位置、区号和起始点。

综合布线系统使用了3种标记：电缆标记、场标记和插入标记。其中插入标记最常用。插入标记所用的底色及其含义如下。

1）蓝色：对工作区的信息插座（I/O）实现连接。

2）白色：实现干线和建筑群电缆的连接。端接于白场的电缆布置在设备间与楼层配线间及二级交接间之间或建筑群各建筑物之间。

3）灰色：配线间与二级交接间之间的连接电缆或二级交接之间的连接电缆。

4）绿色：来自电信局的输入中继线。

5）紫色：来自PBX或数据交换机之类的公用系统设备的连线。

6）黄色：来自控制台或调制解调器之类的辅助设备的连线。

标记方法如下。

1）端口场（公用系统设备）的标记。

2）设备间干线/建筑群电缆（白场）的标记。

3）干线接线间的干线电缆（白场）标记。

4）二级交接间的干线/建筑群电缆（白场）标记。

4. 垂直干线子系统

（1）垂直干线子系统概述。垂直干线子系统的功能是通过建筑物内部的传输电缆或光缆，把各接线间和二级交接间的信号传送到设备间，直至传送到最终接口，再通往外部网络。垂直干线子系统如图6-46所示。垂直干线子系统必须既满足当前的需要，又能适应今后的发展。

（2）垂直干线子系统包括的内容如下。

1）接线间和二级交接间与设备间之间的竖向或横向电缆通道。

2）干线接线间和二级交接间之间的连接电缆通道。

3）主设备间与计算机中心间的干线电缆。

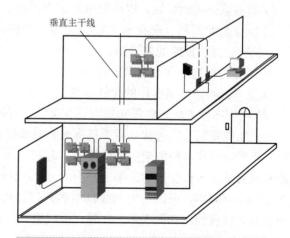

图6-46 垂直干线子系统

（3）干线子系统布线的拓扑结构。综合布线系统中干线子系统的拓扑结构主要有：星型、总线型、环型、树型和网型。推荐采用星型拓扑结构。

（4）干线子系统常用的介质。

1）100Ω大对数非屏蔽电缆。

2）150ΩFTP 电缆。

3）62.5/125μm 多模光缆。

4）8.3/125μm 单模光缆。

（5）干线子系统布线的距离。干线子系统布线的最大距离，即楼层配线架到设备间主配线架之间的最大允许距离，与信息传输速率、信息编码技术以及所选的传输介质和相关连接件有关。

5. 设备间子系统

设备间子系统是安装公用设备（如电话交换机、计算机主机、进出线设备、网络主交换机、综合布线系统的有关硬件和设备）的场所。设备间使用面积的大小主要与设备数量有关，最小不得小于 20m²。设备间净高一般与使用面积有关，但不得低于 2.5m。门的高度不小于 2.0m，宽不小于 0.9m。楼板承重一般不低于 500kg/m²。设备间内在距地面 0.8m 处，照度不应低于 300lx。应设事故照明，在距地面 0.8m 处，其照度不应低于 5lx。设备间供电电源为 50Hz、380V/220V，采取三相五线制/单相三线制。一般应考虑备用电源。可采用直接供电和不间断供电相结合的方式。噪声、温度、湿度应满足相应要求，安全和防火应符合相应规范。

6. 建筑群子系统

连接各建筑物之间的传输介质和各种支持设备（硬件）组成了综合布线建筑群子系统。

（1）建筑群子系统布线内容。

1）根据小区建筑详细规划图了解：整个小区的大小、边界、建筑物数量。

2）确定电缆系统的一般参数。

3）确定建筑物的电缆入口。

4）查清障碍物的位置，以确定电缆路由。

5）根据前面资料，选择所需电缆类型、规格、长度、敷设方式，穿管敷设时的管材、规格、长度；画出最终的施工图。

6）进行每种选择方案成本核算。

7）选择最经济、最实用的设计方案。

（2）电缆布线方法。电缆布线方法有架空、直埋和管道布线，如图 6-47 所示。

电缆架空安装方法通常只用于具有现有的电线杆，电缆的走法不是主要考虑内容的场合下，从电线杆至建筑物的架空进线距离不超过 30m 为宜。建筑物的电缆入口可以是穿墙的电缆孔或管道，入口管道的最小口径为 50mm。建议另设一根同样口径的备用管道，如果架空线的净空有问题，可以使用天线杆型的入口。该天线的支架一般不应高于屋顶 1200mm。如果再高，就应使用拉绳固定。此外，天线型入口杆高出屋顶的净空间应有 2400mm，该高度正好使工人可摸到电缆。

通信电缆与电力电缆之间的距离必须符合我国室外架空线缆的有关标准。

架空电缆通常穿入建筑物外墙上的 U 形钢保护套，然后向下（或向上）延伸，从电缆孔进入建筑物内部，如图 6-47（a）所示，电缆入口的孔径一般为 50mm，建筑物到最近处的电线杆通常相距应小于 30m。

在挖掘电缆沟槽和接头坑位时，应符合以下要求。

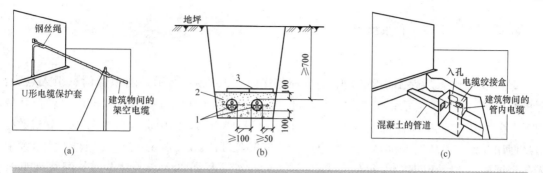

图6-47 电缆布线方法
(a) 架空电缆布线；(b) 直埋电缆布线；(c) 管道电缆布线

1) 挖掘电缆沟槽和接头坑位，一般采取人工挖掘方式。电缆沟槽的中心线应与设计路由的中心线一致，允许有左右偏差，但不得大于10cm。电缆沟槽的深度应符合设计规定的电缆埋设深度要求，沟槽底面的高程偏差不应大于±5/10cm。弯曲的电缆沟槽不论是平面弯曲或纵面弯曲，都要符合直埋电缆最小曲率半径的规定和埋设深度的要求。电缆沟槽底面应加工平整，沟底必须清理干净，无碎乱石或带有尖角的杂物，以保证直埋电缆在敷设后不受机械损伤。

2) 在敷设直埋电缆前，应对沟槽底部再次检查和清理，务必使沟槽底部平整，无杂物和碎石。如系砂砾碎石地基层或有一般的腐蚀性土壤时，应先将沟底部加挖深度约10cm，并加以夯实抄平，然后在沟底铺垫一层10cm细土或细砂后，再在上面覆土10cm（覆土中不得含有大量碎石块或有尖角的杂物），予以大致抄平后，再盖红砖或预制的混凝土板保持平整，以保护直埋电缆不会受到外界机械损伤。

3) 直埋电缆在沟槽或接头坑的底部时，应平直安放于沟坑底基上，不得上下弯曲，也不宜过于拉紧，在敷设电缆时，要随时注意保护电缆，不应发生有折裂、碰伤、刮痕和磨破现象。如发现有上述情况时，必须及时检修，并经检验测试确认电缆质量良好时，才允许进行下一道工序。同时，应将上述情况详细记录，以备今后查验。

4) 直埋电缆在弯曲路由或需要作电缆预留盘放时，电缆应采取"S"形或"弓"形的布放（包括在电缆接头坑内的盘留长度）方式。这时要求电缆的最小曲率半径不应小于电缆直径的15倍。

5) 直埋电缆敷设完毕后，应立即进行对地绝缘等电气特性的测试。复核检验电缆施工后的电气特性有无显著变化，如果发现有问题，应及时查找电缆出现障碍的原因，并及早进行处理。否则不得覆盖红砖或混凝土板以及回填土等施工工序。

6) 直埋电缆的电缆芯线接续和电缆接头套管的封合方法，均与一般的管道电缆相同，可参见管道电缆部分所述的内容。直埋电缆外面沿有钢带铠装保护层，为了保证钢带铠装的电气连接，应将电缆接头两端钢带在电缆接头处互相依次环绕包好，在电缆接头外面采用钢筋混凝土线槽或其他管材等保护，具体细节可见有关标准或其他资料。

7) 管道系统的设计方法就是把直埋电缆设计原则与管道设计步骤结合在一起。当考虑建筑群管道系统时，还要考虑接合井。

8) 在建筑群管道系统中，接合井的平均间距约180m，或者在主结合点处设置接合井。接合井可以是预制的，也可以是现场浇筑的。应在结构方案中标明使用哪一种接合井。

6.6.3 综合布线工程系统图

1. 系统图

综合布线工程系统图的第一种标注方式如图6-48（a）所示。图中的信息引入点为：程控交换机引入外网电话；集线器（Switch Hub）引入计算机数据信息。电话语音信息使用10条3类50对非屏蔽双绞线电缆（1010050UTP×10），1010是电缆型号。计算机数据信息使用5条5类4对非屏蔽双绞线电缆（1061004UTP×5），1061是电缆型号。主电缆引入各楼层配线架（FDFX），每层1条5类4对电缆、2条3类50对电缆。配线架型号110PB2-300FT，是300对线110P型配线架，3EA表示3个配线架。188D3是300对线配线架背板，用来安装配线架。从配线架输出到各信息插座，使用5类4对非屏蔽双绞线电缆，按信息插座数量确定电缆条数，1层（F1）有69个信息插座，所以有69条电缆；2层有56个信息插座，所以有56条电缆。M100BH-246是模块信息插座型号，M12A-246是模块信息插座面板型号，面板为双插座型。

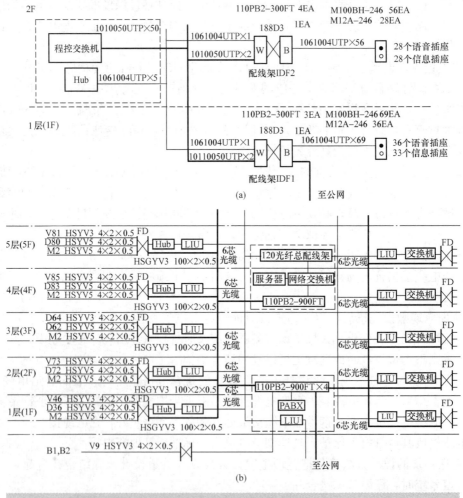

图6-48 综合布线系统图
(a) 标注方式1；(b) 标注方式2

综合布线系统图第二种标注方式如图 6-48（b）所示。图中的电话线由户外公网引入，接至主配线间或用户交换机房，机房内有 4 台 110PB2-900FT 型配线架和 1 台用户交换机（PABX）。图中所示的其他信息由主机房中的计算机进行处理，主机房中有服务器、网络交换机、1 台配线架和 1 台 120 芯光纤总配线架。电话与信息输出线，每个楼层各使用一根 100 对干线 3 类大对数电缆（HSGYV3 100×2×0.5），此外每个楼层还使用一根 6 芯光缆。每个楼层设楼层配线架（FD），大对数电缆要接入配线架，用户使用 3、5 类 8 芯电缆（HSYV5 4×2×0.5）。光缆先接入光纤配线架（LIU），转换成电信号后，再经集线器（Hub）或交换机分路，接入楼层配线架（FD）。图中左侧 2 层的右边，V73 表示本层有 73 个语音出线口，D72 表示本层有 72 个数据出线口，M2 表示本层有 2 个视像监控口。

2. 平面图

综合布线工程住宅楼综合布线工程平面图，如图 6-49 所示。图中所示信息线由楼道内配电箱引入室内，使用 4 根 5 类 4 对非屏蔽双绞线电缆（UTP）和 2 根同轴电缆，穿 Φ30PVC 管在墙体内暗敷。每户室内有一只家居配线箱，配线箱内有双绞线电缆分接端子和电视分配器，本用户为 3 分配器。户内每个房间都有电话插座（TP），起居室和书房有数据信息插座（TO），每个插座用 1 根 5 类 UTP 电缆与家居配线箱连接。户内各居室都有电视插座（TV），用 3 根同轴电缆与家居配线箱内分配器连接，墙两侧安装的电视插座，用二分支配器分配电视信号。户内电缆穿 φ20PVC 管在墙体内暗敷。

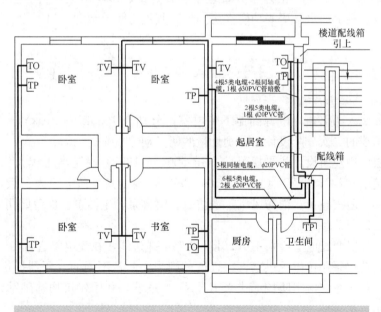

图 6-49　住宅综合布线平面图

第 7 章

建筑电气施工图实例

本章以青岛朝阳小区公寓商住综合楼的电气设计和东方地铁站电气系统设计工程图为例，讲述建筑工程施工图的设计原则和识图方法。指导读者结合前面章节讲述的建筑电气工程图的阅读方法和技巧，在理解其设计思想及设计原理的基础上，快速地阅读建筑工程施工图。

7.1 青岛朝阳小区公寓商住综合楼电气设计

本工程为青岛朝阳小区公寓商住综合楼的电气设计，属二类高层建筑。总建筑面积 36 637m²，建筑高度 48.75m。建筑主体 12 层，其中 4～12 层为老年公寓，层高 3.4m。地下 1 层，地上 3 层为底商，底商各层层高均为 4.6m。底商设有商场、管理室等。老年公寓层设有老人房套间、医务室、治疗室、管理室、阅览室、多功能大厅等。整个建筑除变电室、配电室、电梯机房、水泵房等功能性房间外，其他房间及走廊、门厅均设吊顶，吊顶距梁下 100mm。各房间内刷白墙，建筑为框架结构，基础为桩基。

7.1.1 强电部分

7.1.1.1 建筑配电系统

本工程由外引入两路独立电源到地下变电室，分别为 10.0kV/0.40kV。工程只做低压部分，即低压出线的二次分配设计；分别计量照明、动力负荷。

根据《高层民用建筑设计防火规范》（GB 50045—1995）确定本工程为二类高层建筑，根据《民用建筑电气设计规范》（JGJ/T 16—1992），确定其负荷等级为二级，消防控制室电源、消防电梯、防火卷帘、消防风机、消防泵、喷淋泵、生活泵、应急照明等设备为二级负荷，其他为三级负荷。

在地下 1 层设置变配电室，采用 10.0kV 两路电缆进线，在变电室进行 10.0kV/0.40kV 变电，对三级负荷仅采用单电源供电，二级负荷则采用两台不同的变压器提供双回路供电，并在末端互投。低压系统电击防护形式采用 TN－S 系统，利用建筑物基础承台及桩基内主钢筋作环形共用自然接地。

建筑配电系统形式的确定，应满足计量、维护管理、供电安全及可靠性的要求。应将照明与动力负荷分成不同的配电系统，消防及其他防灾用电设施的配电宜自成体系。

在设计中，采用 10.0kV 两路电缆进线，进入变电室后，经两台干式变压器进行 10.0kV/0.40kV 变电。1 号变压器低压侧引出 24 路出线，分 5 面低压开关柜，其中动力柜 1 面，照明柜 4 面；2 号变压器低压侧引出 25 路出线，分 4 面低压开关柜，其中动力柜 2 面，照明柜 2 面，设计中低压开关柜均选用西门子公司的 SIVACON 8PT 低压开关柜。供配电可识读图 7-1 进行分析。

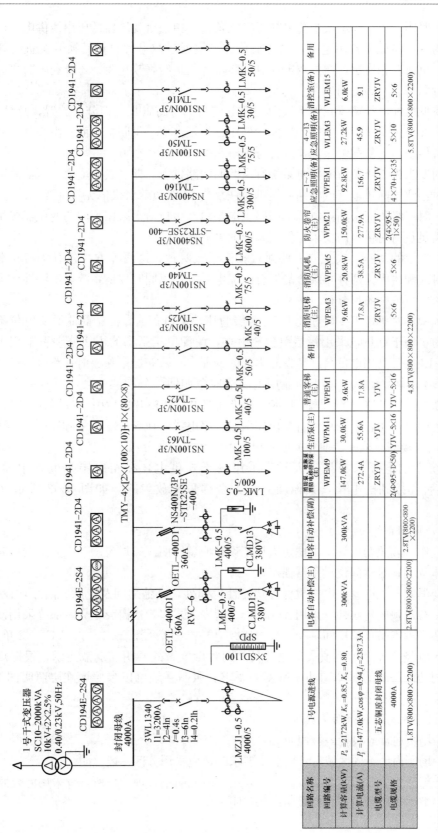

图 7 - 1 系统配电图

对于事故照明、疏散指示及消防电梯等二级负荷，由一台变压器低压出线供电，同时由另一台单独的变压器提供备用电源，消防负荷在末端通过双电源自动转换开关进行切换电源。应急照明负荷在相应层，通过双电源自动转换开关进行切换电源。2台变压器之间通过母联开关进行联络，互为备用。

设计中将低压配电柜放置在地下层的变配电室内，与高压开关柜分开放置，总计16面开关柜。其中2面是受总柜，补偿柜4面，低压出线柜9面，母联柜1面。由竖井开始通过垂直和水平桥架引至上层配电箱和本层各分配电箱。

对供电的要求为二级负荷的供电系统宜由两回线路供电，即当发生电力变压器故障或线路常见故障时不致中断供电（或中断后能迅速恢复）。三级负荷对供电无特殊要求。

设计中，对三级负荷采用单电源单回路供电，对二级负荷则采用不同的变压器提供双回路供电，以满足负荷对供电的要求，保证系统的可靠性。

建筑配电系统的基本形式主要有放射式和树干式两种，这两种方式各有优劣。本设计中，采用放射式和树干式两种相结合的混合式配电系统，以同时保证系统对经济性和可靠性两方面的要求，可依据图形分析。

照明系统中，对于地下1层和地上1～3层商业性用电负荷，由于商业照明电价不同于住宅用电，为了便于计量，采用每层单独放射式，由配电柜引出的干线分别引至相应层层箱；对于4～12层公寓用电负荷，考虑防火分区的要求，每三层单独放射一路电缆经过相应层时在TBO箱子中做T接；对于商业用电层的应急照明，分别从两台变压器引出1路电缆，在各层强电井的TBO箱子中做T接，连接到双电源转换开关后引至各层各分箱；对于公寓用电层的应急照明，分别从两台变压器引出1路电缆，在5、8、11层强电井的TBO箱子中做T接，连接到双电源转换开关后引至上下层和本层各分箱。

动力系统中的电开水器和防火卷帘采用树干式供电，在相应层强电井中经TBO箱子做T接后连接到配电箱，其他动力负荷全部采用放射式，如图7-2所示（见文后插页）。

7.1.1.2 照明系统

根据规范作一般照明设计；根据防火规范设计应急照明。每层设一个电开水器；各房间采用单冷分体空调；卫生间设烘手器插座。

建筑除变电室、配电室、电梯机房等功能性房间外，其他房间及走廊、门厅均设吊顶。照明系统中，有吊顶的建筑部分采用YG701-2型嵌入式双管格栅荧光灯，部分采用双管荧光灯吸顶安装。不需吊顶的房间，变、配电室、电梯机房等采用YG2-1、YG2-2单/双管荧光灯，强弱电竖井等采用吸顶式普通灯具。同时设置事故照明和疏散指示，根据规范要求，满足不同功能房间的照度和功率密度等要求。照明系统可以参照标准层照明图7-3，根据此图识读，并进行分析。

1. 按照以下原则设计照明方式

(1) 工作场所通常应设置一般照明。

(2) 同一场所内的不同区域有不同照度要求时，应采用分区一般照明。

(3) 对于部分作业面照度要求较高，只采用一般照明不合理的场所，宜采用混合照明。

(4) 在一个工作场所内不应只采用局部照明。

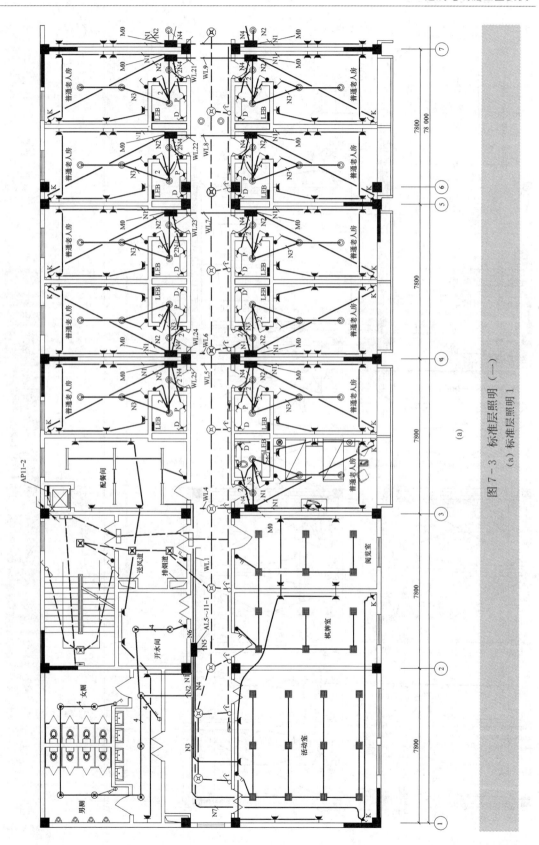

图 7－3 标准层照明（一）
(a) 标准层照明 1

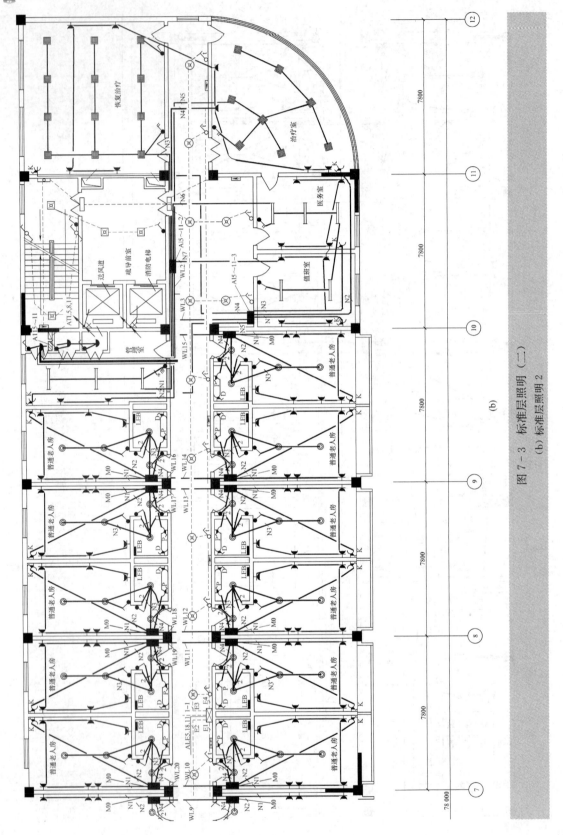

图 7 - 3　标准层照明（二）

(b) 标准层照明 2

(b)

2. 按照以下原则设计照明种类

（1）工作场所均应设置正常照明。

（2）工作场所下列情况应设置应急照明。

1）正常照明因故障熄灭后，需确保正常工作或活动继续进行的场所，应设置备用照明。

2）正常照明因故障熄灭后，需确保人员安全疏散的出口和通道，应设置疏散照明。

（3）大面积场所宜设置值班照明。

（4）有警戒任务的场所，应根据警戒范围的要求设置警卫照明。

（5）有危及航行安全的建筑物、构筑物上，应根据航行要求设置障碍照明。

本建筑除门厅和走廊选用普通吸顶灯 JXD5-2 外，其他有吊顶的房间均选用 YG701-2 嵌入式双管格栅荧光灯或 YG2-1 双管荧光灯吸顶安装，不需吊顶的各功能性房间，变、配电室选用 YG2-1 单/双管荧光灯管吊顶安装，竖井内选用普通壁灯。

设计中所用的荧光灯均配用电子式镇流器，可提高灯管光效和降低镇流器的自身功耗，能够较好地做到照明的节能。

3. 对照度的要求

照明设计应能够满足各种房间对照度的要求。不同功能的房间对照度的要求不同，具体可参照《民用建筑电气设计规范》（JGJ/T 16—1992）。视觉工作对应的照度标准值见表 7-1。

表 7-1　　　　　　　　　　　　　　主要房间照度标准值

房间类型	照度标准值	功率密度值	
		现行值	目标值
商　　场	300	12	10
库　　房	100	7	6
多功能室	300	18	15
活动室	300	11	9
医务室	300	11	9
就餐区	200	13	11
值班室	200	8	7
储藏间	100	4	3
水泵房	100	5	4
变、配电室	200	8	7
门　　厅	50	5	4
走　　廊	50	5	4

选择照度是照明设计的重要问题，照度太低会损害工作人员的视力，不合理的高照度则会浪费电力。选择照度必须与所进行的视觉工作相适应。在满足标准照度的条件下，为节约电力，应恰当地选用一般照明、局部照明和混合照明三种方式，当一种光源不能满足显色性

要求时，可采用两种以上光源混合照明的方式，这样既提高了光效，又改善了显色性。

另外，充分利用自然光，正确选择自然采光，也能改善工作环境，使人感到舒适，有利于健康。充分利用室内受光面的反射性，也能有效地提高光的利用率，如白色墙面的反射系数可达70%～80%，同样能起到节约电能的作用。

根据不同类型房间对灯具布置的要求，本设计在灯具布置中，主要采用平行于窗户均匀布置的方式，只在需要局部照明或定向照明时，根据具体情况采用选择性布置。

7.1.1.3 照明供、配电网络

照明供电网络由馈电线、干线和分支线组成。供电网络的接线方式有放射式、树干式和混合式三种，放射式和混合式各有优劣，混合式可根据配电箱的位置、容量、线路走向综合考虑，故这种方式往往使用较多。

设计在选择断路器时，主要依据断路器的额定电流应大于线路的最大计算电流的原则进行。

本设计的电气产品选择以施耐德公司的产品为主。在断路器的选择中，对于照明支路，一般选择 Multi 9 系列 DPN 断路器，对于插座支路，则选择带有漏电保护功能的 Vigi DPN 断路器，配电箱的主开关选择 3 极的断路器。

以 4 层普通老人房为例，4 条支路的计算电流均小于 10A，其中 N1 普通插座为 0.9kW，计算电流为 3.85A，故选用 6A 带有漏电保护功能的 Vigi DPN 断路器；N2 空调回路为 1.5kW，计算电流为 6.82A，故选用 10A 带有漏电保护功能的 Vigi DPN 断路器；N3 照明回路为 0.40kW，计算电流为 1.82A，故选用 3A 断路器；N4 卫生间插座回路为 1.6kW，计算电流为 7.27A，故选用 10A 带有漏电保护功能的 Vigi DPN 断路器。整个配电箱的计算电流为 23.07A，故选择 3 极的 C65 - 型号。

7.1.1.4 照明装置的电气安全

在照明系统中正常工作时和故障情况下的电气保护主要采取下列方式。

（1）采用安全电压。

（2）保护接地。

（3）采用剩余电流保护装置（RCD）。

照明装置及线路应采取的措施如下。

（1）照明装置及线路的外露可导电部分，必须与保护地线（PE）或保护中性线（PEN）实行电气连接。

（2）在 TN - C 系统中，灯具的外壳应以单独的保护地线（PE）与保护中性线（PEN）相连，不允许将灯具的外壳与直接的工作中性线（N 线）相连。

（3）采用硬质塑料管或难燃塑料管的照明线路，要敷设专用保护地线（PE 线）。

（4）爆炸危险场所1区、10区的照明装置，需敷设专用保护接地线（PE 线）。

7.1.1.5 应急照明的设计

设计中的应急照明，主要是考虑发生火灾或因其他原因造成突然断电时的应急照明，包括为了使人员在火灾情况下，能从室内安全撤离至室外（或某一安全地区）而设置的疏散照明。另外，当正常照明因故障熄灭后，要确保正常工作或活动继续进行而设置的备用照明。

所以在设计中，应急照明设置在大面积的商场以及大面积的活动室、各个门厅、走廊、疏散前室以及楼梯间等地段，利用门厅、走廊以及楼梯间的部分灯具作为专用线路的事故照明灯，连接到专门的事故照明配电箱上。应急照明采用双回路供电，主、副回路由不同的变压器进线，并在设备的末端设置自动转换开关以互投，以保证在主回路断电时能够及时切换到副回路。提供必需的应急照明，疏散照明是沿走廊在两侧的墙壁上设置疏散方向指示灯，或者在商场吊顶下连到疏散方向指示灯，并在建筑的各出口处设置出口指示灯，以确保在火灾等事故发生时能顺利地将建筑内人群疏散到安全区域。备用照明和疏散照明都由专门的事故照明配电箱提供两路电源，在末端设置互投，同时与消防控制信号设置联动，为建筑提供必要的安全保障。

应急照明的控制一般有以下三种形式。

（1）应急照明灯具就地加开关，平时可就地控制。适用于应急照明灯具全部采用自带蓄电池，电源取自非消防电源，一旦发生火灾，消防控制中心切断非消防电源，灯具由自带蓄电池自动供电。缺点：一次性投资大（灯具必须自带蓄电池），灯具维护工作量也很大。

（2）应急照明灯具就地不设开关。分为两种情况。

1）配电箱分层安装，灯具不论白天黑夜 24 小时工作，火灾发生时，由于灯始终是亮的，不影响人员疏散，也不必由消防控制中心控制。

缺点：浪费电能，缩短灯具使用寿命。

2）配电箱安装在消防控制中心，灯具亮、灭由消防控制中心控制。

缺点：现场无法控制，使用不方便。而且对于高层建筑来说，供电线路太长，电压降太大，为满足灯具对电压的要求，势必要加大导线截面积，从而增加了工程造价和施工的难度。

（3）应急照明灯具就地设置开关，但需增一根控制线。这种方式适用于有消防电源（双电源）且应急灯具采用普通灯具的情况。平时灯具由现场开关直接控制，发生火灾或其他特殊情况时，现场及时把灯关掉，消防控制中心给中间继电器 KA 供电，使 KA 的动合触点闭合，带动 KM 使现场的开关被短接，灯具也就由亮变到灭，而不受现场开关的制约。如果灯具原来就是开的，也不会因为触点 KA 的闭合而受影响。这种方案是最佳方案，既方便，又能达到节能效果，而且还能满足规范要求。

在设计中，应急照明的设置使用公共区域的部分灯具，同时作为正常照明和应急照明灯具用。在应急照明的控制方式上，择优选用上述的第三种控制方式，即在应急照明灯具附近就地设置开关。正常情况下，应急照明和一般照明没有区别；在火灾等特殊情况发生时，由继电器 KA 将现场的开关短接，以实现备用照明的功能。

7.1.1.6 动力系统

按规范设计电梯等负荷配电，考虑使用的功能和工作性质。本建筑的动力设备分布相对集中，地下一层有水泵房生活加压泵、消防泵、喷淋泵、污水泵，空调机房的螺杆机组、冷却泵、冷凝泵等设备；一层有食堂厨房设备、自动扶梯、防火卷帘等设备；2、3 层有自动扶梯、防火卷帘等设备；屋顶层设有消防风机，冷却塔设备，普通客梯机房和消防电梯机房，应设计与消防报警系统的联动。识读图 7 - 2 动力系统平面图分析，动力设计的主要内容是对以上动力设备进行配电，同时对动力负荷进行计算并对配电线缆进行选型。动力系统

配电形式的确定对照动力系统平面图分析如下。

1. 电梯

因本设计中有一台电梯为消防电梯，对配电系统的可靠性要求较高，故对电梯的配电设计采用放射式系统，由变电室低压配电柜引出 2 路 ZR－YJV－5×6 电缆，直接引至顶层电梯机房内专用的动力双切配电箱内，为电梯及其附属设施供电。

2. 地下一层的污水泵

根据《民用建筑电气设计规范》关于负荷等级的规定，地下一层的污水泵按三级负荷考虑，由变电室低压配电柜引出 1 路（YJV－5×6）电缆，通过桥架直接引至水泵房污水泵配电箱内。

3. 消防泵、喷淋泵、消防电梯排污泵

根据《民用建筑电气设计规范》关于负荷等级的规定，本工程消防泵、喷淋泵、消防电梯排污泵均属于二级负荷。由变电室低压配电柜引出 2 路 2（ZR－YJV－4×95＋1×50）双拼电缆通过桥架直接引至水泵房消防泵、喷淋泵、消防电梯排污泵专用的动力双切配电箱内。

4. 生活加压泵

考虑到本建筑属于二类高层建筑，4～12 层老年公寓对生活给水的重要性，生活加压泵按二级负荷处理，由变电室低压配电柜引出 2 路（YJV－5×6）电缆通过桥架直接引至水泵房生活加压泵配电箱内。

5. 空调机房动力设备

空调机房采用冷水机组系统的中央集中空调，系统在地下一层空调机房设有 4 组螺杆机组、冷却泵和冷凝泵、屋顶设有冷却塔，根据《民用建筑电气设计规范》关于负荷等级的规定，空调机房动力设备均按三级负荷考虑，由变电室低压配电柜单独放射 4 路 2（YJV－4×95＋1×50）双拼电缆通过桥架直接引至空调机房螺杆机组配电箱内，单独放射 1 路（YJV－4×70＋1×35）电缆通过桥架直接引至空调机房冷却泵和冷凝泵配电箱内，单独放射 1 路（YJV－5×6）电缆通过桥架直接引至屋顶层冷却塔配电箱内。

6. 商场自动扶梯设备

对商场自动扶梯的配电系统无特殊要求，采用树干式配电，由变电室低压配电柜引出 1 路（YFD－YJV－5×25）预分支电缆引至地下一层强电间后在相应层竖井内用（YJV－5×6）电缆做 T 接到扶梯动力配电箱内。

7. 防火卷帘设备

根据《民用建筑电气设计规范》关于负荷等级的规定，本工程防火卷帘属于二级负荷，由变电室低压配电柜引出 2 路 2（YFD－ZR－YJV－4×95＋1×50）双拼预分支电缆引至地下一层强电间后在相应层竖井内用（ZR－YJV－4×35＋1×16）电缆做 T 接到防火卷帘动力双切配电箱内。

7.1.2 弱电部分

弱电系统图由图 7-4 两张图组合，可根据系统图识读其各部分的功能及原理。

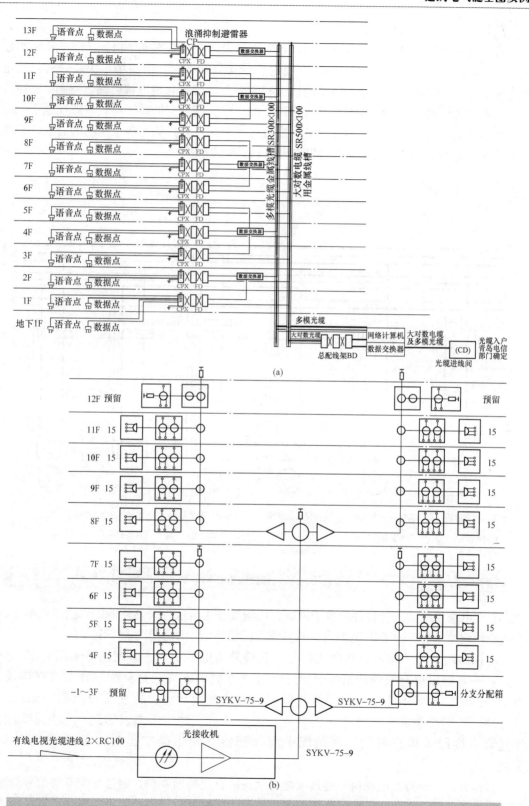

图 7 - 4 弱电系统图

(a) 弱电系统图 1；(b) 弱电系统图 2

7.1.2.1 有线电视系统

有线电视系统引自市内有线电视网，各老人房设终端，终端电平保证 75 ± 5dB。本建筑地下一层和地上 1～3 层商场部分预留有线电视分支分配器箱，由商场二次装修后再确定电视终端的分配。确定有需要电视终端的柱子和墙面上，布置有线电视终端，4～12 层在各老人房布置有线电视终端。有线电视系统采用分配—分支—分配的系统形式，即在地下一层设置分配器将信号分至各楼层，各楼层分区设置分支分配箱，以满足各个房间的需求。有线电视系统设计可参看图 7-5 部分疏散照明图的设计方案分析。

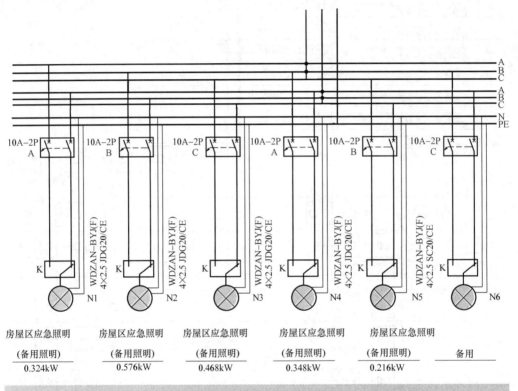

图 7-5　部分疏散照明图

有线电视系统是一种将各种电子设备、传输线路组合成一个整体的综合网络。本工程要求用户终端电平在 73 ± 5dB 范围内，并且要求图像清晰度不小于 4 级标准。

电视前端信号采用市有线电视信号，从楼外由电缆引入。分配网络采用分配—分支形式，一方面可以有效地抑制反射信号，另一方面由于终端是分配—分支独立连接的，终端与终端之间互不影响，便于维修和以后的收费管理。但要注意分配期的输出端不能开路，否则会造成输入端的严重失真，还会影响其他输出端。因此，分配器输出端不适合直接用于用户终端。在系统中当分配器有输出端空出时，必须接 75Ω 负载电阻。

具体方式：市有线电视信号通过电缆引至各区首层的前端箱，通过分配器将信号分至各层，再由各层的分支分配箱按顺序依次向后传递，同时就近提供给附近的终端。进楼干线电缆选用 SYKV-75-9，每层干线电缆选用 SYWV-75-9，每层分支分配箱至用户终端电缆选用 SYKV‑75‑5。

7.1.2.2　综合布线系统

本设计中的综合布线系统设计，将地下一层到地上 12 层都视为一个单独的布线区域，设计独立的综合布线系统。

光纤埋地入户，弱电间设中央设备，各老人房、办公室设终端，入户采用光纤接 1000M 市网，户内采用超五类线传输数据和语音，确保各终端传输速率合格并要求各个子系统结构化配置。

市政电话、宽带光缆先由室外引入至地下一层弱电管理室的总接线箱，再由总接线箱经各层分线箱引至楼内的每个电话、数据插座。在竖井内，垂直干线沿桥架接入每层分配线架，水平干线沿桥架与各个终端相连。

本工程综合布线系统的 5 个子系统如下。

（1）工作区子系统。平均按 10m² 为一个工作区，每个工作区接一部电话及一个计算机网络终端；本设计使用通用两孔信息插座。

（2）水平配线子系统。终端插座选用的是 RJ45 标准插座，在地面或墙上暗装。每个工作区信息插座均布满 2 对非屏蔽双绞线（2UTP），所有水平电缆敷设在各层的架空层或活动地板内，穿金属桥架或金属线槽敷设。

（3）垂直干线子系统。楼内的干线采用光缆或铜缆通过每层的楼层配线将分配线架与主配线架用星型结构连接；光缆干线主要用于通信速率要求较高的计算机网络，铜缆主要用于低速语音通信，并可在管理子系统相互跳接。语音部分的干线采用 25 对非屏蔽电缆，数据部分的干线采用 12 对室内多模光纤。

（4）设备间子系统。本设计综合布线系统的语音设备间和数据设备间共用，设在地下一层弱电管理间内。在弱电管理间设有主配线架，主配线架的语音部分与市政电话线路、程控交换机相连，可拨打内线和外线；主配线架的数据部分与进入楼内的光纤、计算机主机及网络设备相连。

（5）管理子系统。管理子系统设在每层的弱电竖井内，内置光缆和铜缆配线架等楼层配线设备，管理各层的水平布线，连接相应的网络设备。

7.1.2.3　消防报警系统

根据《民用建筑电气设计规范》（JGJ/T 16—1992），在各个房间和走廊、门厅等地均设置不同数量的感烟探测器、扬声器以满足消防要求。走廊内设置带电话插孔的手动报警按钮和消火栓泵按钮，首层值班室内设 119 直拨电话插孔。消防报警系统与事故照明、电梯以及各种非消防电源相关联，以实现火灾发生时的联动与切断。本设计中的建筑主体为十二层，建筑高度超过 24m，参照《高层民用建筑设计防火规范》GB 50045—1995（2001 年版），根据其使用性质、火灾危险性、疏散和扑救难度等进行分类，属于二类高层建筑，确定其为二级保护对象。图 7‑6 为火灾报警及联动控制系统图；图 7‑7 为首层消防平面图，读者根据图进行分析。

1. 火灾探测器的设置

火灾探测器的设置包括火灾探测器个数的确定与位置的布置。

火灾探测器个数的确定：可查表 7‑2 根据公式进行计算，但探测区域内的每个房间内至少应设置一个火灾探测器。

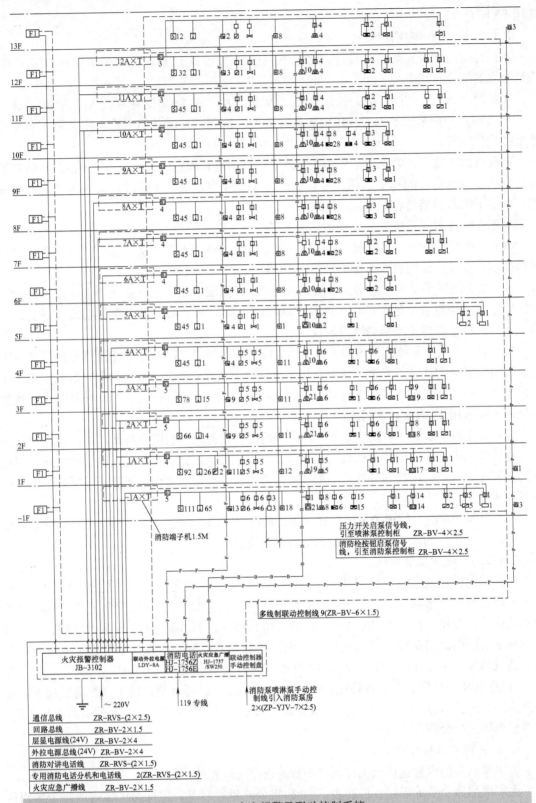

图 7-6　火灾报警及联动控制系统

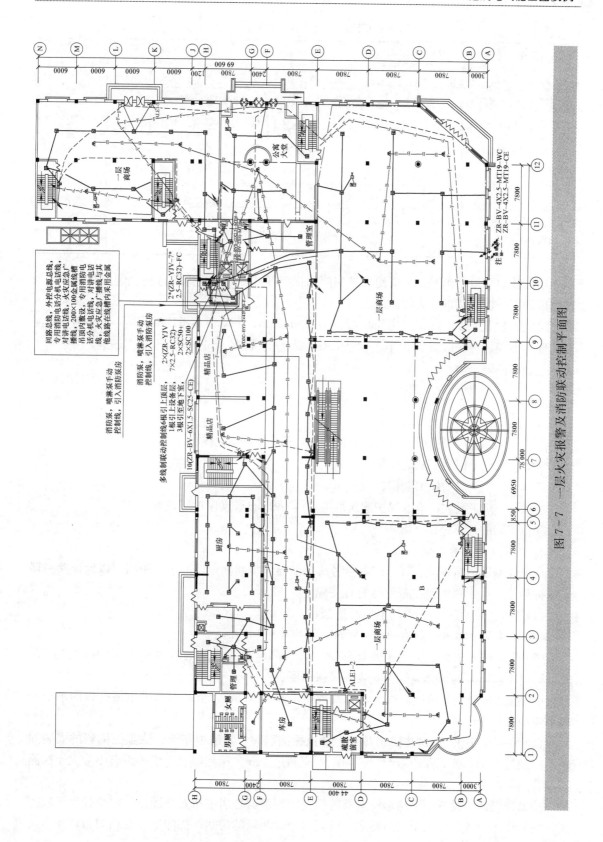

图7-7 一层火灾报警及消防联动控制平面图

表 7-2 火灾探测器的保护面积和保护半径

火灾探测器的种类	地面面积 S（m²）	房间高度 h（m）	探测器的保护面积 A（m²）和保护半径 R（m）					
			屋顶坡度 θ					
			θ≤15°		15°<θ≤30°		θ>30°	
			A	R	A	R	A	R
感烟探测器	S≤80	h≤12	80	6.7	80	7.2	80	8.0
	S>80	6<h<12	80	6.7	100	8.0	120	9.9
		h≤6	60	5.8	80	7.2	100	9.0
感温探测器	S≤30	h≤8	30	4.4	30	4.9	30	5.5
	S>30	h≤8	20	3.6	30	4.9	40	6.3

本设计中除地下车库、一层厨房选用感温探测器外，其余地方均选用感烟探测器，计算过程以地下一层空调机房为例。

房间面积 $S＝125.44m^2$，房间高度 $h＝4.2m＜6m$，平屋顶，屋顶坡度为 0，则感烟探测器的保护面积 $A＝60m^2$，保护半径 $R＝5.8m$，修正系数 K 取 1。

感烟探测器个数：

$$N \geqslant \frac{S}{KA} = \frac{125.44}{1 \times 60} = 2.10，取 N = 3$$

式中　N——一个探测区域内所需设置的探测器数量，N 取整数；

S——一个探测区域的面积，m^2；

A——探测器的保护面积；m^2；

K——修正系数，重点保护建筑取 0.7～0.9，非重点保护建筑取 1。

其他房间的计算过程（略）。

2. 火灾探测器的布置

火灾探测器的布置应合理，应着重考虑探测器到房间拐角点的水平距离，以保证探测器无保护死角。火灾探测器在布置时的有关规定如下。

（1）探测器周围 0.5m 内，不应有遮挡物。

（2）探测器至墙壁、梁边的水平距离，不应小于 0.5m。

（3）房间被书架、设备或隔断等分隔，其顶部至顶棚或梁的距离小于房间净高的 5% 时，则每个被隔开的部分应至少安装一只探测器。

（4）探测器至空调送风口边的水平距离不应小于 1.5m，至多孔送风顶篷孔口的水平距离不应小于 0.5m。

（5）在宽度小于 3m 的内走道顶棚上设置探测器时，宜居中布置。感温探测器的安装间距不应超过 10m，感烟探测器的安装间距不应超过 15m。探测器至端墙的距离不应大于探测器安装间距的一半。

公寓楼设计仅设置一个感烟探测器的房间，探测器均居中布置，满足保护半径大于或等于探测器距房间各角最大距离的要求。设置多个探测器的房间，探测器一般均匀布置在房间的长向中轴线上，确保房间内无保护死角。走廊则根据规范要求在小于 15m 的距离内设置探测器。

3. 火灾事故广播的设置

设计在公共区域均设有火灾事故广播扬声器。房间内部的火灾事故广播扬声器的布置主要是根据房间的大小、形状确定，一般每个房间设置一个，个别跨度较大的长矩形房间，在房间前后各设置一个。

走廊部分也按照规范要求布置火灾事故广播扬声器，保证从本层的任何部位到最近一个扬声器的步行距离不超过 15m。

4. 手动报警按钮的设置

报警区域内每个防火分区，应至少设置一只手动火灾报警按钮，手动火灾报警按钮应设置在明显和便于操作的部位。安装在墙上距地（楼）面高度 1.5m 处，且应有明显的标志。从一个防火分区内的任何位置到最近的一个手动火灾报警按钮的步行距离，不应大于 30m。

在公共活动场所（包括大厅、过厅、餐厅、多功能厅等）及主要通道等处，人员都很集中，并且是主要疏散通道。故应在这些公共活动场所的主要出入口设置手动火灾报警按钮。

根据规范要求，在走廊和门厅设置一定数量的手动报警按钮。

5. 消防联动及切非设计

消防控制系统应能在确认火灾发生后及时切断有关部位的非消防电源，并接通警报装置及启动火灾应急照明灯和疏散指示灯。

在设计中，消防报警系统通过控制模块与照明、动力系统各层配电箱相连，以保证在火灾发生时能够及时切断有关部位的非消防电源，并迅速启动消防专用电源。可以从图 7-6 首层消防平面识读，其他层分析方法相同。

6. 消防专用线路

火灾自动报警系统的传输线路和 50V 以下供电控制线路，应采用电压等级不低于交流 250V 的铜芯绝缘导线或铜芯电缆，采用交流 220/380V 供电和控制线路应采用电压等级不低于交流 500V 的铜芯绝缘导线或铜芯电缆。

火灾自动报警系统传输线路的线芯截面积选择，除应满足自动报警装置技术条件的要求外，还应满足机械强度的要求。

7. 消防专用电源

需要和消防报警系统进行联动的设备，采用两台独立的变压器提供双回路供电，以保证供电的持续性要求。

7.1.3 防雷、接地、等电位联结

建筑要求作防雷设计，根据计算确定保护级别、避雷针高度或避雷带网格距离，同时入户处做总等电位联结。弱电中央设备要做单独接地或联合接地，并在强、弱电系统适当位置加设防浪涌抑制器。

本建筑属于二类高层建筑，根据当地雷暴日 31.2，计算得出年雷击次数 $N=0.12$，参照《民用建筑电气设计规范》（JGJ/T 16—1992），建筑属于三级防雷的建筑物，故采用在

屋顶女儿墙设置避雷带，用镀锌圆钢在女儿墙上敷设，避雷带支架高 100mm，间距 1000mm，转弯处 500mm。避雷带连通到平层内暗敷设。在变电室进线处做总等电位联结，老人房、卫生间等房间分别做局部等电位联结。

防雷接地部分参看第 4 章防雷接地实例介绍，其系统图可识读图 4 - 23 防雷平面图及图 4 - 24 接地系统图。

7.2　东方地铁站电气系统设计

东方地铁站为地下双层岛式车站，车站主体为西南至东北走向。设 4 个出入口通道、两组风道。车站计算站台中心里程为 DK0＋145.500，车站起点里程 DK0＋42.600，车站终点里程 DK0＋223.100。计算站台中心里程处±0.000 绝对标高为 21.521。

7.2.1　工程概况

7.2.1.1　车站规模
设计客流见表 7 - 3。站台形式及宽度为 10m 岛式站台；车外包尺寸 180.5m×18.5m。车站为地下双层岛式站，地下一层为站厅层，地下二层为站台层。车站建筑与埋深关系为车站覆土厚度约 3.3m；车站共设 4 条出入口通道，均独立设置。车站建筑面积为主体建筑面积 6679m²，出入口通道建筑面积 1420m²，出入口及风亭建筑面积 595m²，风道建筑面积 1267m²，总建筑面积 9961m²。

表 7 - 3　　　　　　　　　　预 计 客 流 表

上　　行			站点	下　　行		
上车人数	下车人数	断面	东方站	断面	上车人数	下车人数
4221	492	14 057	超高峰系数 1.3	10 120	571	3554

7.2.1.2　设计依据及设计范围
1. 设计依据

车站初步设计及图纸；初步设计专家审查意见；建筑专业提供的车站施工图；相关专业提供的用电资料及技术要求；动力照明系统施工图设计管理规定；设计遵循的国家现行规范及标准如下。

《地铁设计规范》（GB 50157—2003）

《地下铁道照明标准》（GB/T 16275—1996）

《供配电系统设计规范》（GB 50052—1995）

《低压配电设计规范》（GB 50054—1995）

《民用建筑电气设计规范》（JGJ/T 16—1992）

《电力工程电缆设计规范》（GB 50217—1994）

《建筑设计防火规范》（GB 50016—2006）

《火灾自动报警系统设计规范》（GB 5014—1993）

《建筑与建筑群综合布线系统工程设计规范》（GB/T 50311—2000）

《智能建筑设计标准》（GB/T 50312—2000）

《建筑电气设计手册》

《智能建筑设计与施工系列图集》

其他相关的标准规范。

2. 设计范围

本设计范围为站内动力、照明、接地、消防报警闭路监控及综合布线系统的设计，与区间动力供电的分界点在区间检修配电箱的馈线开关下口。

根据地铁的特殊要求，正常照明部分只负责设备房屋区的设计，公共区及各出入口只预留照明配电箱，估算箱体容量即可。

7.2.2 强电设计

负荷分级及供配电方式：车站应急照明、变电所交直流屏、兼作疏散用的自动扶梯、站厅、站台公共区照明、地下区间照明、火灾情况下运行的风机及风阀、防灾报警、消防、通信、信号、电力监控、设备监控、自动售检票等系统设备、废水泵、消防水泵、喷淋泵、电伴热等。其中应急照明、变电所操作电源、防灾报警、通信、信号系统设备为特别重要负荷。

7.2.2.1 动力照明配电的设计

1. 动力配电

车站动力配电以放射式为主，树干式为辅。主要有降压变电所直供和经环控电控室供电两种形式。

在车站两端环控负荷比较集中的环控机房附近设环控电控室，环控电控室为环控系统集中供电。其中距车站较远的设备，如射流风机等采用双电源、双回线路供电到设备现场，其他动力负荷由车站降压所直供。每座环控电控室设一、二级负荷母线，在有冷水机组的一端设三级负荷母线，为冷却泵、冷冻泵、冷却塔等三级负荷供电。一、二级负荷母线分别从降压变电所不同低压一、二级负荷母线段各接引一路电源，采用单母线不分段接线方式，两路电源以一主一备方式运行。三级负荷母线电源取自降压变电所三级负荷母线。

通信系统、信号系统、自动售检票系统（AFC）、车站综合控制室、电梯、防灾报警系统等与行车和旅客安全密切相关的重要负荷应自成系统，从变电所两段母线各馈出一路独立的电源，末端切换。

在车站主要设备机房适当位置设置检修插座箱，插座箱带三相主开关及漏电保护。车站管理用房墙上，设置单相两孔、三孔组合插座或插座箱，其配电回路设置漏电保护，电源均引自动力配电箱。站厅、站台公共区每隔30m左右，在适当位置设置两孔三孔的组合插座或插座箱。区间动力配电箱设于区间的端口，由降压所直接供电。每回路按照几个插座相。区间内每隔100m设一个动力插座箱，每处容量20kW，区间动力插座箱的外壳防护等级为IP55。车站设备用房、站厅、站台公共区适当位置设置安全插座或插座箱，区间每100m设置15～20kW的检修电源箱。由于图纸较多，所以只给出了地铁部分系统图为例，如图7-8、图7-9（见文后插页）所示。

2. 照明配电

采用放射式与树干式相结合的方式，应急照明由带有蓄电池的应急电源柜作为备用电源。正常时，由变电所两段 0.4kV 母线，各引一路交流电源，末端切换供电，蓄电池处于浮充状态；当正常的交流电源断电后，蓄电池通过逆变器逆变为 380/220V 交流电源，继续为应急照明供电。蓄电池容量满足 90min 供电的需要。应急电源柜具有强起功能，即由防灾报警系统集中强启应急照明。

照明配电室内分别设置两个正常照明总配电箱和一个应急照明电源柜。电源分别引自变电所的一、二级负荷母线。公共区、出入口、一般房屋及其他照明配电箱的电源，分别引自总照明配电箱。区间正常照明、应急照明均单独设置配电箱，配电箱放置在隧道端头。车站照明以车站中心为界，由位于车站两端的照明配电室分别供电。照明配电室中的照明配电箱按照明的供电范围及照明的种类分别划分回路。站厅、站台公共区、出入口的正常照明采用双电源交叉供电。

在车站中，站厅层和站台层应急电源柜（即 EPS）采用成套柜，具有双电源自动切换，电池浮充电，逆变及旁路输出功能，EPS 供电时间为 90min。图 7-10 为 A 端应急照明电源系统柜 AH-EPS 系统图。

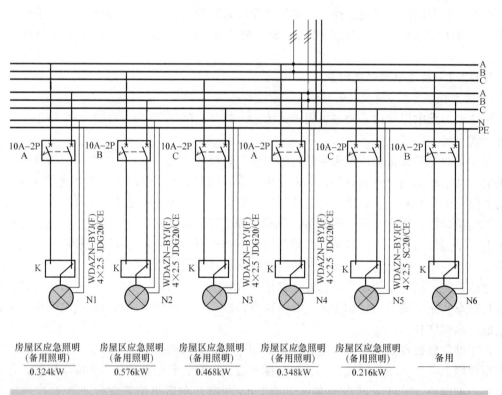

图 7-10　A 端应急照明电源系统柜 AH-EPS 系统图

公共区域工作照明采用两路电源交叉供电，应急照明采用 EPS 供电，正常时由两路电源切换后旁路运行，当两路电源失电后，由蓄电池储存的直流电经逆变后供电，或暂由人防电源供电。车站设备管理房屋一般照明、车站标示照明、安全照明、区间工作照明、车辆段或停车场室内外照明由一路电源供电；当一路电源失电后，降压变电所低压母联开关投入，由另一路电源供电；广告照明由一路电源供电，当降压变电所任一路电源失电后，将其从电网中切除。安全照明采用 24V 电压供电。

而应急照明的设置为了充分利用资源、减少投资、保持美观，本工程考虑在布置灯具时将备用照明和疏散照明作为正常照明的一部分进行设计。

为了确保发生灾害或出现故障时能正常工作。在站长室、重要值班室、公安用房、车站综合控制室、变电所、配电室、信号机械室和通信机械室设备用照明，其中备用照明的照度根据其所处场所的需要按正常照明的10%～50%设置。

为了确保发生灾害或出现故障时，能及时顺利地疏散旅客，组织抢险救援工作，在地面厅公共区、站台公共区、出入通道、楼梯间和站后区间等处设置疏散照明，其中地面厅公共区、站厅夹层公共区和站台公共区疏散照明照度不低于其正常照明照度的10%，其他疏散照明照度≥0.5lx；在站厅站台公共区、出入通道、楼梯、人行通道拐弯处等处设置诱导灯，其中车站内通道每隔10m设一盏标志灯，距地面小于1m。疏散诱导标志灯的布置应满足视觉连续要求，即在公共区的任意位置都能使至少有一个诱导标志灯进入视线范围。区间每隔50m设一盏疏散指示灯。对照图7-11疏散诱导照明控制系统图进行分析。

7.2.2.2 动力设备的控制方式

动力设备根据需要采用就地控制、车站综合控制室集中控制、控制中心远程控制、自动控制等四种方式。凡正常工况下运行的设备由BAS系统控制；正常工况和火灾工况合用的设备，也由BAS系统控制；当发生灾害时，由FAS系统发出控制指令，BAS按火灾模式执行，防灾控制具有优先权。凡是消防专用设备，如消防泵、喷淋泵等由FAS系统控制。全站垂直电梯、自动扶梯在车站综合控制室设电扶梯复示盘。屏蔽门、AFC闸机在车站综合控制室设紧急控制按钮。火灾时能按火灾模式控制上述设备。

车站和区间单台电动机容量55kW及以上时，车辆段单台电动机容量14kW及以上时采用软启动，其他小容量设备均采用直接启动方式。

动力设备的保护：动力设备根据其功能需要，分别或同时设有短路保护、过电流保护、过载保护、大容量电动机设轴温报警保护。

7.2.2.3 照明控制方式

车站和区间照明控制方式包括车站综合控制室远程控制、照明配电室集中控制和就地控制。此外，应急照明具有由防灾报警系统集中强启的功能。对照图7-12站台照明配线图识读。

公共区域工作照明、车站标示照明、广告照明，区间工作照明采用就地控制（站厅、站台为照明配电室）、通过设在车站综合控制室的BAS系统集中控制、控制中心远程监控。各种房屋的应急照明采用就地控制，且火灾时由FAS系统强行启动。车站公共区工作照明按分区控制，可按设计照度的100%、75%、50%、25%分别控制，并尽量做到照度均匀，其中25%兼作值班照明。办公类房屋照明，当灯具采用阵列布置时，所控制的灯列与窗平行；生产类房屋照明，按车间、工段、工序分组控制。

车站设置一套疏散诱导照明集中控制装置，用于检测监控车站和区间的疏散诱导照明灯，疏散诱导照明集中控制装置和火灾报警系统联动，当接收到来自火灾报警系统的联动信号后，该装置以自动或手动执行预设联动方案，对相应区域的疏散方向做局部优化调整，并向火灾报警信号发出反馈信号。

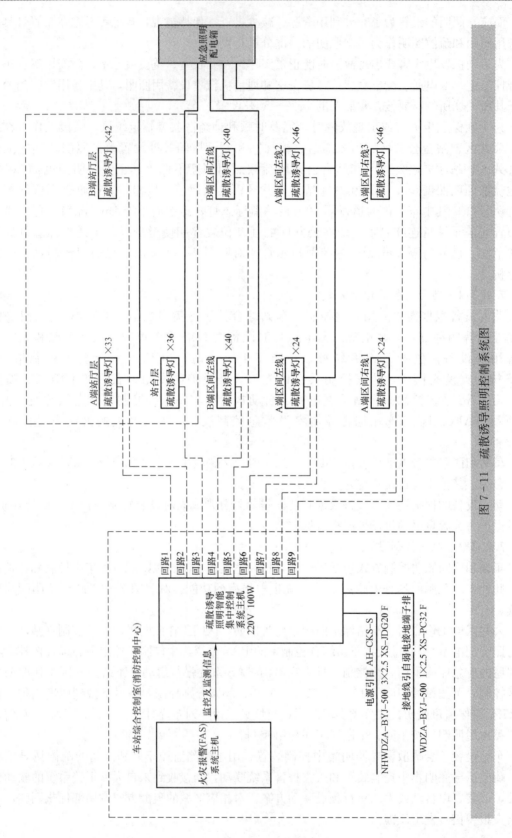

图7-11 疏散诱导照明控制系统图

214

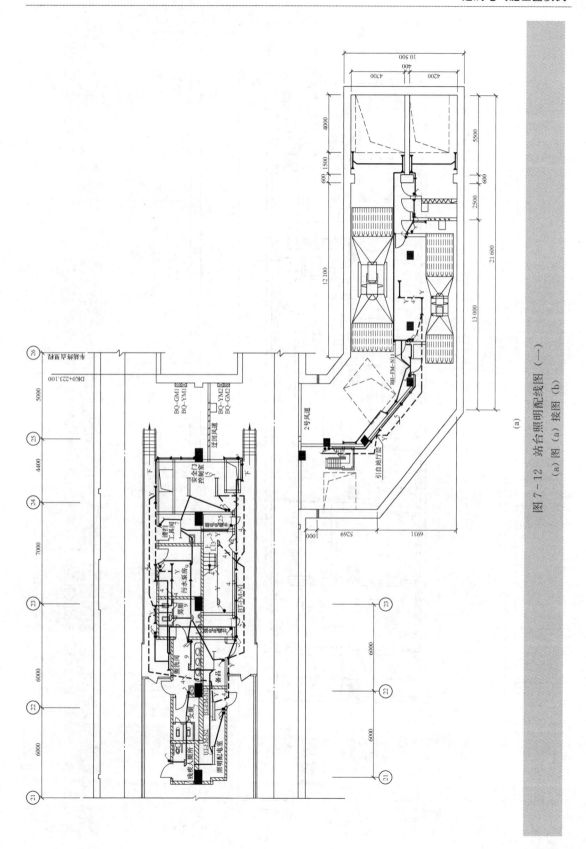

图 7-12 站台照明配线图 (一)
(a) 图 (a) 接图 (b)

(a)

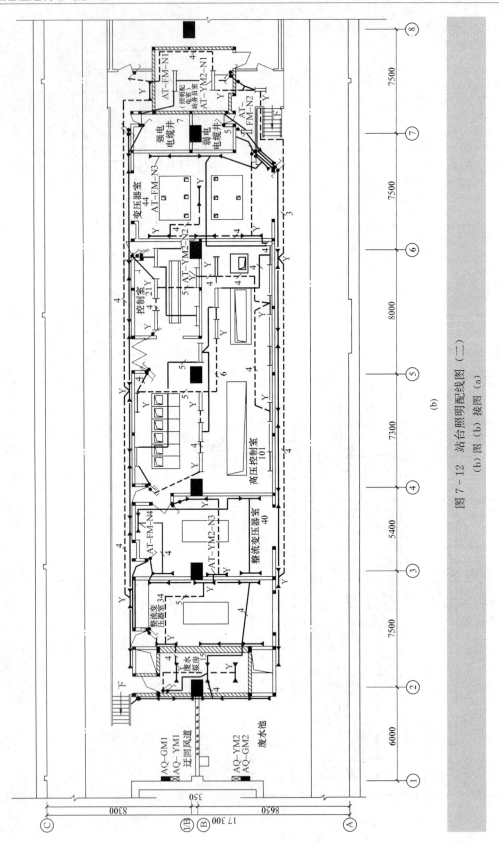

(b)

图 7-12 站台照明配线图（二）

(b) 图 (b) 接图 (a)

疏散诱导照明控制装置可 24 小时不间断地对灯具及其设备进行巡检，每个灯具有独立的地址编码。若某个灯具发生故障，主机会发出声光报警，可迅速找到具体灯具的位置。声音可立即手动消除，闪光则必须在排除灯具故障后方可解除，以提醒工作人员在第一时间进行维修，同时也消除车站内的逃生盲区。

当火灾状态下，疏散诱导照明集中控制装置可根据火灾报警系统传递的信号，对危险区域的灯具进行调整及危险区域的疏散诱导灯关闭，疏散诱导灯指向危险区域的箭头关闭，同时打开指向安全区域的箭头，安全区域的出口灯进行语音提示，从而最有效地引导人们安全快速地逃离危险区域。

疏散诱导灯安装时需采用由厂家提供的专用预埋盒。

应急照明在正常电源断电后，其电源转换时间应满足：疏散照明≤15s，备用照明≤15s，安全照明≤0.5s。车站采用带有蓄电池的应急照明灯，采用三线式配电，处于经常充电状态。安全出口标志灯安装在疏散门口的上方，首层的疏散楼梯安装在楼梯口的里侧上方，安全出口标志灯距地高度不低于 2m。疏散走道上的标志灯明装，厅室内采用暗装。车站中在安全出口的顶部，疏散走道及其转角处距地 1m 以下的墙面上都安装有疏散照明，在有些地方，例如交叉口处墙面下侧安装疏散标志灯，由于难以表示，所以安装在顶部。疏散走道上的标志灯上用箭头来表示疏散方向，标志灯间距不高于 20m，楼梯间及其转角处设置在距地面高度为 1.0～1.2m 的墙面上，不易安装的部位可安装在顶部。

根据照明光源的确定：高度较低的房间，如风机监控室、备品间、通信机房等功能性房间采用细管径直管形荧光灯；高度较高的通光机房，应按照生产使用要求采用金属卤化物灯或高压钠灯，也可采用大功率细管径荧光灯。

照明灯具：在潮湿的场所，采用相应防护等级的防水灯具；在有尘埃的场所，按防尘的相应防护等级选择适宜的灯具；在振动、摆动较大的场所使用的灯具应有防振和防脱落措施；在有洁净要求的场所，应采用不易积尘、易于擦拭的洁净灯具。

动力照明配电箱采用定型产品。应急照明电源采用成套 EPS 电源装置。车站照明以荧光灯为主；地下区间工作照明采用隧道灯，地下区间应急照明采用防水防尘防震式荧光灯，高架区间照明采用高压钠灯。与消防有关的供电线路采用低烟无卤耐火或低烟无卤耐火导线，其他供电线路采用低烟无卤阻燃电缆或导线。

7.2.3 弱电设计

7.2.3.1 消防报警系统

本工程属于低层一类建筑，防火等级为一级保护对象，按此类要求设计火灾自动报警系统。消防控制中心设在站厅层车站控制室，设置有火灾报警控制器、消防联动控制设备、消防专用电话、彩色 CRT 显示系统、打印机等设备。火灾自动报警系统除由消防电源做主电源外，另设直流备用电源和 UPS 装置供电。消防系统图如图 7-13 所示。

车站的办公室、设备室、会议室、配电室、泵房、走廊、公共区等场所设置火灾感烟探测器，车控室和变配电室及部分设备用房感温和感烟探测器混合设置。每个防火分区均设置手动火灾报警按钮（以下简称手报），从一个防火分区内的任何位置到最临近的一

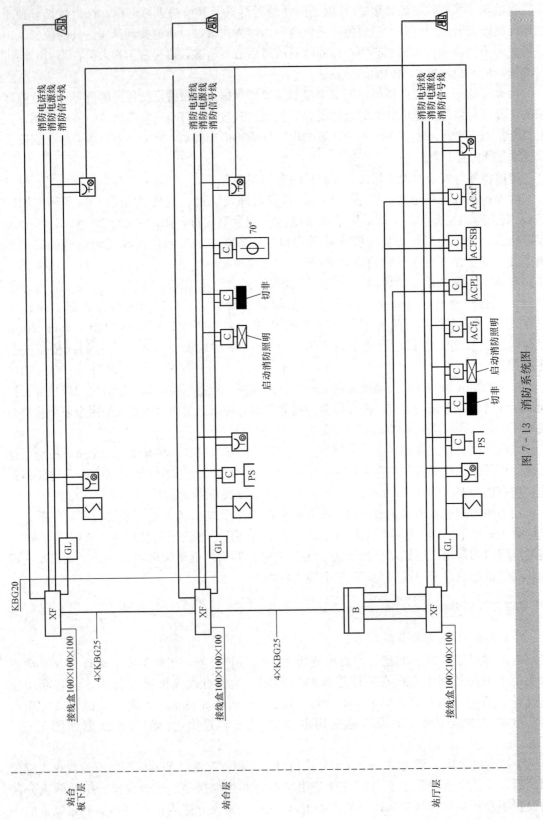

图 7 - 13　消防系统图

个手报的距离均不大于30m，各区的公共走道，重要房间均设置手报，另外某些房间还装设了报警电话。根据给排水专业提供的资料设置了消火栓按钮，并对一些不能用水灭火的房间设置了气体灭火装置。在车站控制室设置一台消防专用电话总机，且应具备能自动转换到市话119的功能。在重要房间如配电室、水泵房、车控室、小系统通风机房、气瓶室、事故风机和排烟机的风道等均装设火警专用电话分机。所有报警信号均通过总线进入火灾报警控制器。

感烟探测器的设置按安装表面的形状、设置场所、位置等确定。当发生火灾时应能及时有效地探测火源的位置。在有梁的室内，探测器应离墙壁或梁的有效距离在0.6m以上；设在低天棚房间面积为40m^{2}以上或狭窄居室时，设置在入口附近；如天棚有送回风口，距进风口1.6m以上。

在走廊通路设置探测器。在1.2m以上的走廊通道，探测器设置在中心位置；楼房的走廊通道超过30m时，在每层的走廊两端各设一个探测器。当走廊及通道设有高为0.6m以上的横梁时，使邻接两端的两个探测器设在其有效范围内。水平距离超过20m的走廊至少设置一个探测器。

在电梯竖井、滑槽、管道间以及在自动扶梯等场所设置探测器，参见图例。

消防控制中心（简称消防中心）设置在本站B端站厅层消防控制室。站区各单体火灾自动报警系统接入本中心。消防中心的火警控制设备由火灾自动报警控制盘、CRT图形显示屏、打印机、火灾事故广播设备、消防直通对讲电话、EPS不间断电源及备用电源等组成。

在主要出入口、楼梯口等场所设手动报警器、警铃和消防电话插孔，变配电室、消防泵房、风机房等主要设备用房设消防直通对讲电话。我们以图7-14A站台消防报警及综合布线平面图（a）、（b），分析消防报警的设置。

站台设有消防控制及显示；室内消火栓系统（手动/自动控制消防水泵的启、停；显示启泵按钮所处的位置；显示消防水泵的工作、故障状态；显示消防水池的液位状态）；自动喷洒灭火系统（手动/自动控制消防水泵的启、停；显示报警阀、水流指示器的工作状态；显示消防水泵的工作、故障状态）；雨喷淋灭火系统（联动控制雨喷淋电磁阀；显示雨喷淋电磁阀工作状态）。

站内还设有火灾自动报警灭火装置。火灾报警后：启动相关部位的排烟机、排烟阀、正压风机、正压风阀并接收其反馈信号。火灾确认后：关闭相关部位的防火卷帘，并接收其反馈信号；发出控制信号，强制电梯全部降至基层，并接收其反馈信号；接通火灾应急照明灯及疏散指示灯；自动切断相关部位的非消防电源；按程序接通火灾报警装置及火灾事故广播。

广播设备设于消防中心内，火灾时由消防中心自动或手动控制相关层的广播。各公共区及功能性房间均设声光报警器。

工程消防用电设备及应急照明电源均为引自变电站两端低压母线的独立回路，且在负荷末级配电处做"一用一备"自动切换装置。该变电站高压侧为双电源进线。消防泵房、消防控制室、排烟机等消防设备用电均为一级负荷。

线路防火：电气线路采用阻燃电缆沿金属桥架敷设，消防用电设备电源线路采用耐火电缆。

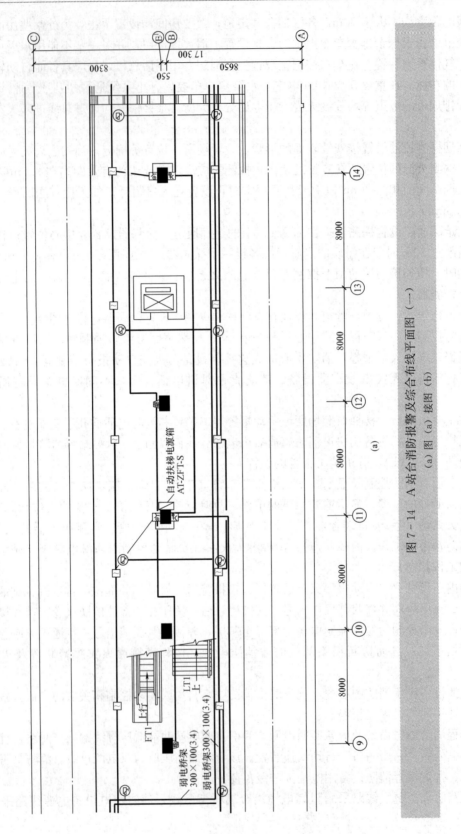

图 7 - 14　A 站台消防报警及综合布线平面图（一）

(a) 图　(b) 接图

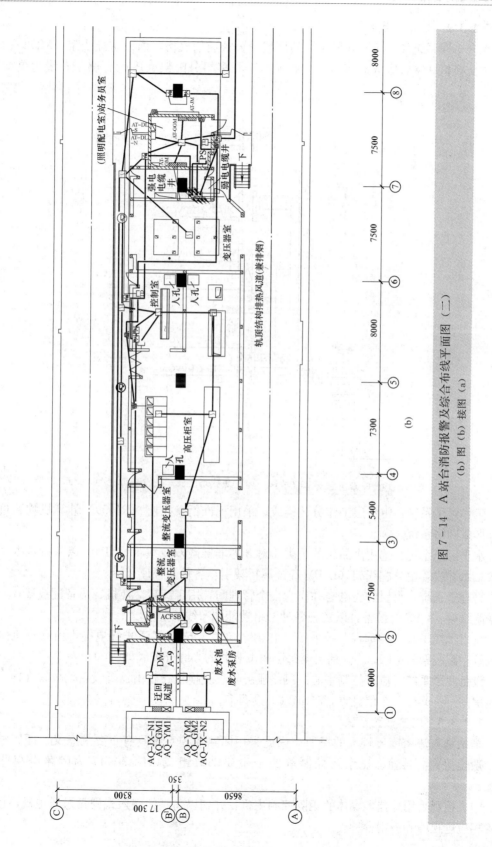

图 7－14 A站台消防报警及综合布线平面图（二）

(b) 图 (b) 接图 (a)

7.2.3.2　综合布线系统

综合布线系统如图 7-15 所示。站厅层设公共通信机房，内设主配线架（MDF）、路由器、主交换机和网管服务器等设备。在站内，设多组分配架（IDF），整个布线为星型拓扑结构。

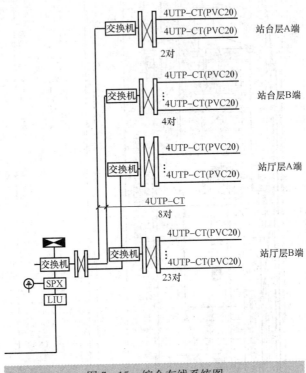

图 7-15　综合布线系统图

工作区子系统：由各层工作分区构成，采用标准信息插座（RJ45），计算机均通过信息插座形成网络系统。

水平区子系统：选用高品质的 7 类 4 对 8 芯非屏蔽双绞线（UTP），以支持数据及视频传输。水平线缆由分配线架（IDP）经金属桥架引至各信息插座。

管理子系统：每层的弱电竖井作为一个管理间，用于旋转交换机、语音配线架、光纤及数据配线架、UPS 等设备，以实现各种网络功能和布线的要求。

垂直干线子系统：垂直干线采用 7 芯 72、5/125μm 的多膜光纤电缆，由计算机网管中心光纤主配线架（MDF），分别引至每层弱电竖井的光纤分配线架。

设备间子系统：位于控制中心。网络服务器、交换机、路由器等设备均放置在内。所有功能房间，每间设一个信息点，40m^2 以上设两个。

7.2.3.3　闭路监控系统

车站是人流密度比较大的场所，因此采用闭路监控系统具有重要的意义。闭路电视系统一般由摄像、传输、显示及控制等四个主要部分组成，图 7-17 为闭路电视监视系统图。

中央控制采用外挂多媒体的矩阵控制主机，并辅以高端的嵌入式硬盘录像主机，控制室设置相应电视墙和控制台。

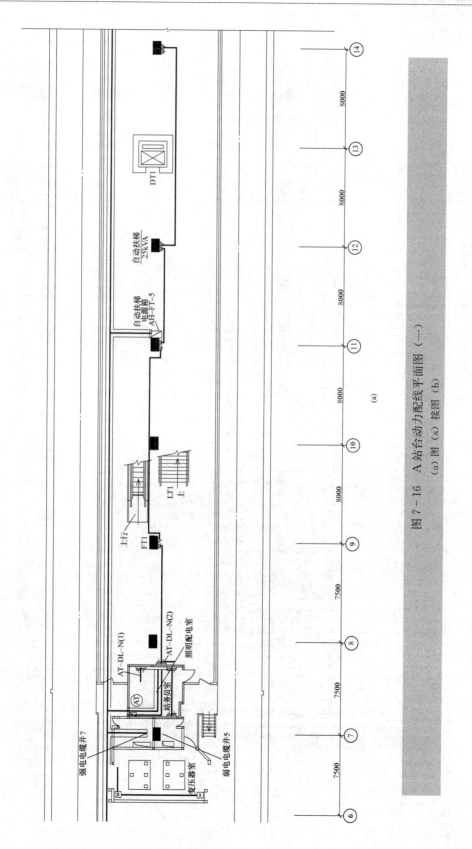

图 7-16 A 站台动力配线平面图 (一)

(a) 图 (a) 接图 (b)

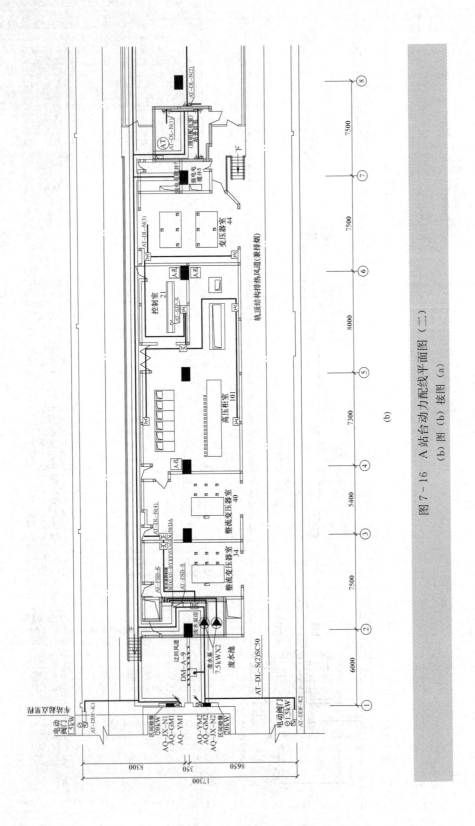

图 7 - 16　A站台动力配线平面图（二）
(b) 图 (b) 接图 (a)

(b)

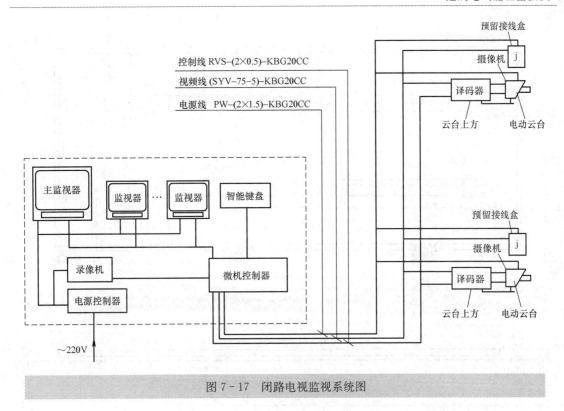

图 7-17 闭路电视监视系统图

在站内主要通道口、电梯轿厢等设置定焦摄像机或云台式摄像机（区域广阔的墙厅设高速智能球摄像机），所用摄像机均采用半球式吸顶安装。在一些风机房等重要房间或场所也设置相应摄像机，矩阵主机选用能实现分级控制的产品。

系统视频传输线路采用 SYV-75-5 同轴电缆，控制线路采用 KVV 多芯电缆，均穿金属管敷设。

7.2.4 综合接地、防雷及安全保护

7.2.4.1 综合接地

地铁站采用综合接地系统。车站、控制中心及车辆段中有弱电系统的建筑均设综合接地并实施等电位联接，接地电阻不大于1Ω。在车站的接地网上设3组引出接线点，每组接线点设3个引出线（其中1个为备用）。一组引出线接至强电接地母排，另一组引出线接至弱电接地母排，第三组接至车站非电气金属管道接地母排，其位于站台板下电缆夹层内。强、弱电引出点沿接地极间距大于20m。强电接地母排供变电所设备工作接地和保护接地用；弱电接地母排供车站通信、信号、AFC、FAS、SCADA及设备监控等弱电设备接地用；非电气金属管道接地母排供车站非电气金属管道等电位联结用。自车站站台板下总接地端子排引至各设备机房的接地电缆，以及各设备机房内的接地端子排由电力专业负责设计。对室内金属物体或构件考虑等电位联结。识图时可根据图 7-18 变配电室平面布置图及图 7-19 变配电室接地平面图，分析综合接地系统和等电位联接的实施，进一步分析供配电系统的各种保护措施，如何实现设备的工作接地和保护接地。

防雷电波入侵的措施：对电缆进出线在其进出端将电缆的金属外皮，钢管与电气设备接

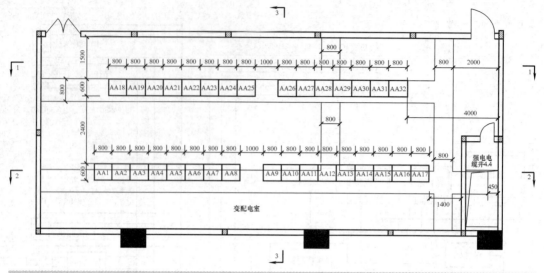

图 7-18 变配电室平面布置图

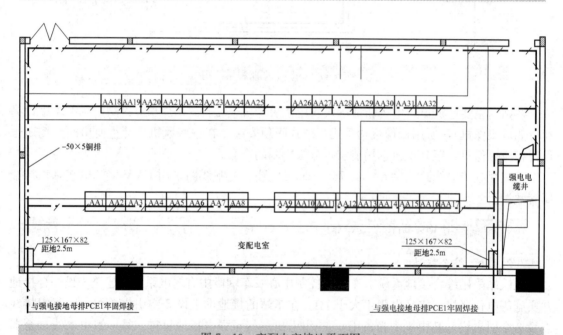

图 7-19 变配电室接地平面图

地相连。对雷击电磁脉冲引起的过电流和过电压的防护是在重要设备处，包括综合布线中央设备、前端箱、电梯的集中控制装置、火灾报警控制器、安装电涌保护器（SPD）。地下车站在车站底板上设置环形人工接地网，为了满足杂散电流防护的需要，接地网与结构实现电气绝缘；地面站及高架站均利用主体结构做接地装置，并在变电所周围设置环形人工接地网。

　　地下站采用的人工接地体、引线均与结构钢筋绝缘。综合接地体由垂直接地体及水平接地体构成，并经接地引出线引出，通过接地电缆分别引至强电、弱电以及车站非电气金属管道接地母排。图 7-20 为综合接地平面示意图，图中接地引出线及水平接地体为 50mm×

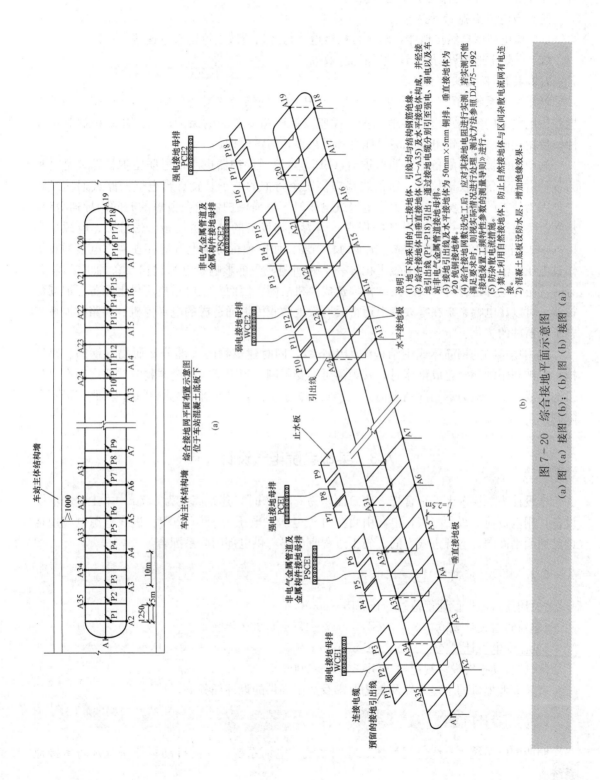

图 7-20 综合接地平面示意图

(a) 图 (a) 接图 (b); (b) 图 (b) 接图 (a)

说明：
(1) 地下采用的人工接地体，引线均与结构钢筋绝缘。
(2) 综合接地体由垂直接地体 (A1~A35) 及水平接地体构成，并经综合接地引出线 (P1~P18) 引出，通过综合接地电缆分别引至强电、弱电以及车站非电气金属管道接地母排。
(3) 接地引出线及水平接地体为 50mm×5mm 铜排，垂直接地体为 φ20 纯铜接地棒。
(4) 综合接地网敷设完工后，应对其接地电阻进行实测，若实测实际不能满足要求时，则用特殊方法进行处理，测试方法参照 DL475—1992《接地装置工频特性参数的测量导则》进行。
(5) 防杂散电流措施：
   1) 兼正利用自然接地体，防止自然接地体与杂散电流区间有电连接。
   2) 混凝土底板设防水层，增加绝缘效果。

5mm 铜排，垂直接地体为 φ20 纯铜接地棒。

防杂散电流措施如下。

（1）禁止利用自然接地体，防止自然接地体与区间杂散电流网有电连接。

（2）混凝土地板设防水层，增加绝缘效果。

7.2.4.2 防雷及安全保护

低压配电系统采用 TN-S 接地形式，低压配电网络设置浪涌保护，出线回路断路器根据各供电负荷的实际需求设接地保护，插座及插座箱设置漏电保护；车站建筑根据其重要性、使用性质、发生雷电事故的可能性和后果设置防雷保护。

站中在电梯机房配备了浪涌保护器（SPD），浪涌保护器也叫信号防雷保护器，是一种为各种电子设备、仪器仪表、通信线路提供安全防护的电子装置。当电气回路或通信线路中，因为外界的干扰突然产生尖峰电流或电压时，浪涌保护器能在极短的时间内导通分流，从而避免浪涌对回路中其他设备的损害。因为电梯设备的电脑主控板、信号板、电源板和IGBT 模块抗瞬间浪涌、抗电磁干扰能力相当弱，而电梯机房供电普遍存在着雷电浪涌和操作过电压、浪涌尖峰干扰、电磁干扰等一系列问题，严重影响了电梯机房设备的正常运行，有时甚至在电梯运行时，线路板的损坏造成停机故障。因而，在电梯机房供电配备了浪涌保护器。可以让电梯系统在零故障上运行，有效地防止因浪涌造成的电梯停机、线路板损坏或电子元器件的劣化。

利用建筑物的钢筋体或钢结构作为引下线，同时建筑物的大部分金属物（钢筋、钢结构）与被利用的部分连成整体时，其距离可不受限制。当引下线与金属物或线路之间有自然接地，或人工接地的钢筋混凝土构件、金属板、金属网等静电屏蔽物隔开时，其距离可不受限制。

7.3 某敬老院电气设计

本设计为二层敬老院宿舍楼，建筑面积为 630.20m²，建筑高度为 6.7m。本工程非消防设备，用电负荷等级为三级，电源引自室外配电房，电压为 380/220V。进线电源电缆规格详见照明平面图，电源进线方向、施工过程宜尽早与供电部门联系配合。

7.3.1 设计依据

《民用建筑电气设计规范》 JCJ 16—2008
《建筑防雷设计规范》 GB 50057—1994（2000 年版）
《低压配电设计规范》 GB 50054—1995
《火灾自动报警设计规范》 GB 50016—2006
有关专业提供的土建条件及工艺要求及业主提供的设计任务书。

7.3.2 设计内容

照明配电系统、有线电视系统、呼叫系统、电话系统、火灾自动报警系统及防雷接地系统。

7.3.3　照明系统

本工程照明采用节能灯及节能型荧光灯配电子镇流器，灯具效率为 75%，灯具采用开关就地控制。功率因数补偿至 0.9，主要活动场所照度为走道、卫生间、楼梯间照度为 $75\mathrm{lx}$，照明负荷密度为 $4\mathrm{W/m^2}$；

导线选型及敷设方式：

凡图中未注明的照明线路，导线规格均为 $\mathrm{BV}-3\times2.5^2\mathrm{mm}$；

凡图中未注明的插座线路，导线规格均为 $\mathrm{BV}-3\times2.5^2\mathrm{mm}$；

凡图中未注明的电视信号线路，导线规格均为 $\mathrm{SYWV}-75$；

电缆进线穿焊接钢管保护，保护管室外部分伸出室外 $1.5\mathrm{m}$，埋深 $0.8\mathrm{m}$。

图 $7-21\sim$图 $7-23$ 为照明系统图。

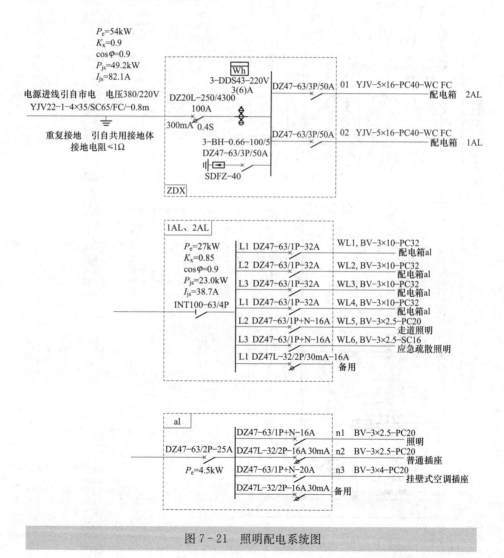

图 7-21　照明配电系统图

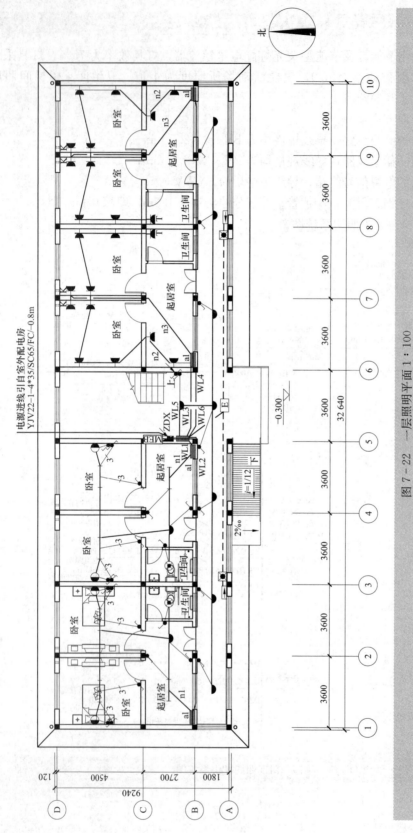

图 7－22 一层照明平面 1∶100

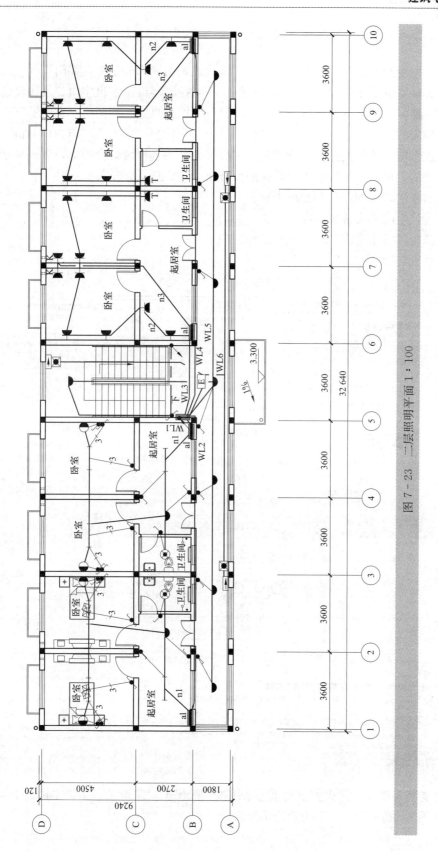

图 7-23　二层照明平面 1:100

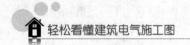

7.3.4 弱电系统

通信、有线电视和宽带网，弱电部分只埋穿线管线，前置部分由专业部门设计。

呼叫系统：卧室每个床位设置呼叫分机按钮，呼叫控制器设于值班室内，具体设备由甲方自定。按钮、呼叫控制器设于值班室内，具体设备由甲方自定。如图 7-24 所示。

护理按下相应的老人床号码，相应对讲分机发出一声铃声，老人就可与护理对讲。

老人在分机上按下呼叫按钮后，管理机发出报警声，并且报警灯会闪烁，数码显示器显示报警分机的号码，护理人员提起话机，选通该分机，与之通话。

计算机显示呼叫老人的床位和相应资料。

每套房间的卫生间都安装紧急呼叫分机。

每层呼叫分机的数量与实际的床位数量相对应。

有线电视系统如图 7-25 所示。

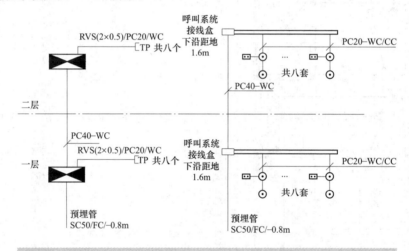

图 7-24 电话与呼叫系统

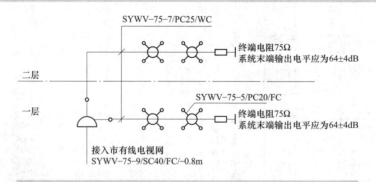

图 7-25 有线电视系统

7.3.5 消防系统

本工程属老年人建筑，其火灾自动报警系统按二级保护对象设防，报警主机设于本建筑外值班室内。图 7-26～图 7-28 为消防系统图。

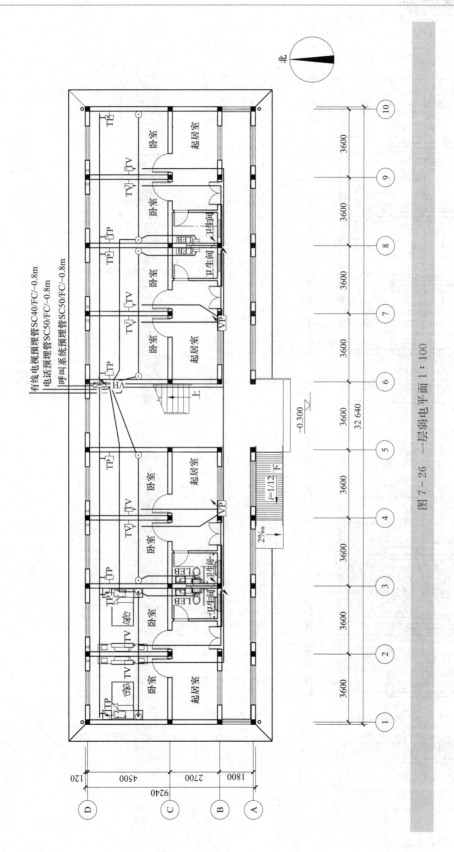

图7-26 一层弱电平面 1:100

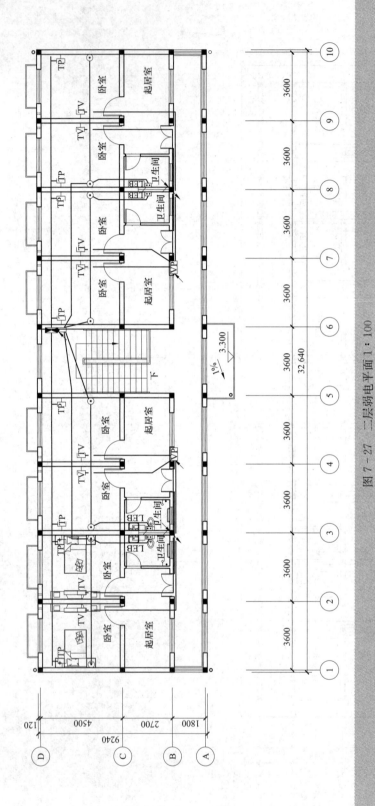

图 7 - 27　二层弱电平面 1∶100

消防线路均采用金属管保护。消防设备的电源及报警、控制线路均敷设在不燃烧的结构层内，其保护厚度不小于30mm。

消防控制要求

(1) 确认火灾后，切断有关部位的非消防电源；

(2) 控制消防水泵的启/停，显示消防水泵的工作，故障状态；显示启动按钮的位置；

(3) 消防水泵的启/停，除自动控制外，还应能手动直接控制；

探测器与灯具水平净距大于0.2m；与墙或其他遮挡物的距离应大于0.5m。

平面图中所有火灾自动报警线路、50V以下供电线路、控制线路均应穿镀锌钢管，暗敷在楼板或墙内，由顶板接至消防设备的一段线路穿金属阻燃波纹管。

S——表示报警二总线 ZR-RVS-2×1.5-SC15

D——24V电源线 ZR-BV-2×4-SC15

F--------电话线 ZR-RVS-2×1.5-SC15

K——控制线 ZR-RVV-4×1.5-SC15

各消防设备的安装详见国标图集《04SX501》图中未及之处均参照国家规范及有关标准图集施工。

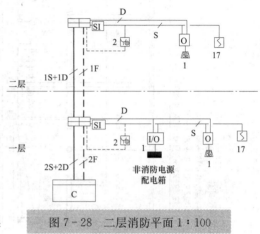

图7-28 二层消防平面 1:100

7.3.6 建筑物防雷、接地系统及安全措施

1. 建筑物防雷

本工程年预计雷击次数为0.017，按三类防雷建筑设防。

(1) 接闪器。在屋顶采用 φ10 热镀锌圆钢做避雷带，屋顶避雷带连接网格不大于20m×20m或24m×16m，避雷网沿屋檐、屋脊布置，支撑高度为0.2m，为1m，水平间距1m，转角处0.5m。

(2) 引下线。利用柱子内两根 φ16 以上的主筋通长焊接作为引下线，引下线间距不大于25m。所有外墙引下线在室外地面下1m引出一根 40×4 热镀锌扁钢伸出室外，据外墙皮的距离不小于1m。

(3) 接地极为建筑物基础底梁上的上下两层钢筋中的两根主筋通长焊接形成的基础接地网。

(4) 引下线上端与避雷带焊接，下端与接地极焊接。建筑物东南及西北角的外墙引下线在室外地面上0.5m处设测试卡子。

(5) 凡突出屋面的所有金属构件、金属管道、太阳能热水器等均与避雷带可靠焊接。

2. 接地及安全措施

(1) 本工程防雷接地、电气设备的保护接地等共用统一的接地极，要求接地电阻不大于1Ω，实测不满足要求时，增设人工接地极。

(2) 所有配电箱金属外壳、电缆金属外皮、金属护管、金属管道、插座接地端子均应与保护线 PE 可靠连接，保持良好的电气通路。总配电箱下侧设总等电位联结箱，下沿距地0.5m。卫生间设局部等电位联结箱，局部等电位连接详见国标《等电位联结安装》02D501—2/P16。

(3) 本工程接地型式采用 TN-C-S 系统，电源在进户处做重复接地，并与防雷接地共用接地极。

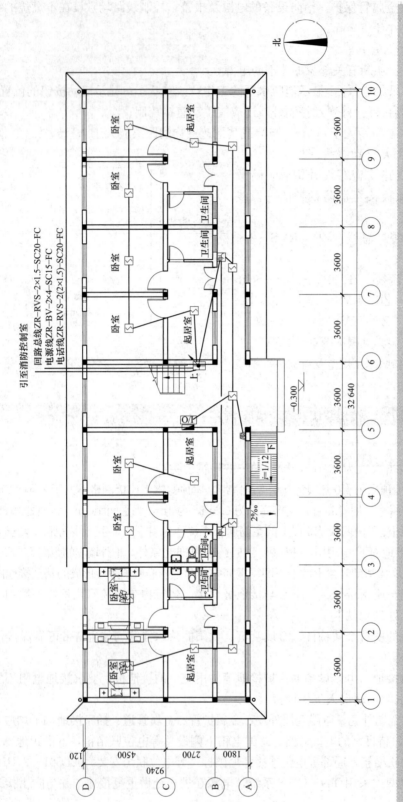

图 7-29 一层消防平面 1∶100

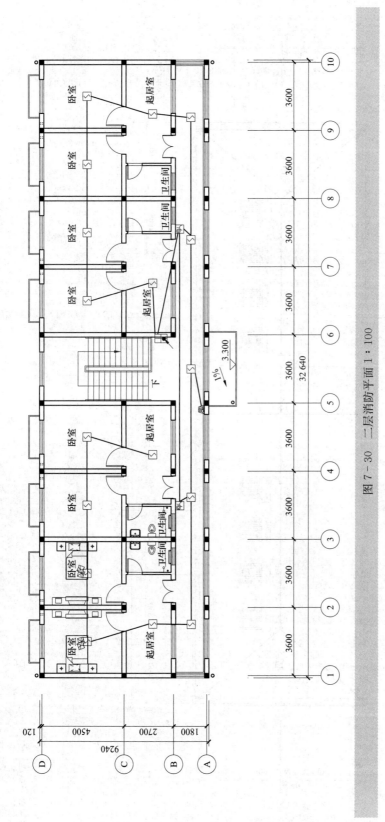

图 7 - 30　二层消防平面 1 : 100

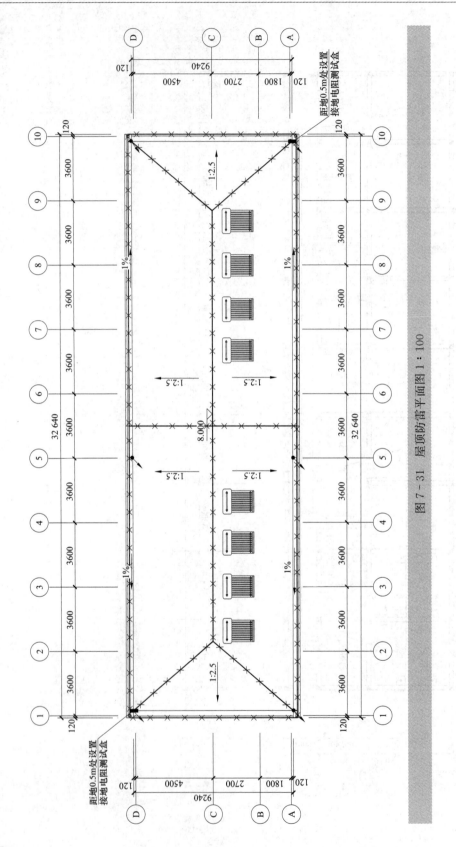

图 7-31　屋顶防雷平面图 1：100

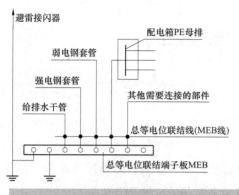

说明:1. 总配电箱近旁设置总等电位联结端子箱(MEB板),0.5m箱底距地暗装。具体做法参见国标图集《等电位联结安装》02D501—2。
2. 等电位联结线除图中标注外其余均采用−40×4镀锌扁钢沿地面及墙暗敷设。
3. 所有水暖管道的等电位联结与有关专业配合,管道连接做法参见国标图集02D501—2/P38~P39。

图 7 - 32　等电位联结图

主 要 材 料 表

序号	符号	名称	型号规格	数量	安装方式
1		总电箱	详见配电系统图	1	暗装　下沿距地＋1.4m
2	AL	分层配电箱		2	暗装　下沿距地＋1.6m
3		照明配电箱	PZ－30	8	暗装　下沿距地＋1.6m
4		吸顶灯	18W	24	吸顶安装
5		防水防尘灯	18W	8	吸顶安装
6		壁灯	18W	16	壁装　下沿距地＋1.8m
7		单管荧光灯	36W	20	吸顶安装
8	E	安全出口标志	1×18W，30min	2	出口上方＋0.1m明装
9		单向疏散指示灯	18W，30min	5	暗装　下沿距地＋0.5m
10					
11		事故照明灯	18W，30min	5	明装　下沿距地＋2.5m
12	T	化妆插座（防溅型）	AP86Z223A－10	8	暗装　下沿距地＋1.5m
13		单相插座	AP86Z223A－10	64	暗装　下沿距地＋0.3m
14	K	空调插座	AP86Z13A－16	16	暗装　下沿距地＋2.0m
15					
16		单联开关	AP86K11－10	51	暗装　下沿距地＋1.3m
17		双控开关	AP86K12－10	36	暗装　下沿距地＋1.3m
18	VP	电视分支、分配器箱	见系统图	4	暗装　下沿距地＋0.5m
19		电话分线箱	见系统图	2	暗装　下沿距地＋0.5m
20	TP	电话终端插座	RJ11	16	暗装　下沿距地＋0.3m
21	TV	电视终端插座	AP86ZTV	16	暗装　下沿距地＋0.3m
22		呼叫分机	甲方自定	16	暗装　下沿距地＋1.0m
23		卫生间紧急呼叫按钮	甲方自定	8	暗装　下沿距地＋0.5m
24		接线端子箱		2	暗装　下沿距地＋1.6m
25	S	感烟探测器	JTY－GD－1109YA	34	吸顶安装
26		声光报警器	SGJ－1	3	明装　下沿距地＋2.2m
27	YO	带电话插孔手动报警按钮	J－SAP－M－01	3	暗装　下沿距地＋1.5m
28	O	输出模块	HJ－1825	3	
29	I/O	控制模块	HJ－1807	1	
30	MEB	总等电位接地箱	MEB	1	暗装　下沿距地＋0.5m
31	LEB	局部等电位联接箱	LEB	8	暗装　下沿距地＋0.5m
32		接地电阻测试盒		2	暗装　下沿距地＋0.5m

线路敷设方法:穿硬料管敷设 PC　穿焊接钢管敷设 SC　沿墙暗敷设 WC　　　　地板或地面下敷设 FC

图 7 - 33　主要材料表

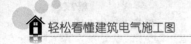

7.4　多层塔式住宅电气设计

7.4.1　工程概况及设计范围

本工程为塔式住宅楼，结构形式剪力墙，建筑面积 17 618.94m²，建筑高度为 97.30m，属一类建筑。

电气工程设计有低压配电系统、照明配电系统、动力配电系统、防雷接地系统、有线电视系统、电话及网络系统、防盗对讲系统、火灾自动报警及消防联动系统。

7.4.2　主要设计依据

甲方提供的工程设计委托书

土建及设备专业提供的设计资料

JGJ/T 16—1992《民用建筑电气设计规范》

GB/50034—2004《建筑照明设计标准》

GB 50052—1995《供配电系统设计规范》

GB 50054—1995《低压配电设计规范》

GB 50096—1999《住宅设计规范》

GB 50057—1994《建筑物防雷设计规范》

GB 50116—1998《火灾自动报警系统设计规范》

GB 50045—1995《高层民用建筑设计防火规范》

7.4.3　设计内容及要点

1. 照明配电系统

负荷等级：工程供电按一级负荷考虑，其中消防用电负荷、应急照明为一级负荷，其余为三级负荷。

工程所需 380/220V 外部电源（照明、动力、备用）采用 YJV₂₂ 型铜塑电缆引自小区变配电室，其中动力及备用电源引自不同变压器低压母线段，以满足一级负荷的用电要求。

配电方式采用放射式与树干式相结合，消防负荷采用由低压配电柜电缆直配、双电源末端互投供电方式，其余部分为树干式供电。

垂直方向动力、照明分支干线沿电气竖井内防火金属线槽敷设，且正常与备用线路间加隔板，水平方向动力配电线路穿钢管沿地、棚暗敷设。水平方向照明分支干线采用 BV‑500型铜导线穿 PVC 管沿墙、地、棚暗敷设。

住宅照明仅预留灯位；地下室走廊、楼梯间、电梯前室及疏散出口设疏散标志灯；此灯具均附带浮充电池，断电后连续工作时间不小于 90min；配电室、地下室走廊、楼梯间、电梯前室、电梯机房设应急照明，此灯具均自带蓄电池，断电后连续工作时间不小于 90min，灯具安装高度在 2.4m 以下时应加 PE 线，灯具均选用节能型产品。

2. 电话及网络系统

本工程仅预埋管、盒，预留金属线槽，配线及箱体由电信部门完成，并达到国家有关部门规范要求。管线由电气竖井沿金属线槽引至各层分线盒，从分线盒引出管线沿地、沿墙暗敷设。

3. 有线电视系统

本工程只预留有线电视设备箱、穿线管、出线口位置并预留接线盒，具体安装及调试由有线电视台专业队伍负责，管线由电气竖井内沿金属线槽引至各层设备箱，从各层设备箱引出电视管线全部沿墙、地暗敷设。

4. 可视对讲系统

本工程只预留分线箱、穿线管、出线口位置并预留接线盒，具体穿管管径详见智能对讲系统图，管线由电气竖井内沿金属线槽引至各层分线盒，从各层分线盒引出管线全部沿墙、地、棚暗敷设。

5. 火灾自动报警及消防联动系统

工程为一类建筑，按一级保护设防，在小区会所设消防控制室。火灾自动报警及消防联动控制包括火灾报警、水消防联动控制、正压送风联动控制、火灾警铃、应急照明、电梯迫降、切断非消防电源等系统，具体要求如下：

(1) 火灾自动报警系统采用总线制配线，按规范进行感烟探测器布置，在消防控制室的报警控制器上能显示各报警点探头的状态，并设有手动报警按钮。

(2) 火灾情况下，任一消火栓按钮动作时，均可在消防控制室显示其位置并手动或自动起动消防泵，亦可在消防泵房直接起动，并接收其反馈信息。

(3) 火灾时，消防控制室能切断非消防电源，并能监控事故照明系统正常运行。

(4) 垂直干线在管道井内穿钢管敷设，分支回路穿钢管沿顶棚及墙暗敷设，所有消防联动设备明敷管线均应采取防火措施。

(5) 消防配电设备应设明显标志。

6. 防雷接地部分

(1) 工程防雷类别为三类。

(2) 采用避雷带做接闪器，利用柱内主筋 $2\phi16$ 或 $\geqslant4\phi10$ 做引下线，引下线主筋在接头处焊接牢固，引下线于室外地面上下 0.8m 处各预埋引出线连接板，分别作为测试及连接辅助接地装置用，具体做法见防雷接地平面图。

(3) 屋顶上所有凸起的金属构筑物或管道，均应与避雷带焊连，做法参见《05 系列建筑标准设计图集》05D10。

(4) 从首层起，每三层利用结构圈梁内两根及以上水平钢筋与引下线焊成均压环，将建筑物内的各种竖向金属管道每三层与均压环相连接。60m 以上，每层将外墙上金属栏杆及金属门窗等向上或向下与均压环连接，作为防侧击雷用。防侧击雷现浇框架节点连接做法参见 92DQ13.13 - 27.28。

(5) 接地装置利用筏板基础周边敷设 40×4 镀锌钢筋，引下线及接地线均与接地装置可靠焊接，基础结构完成后，通过测试点测试接地电阻小于 1Ω，否则增加辅助接地装置。工程采用联合接地，电源重复接地与防雷接地、弱电及消防接地共用接地装置。

(6) 采用 TN - C - S 接地方式，做总等电位联结，所有引进建筑物的金属管线、金属构件及结构钢筋均应与接地装置可靠连接，形成等电位体。

（7）卫生间设局部等电位联结，由户配电箱引来 BV-1×10 导线穿 PVC20 管至等电位联结盒接地端子，再由等电位联结盒引出 BV-1×6 导线穿 UPVC20 管至卫生间内金属部件并与其可靠连接。

7. 其他

（1）设计图集选用《05 系列建筑标准设计图集》、《建筑电气通用图集》和《住宅电气设计安装图集》。

（2）工程所有箱体均为铁制、带锁，所有配电箱尺寸均为参考尺寸，生产厂家可根据实际情况调整。

（3）配电室采用防静电地板，落地安装的动力配电箱安装在 10 号槽钢基础上。所有电源插座均为安全型插座，电话信息插座、有线电视插座与电源插座之间距离大于 0.5m。

（4）防火金属线槽及所有设备金属外壳和金属支架均与 PE 线连接，金属线槽始端和末端设两点接地。

（5）电气施工人员应主动与土建施工人员密切配合做好电气箱体墙上留洞、防雷预埋及电气管线的预先埋设工作。

（6）未尽事宜，与其他专业密切配合，严格遵守国家现行建筑电气设计规范及施工验收规范。

7.4.4　部分设计图例

部分设计图例如图 7-34～图 7-58。

设备材料表

序号	图形符号	文字符号	名称	型号及规格	单位	安装方式	备注
1		AP	动力照明配电箱	见配电系统图	台	落地式	
2		AW	电表箱	见配电系统图	台	底边距地 1.4m 明装	
3		ALh	照明配电箱	见配电系统图	台	底边距地 1.4m 暗装	
4		AC DTX WYX JSX	设备电控箱（随设备自带）	见配电系统图	台	底边距地 1.4m 明装	
5		ALE AT	双电源自动切换箱	见配电系统图	台	底边距地 1.4m 明装	
6		AL	下房照明箱				
7		MER-B	总等电位联结盒	400×150×65（宽×高×厚）	台	底边距地 0.3m 暗装	
8		LER-B	局部等电位联结盒	200×120×60（宽×高×厚）	台	底边距地 0.3m 暗装	
9	⊗		白炽灯	1×60W	盏	吸顶	
10			吸顶灯	60W	套	吸顶	
11	●		防水圆球灯	1×40W	套	吸顶	
12			应急照明灯	1×40W t>90min	套	吸顶	带蓄电池
13			两用型双管荧光灯	2×36W t>90min	套	底边距地 3.0m 链吊	带蓄电池
14			安全型单相二三极插座	250V 10A	只	底边距地 0.3m 暗装	
15			安全型单相空调插座	250V 16A	只	起居室底边距地 0.3m 暗装 卧室底边距地 1.8m 暗装	
16			排气扇二极防溅插座	250V 10A	只	底边距地 2.3m 暗装	
17			防溅型单相二三极插座	250V 10A	只	底边距地 1.8m 暗装	
18			单相单、双、三联开关	250V 10A	只	底边距地 1.4m 暗装	

设备材料表

序号	图形符号	文字符号	名称	型号及规格	单位	安装方式	备注
19			带指示灯单相单联开关	250V 10A		底边距地 1.4m 暗装	
20			声光控延时开关	250V 10A	只	底边距地 1.4m 暗装	
21		DJZJ	可视对讲分线箱	系统集成商定	台	底边距地 1.4m 暗装	400×500×150
22		TFX	有线电视分线箱	有线电视部门定	台	底边距地 1.4m 明装	400×450×150
23		TJX	有线电视进线箱	有线电视部门定	台	底边距地 1.4m 明装	450×450×150
24		HGX	电话过路箱	电信部门定	台	底边距地 1.4m 明装	350×350×150
25		HJX	电话网络机柜	电信部门定	台	落地式	1000×1800×400
26	TP		电话出线座	自选	个	底边距地 0.3m 暗装	
27	TO		信息出线座	自选	个	底边距地 0.3m 暗装	
28	TV		有线电视出线座	自选	个	底边距地 0.3m 暗装	
29	DJ		可视对讲出线座	自选	个	底边距地 1.4m 暗装	
30		XF	消防接线端子箱	系统集成商定	个	底边距地 1.4m 明装	400×400×100
31			编码感烟探测器	JTY-GD-G3	个	吸顶	
32			火灾警报扬声器	HX-100B	个	距顶棚 0.2m 明装	
33			编码手动报警按钮（带电话插孔）	J-SAP-8402	个	底边距地 1.4m 暗装	
34			编码消火栓按钮	LD-8304	个	底边距地 1.4m 暗装	
35			火灾报警电话	TS-100A	个	底边距地 1.4m 暗装	
36							

图 7-34 设备材料表

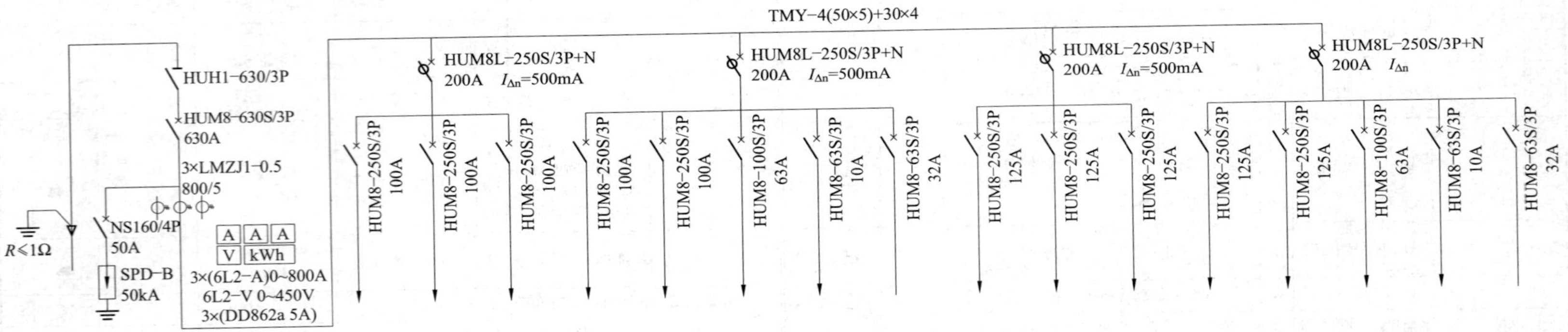

1AP DOMINO-02 W×H×D=600×1800×500(mm)

2AP-1 DOMINO-17 W×H×D=800×1800×500(mm) 电井1

回路编号	1AP	1	2	3	4	5	6	7	8
用途	照明电源	电表箱电源	电表箱电源	电表箱电源	电表箱电源	电表箱电源	电表箱电源	备用电源	地下室照明
设备容量(kW)	798.2	72	72	72	72	72	36	3	
需要系数Kₓ	0.45	0.80	0.80	0.80	0.80	0.80	0.8	0.8	
功率因数cosφ	0.9	0.9	0.9	0.9	0.9	0.9	0.9	0.9	
计算容量(kW)	359.2	57.6	57.6	57.6	57.6	57.6	28.8	2.4	
计算电流(A)	606.6	97	97	97	97	97	48.6	4.05	
电缆型号	2(YJV22-1000 4×185)	VV-1000 4×70+E35	VV-1000 4×70+E35	VV-1000 4×70+E35	VV-1000 4×70+E35	VV-1000 4×70+E35	VV-1000 4×25+E16	VV-1000 4×2.5+E2.5	
敷设方式	2RC100	SC100 FC CT	SC100 FC CT	SC100 FC CT	SC100 FC CT	SC100 FC CT	SC70 FC CT	SC32 FC CT	
备注		1-1,3, 5AW	1-7,9, 11AW	1-13,15, 17AW	1-19,21, 23AW	1-25,27, 29AW	1-32AW	AL-1- 1AL-1	

2AP-2 DOMINO-17 W×H×D=800×1800×500(mm) 电井2

回路编号	1	2	3	4	5	6	7	8
用途	电表箱电源	电表箱电源	电表箱电源	电表箱电源	电表箱电源	电表箱电源	备用电源	地下室照明
设备容量(kW)	72	72	72	72	72	36	3	
需要系数Kₓ	0.80	0.80	0.9	0.80	0.80	0.8	0.8	
功率因数cosφ	0.9	0.9	0.9	0.9	0.9	0.9	0.8	
计算容量(kW)	57.6	57.6	57.6	57.6	57.6	28.8	2.4	
计算电流(A)	97	97	97	97	97	48.6	4.05	
电缆型号	VV-1000 4×70+E35	VV-1000 4×70+E35	VV-1000 4×70+E35	VV-1000 4×70+E35	VV-1000 4×70+E35	VV-1000 4×25+E16	VV-1000 4×2.5+E2.5	
敷设方式	SC100 FC CT	SC100 FC CT	SC100 FC CT	SC100 FC CT	SC100 FC CT	SC70 FC CT	SC32 FC CT	
备注	2-1,3, 5AW	2-7,9, 11AW	2-13,15, 17AW	2-19,21, 23AW	2-25,27, 29AW	2-32AW	AL-2- 1AL-2	

注:所有动力照明配电箱上部附母线槽.如上所标注的配电箱尺寸不包括母线槽尺寸.

图7-35 配电系统图 (一)

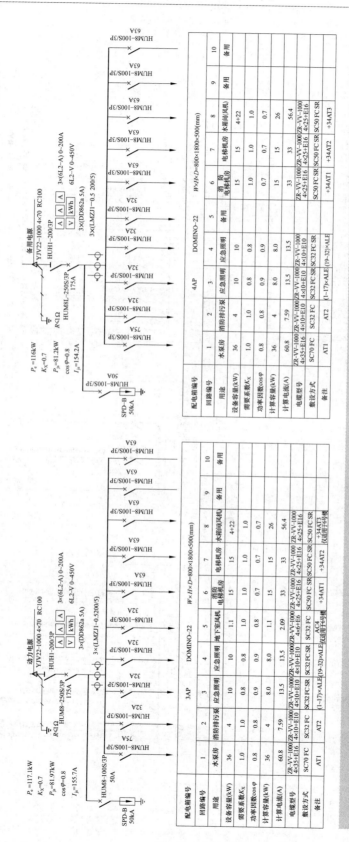

图 7-36 配电系统图 (二)

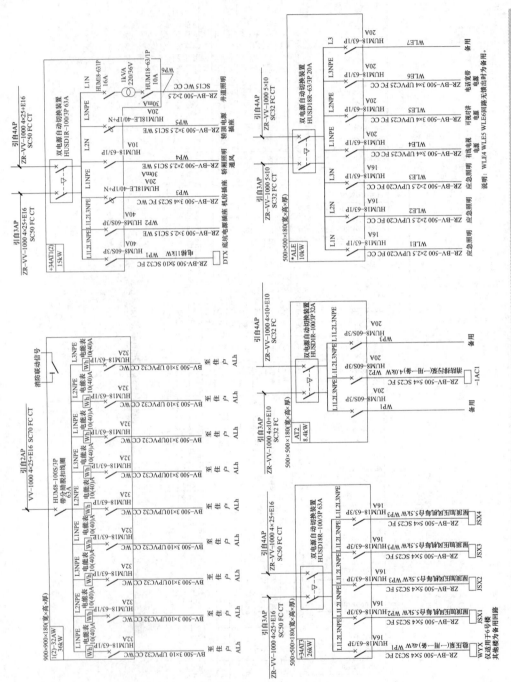

图 7-37 配电系统图（三）

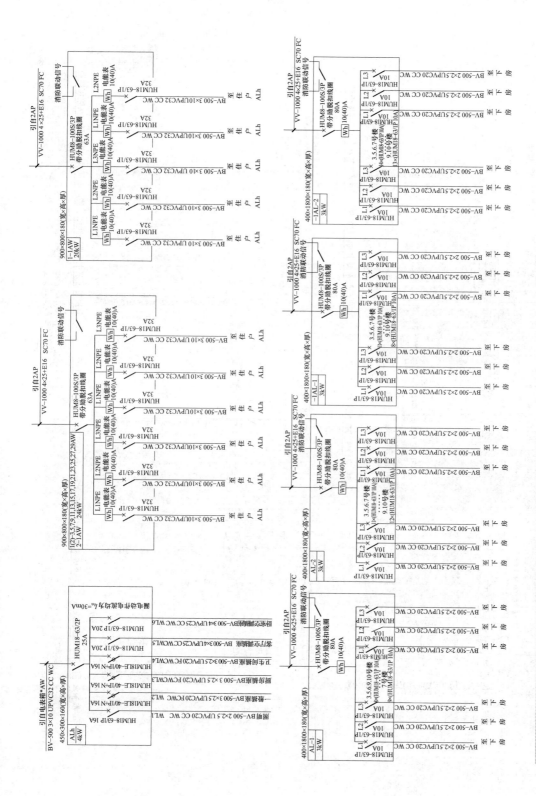

图7-38 配电系统图（四）

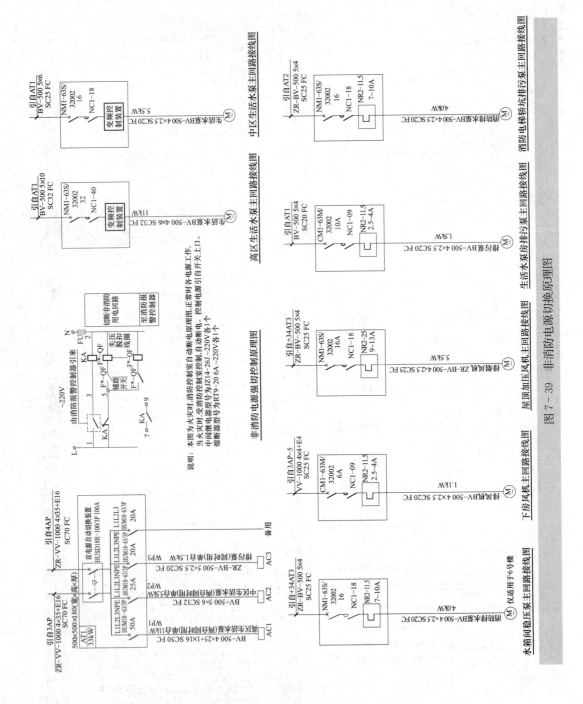

图7-39 非消防电源切换原理图

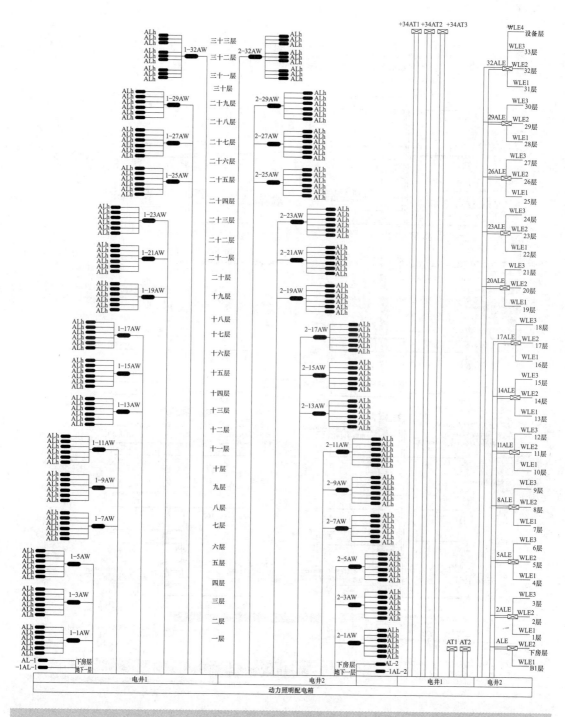

图7-40　竖向配电系统图

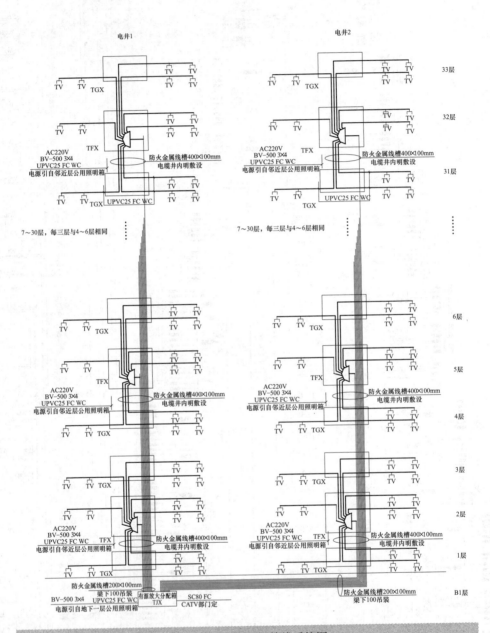

图 7-41 有线电视管线系统图

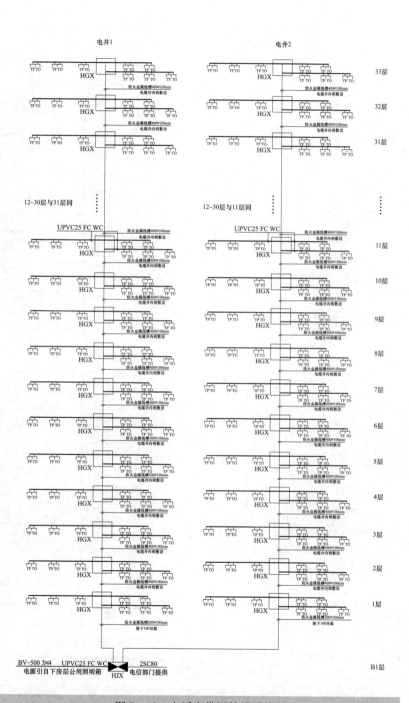

图7-42　电话宽带网管线系统图

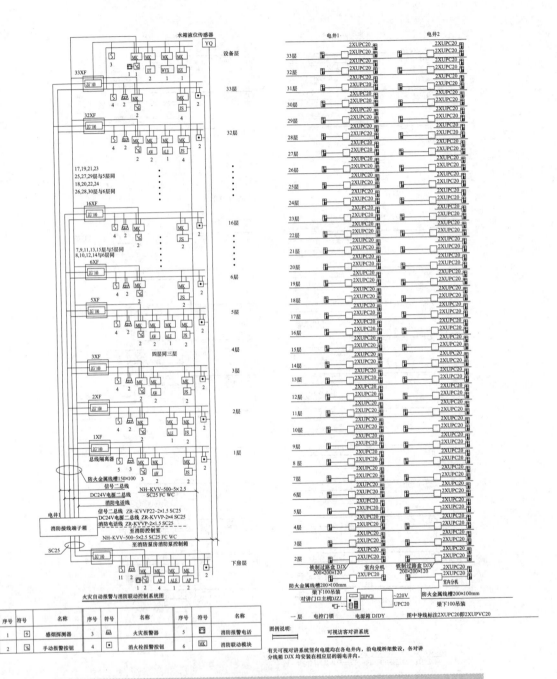

图 7-43　火灾报警与可视访客对讲系统图

序号	符号	名称	序号	符号	名称	序号	符号	名称
1		感烟探测器	3		火灾报警器	5		消防报警电话
2		手动报警按钮	4		消火栓报警按钮	6	MK	消防联动模块

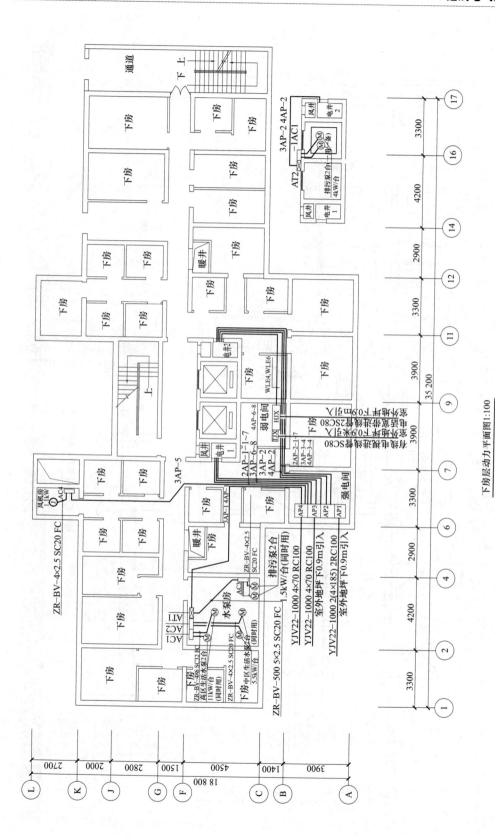

下房层动力平面图 1:100

图7－44　下房层动力平面图

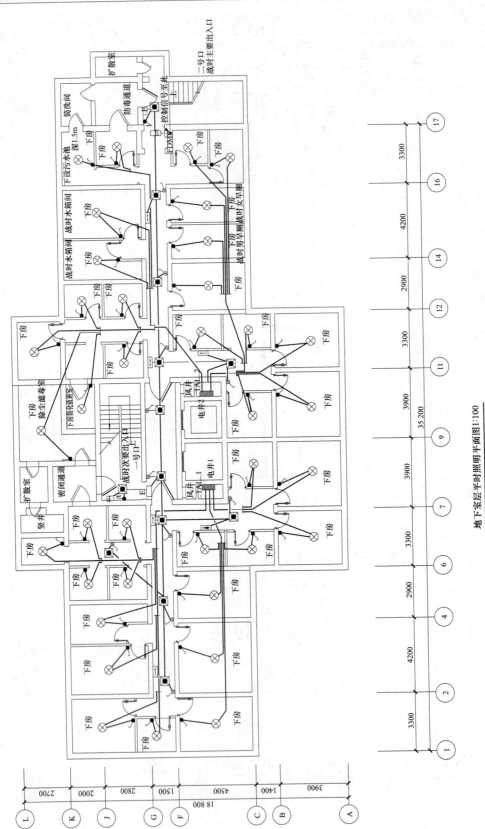

地下室层平时照明平面图1:100

图7-45 地下室层平时照明平面图

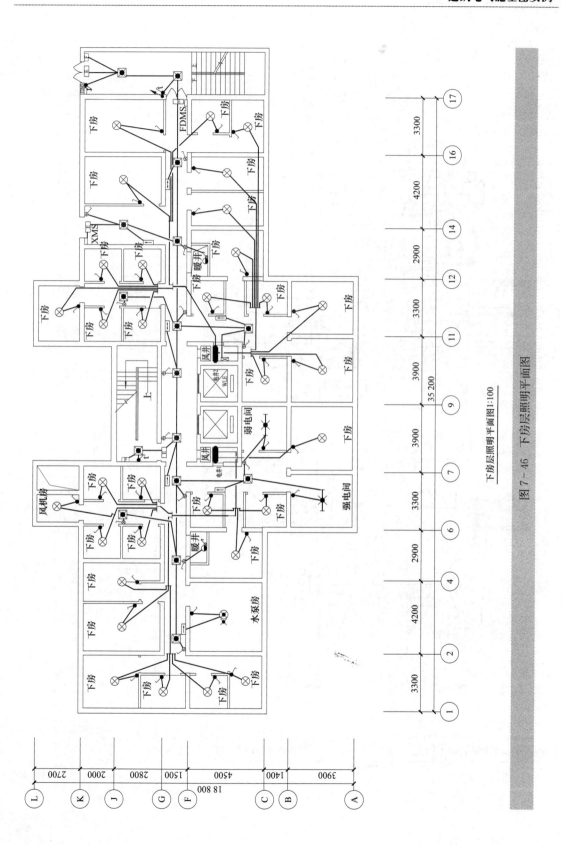

下房层照明平面图1:100

图7-46 下房层照明平面图

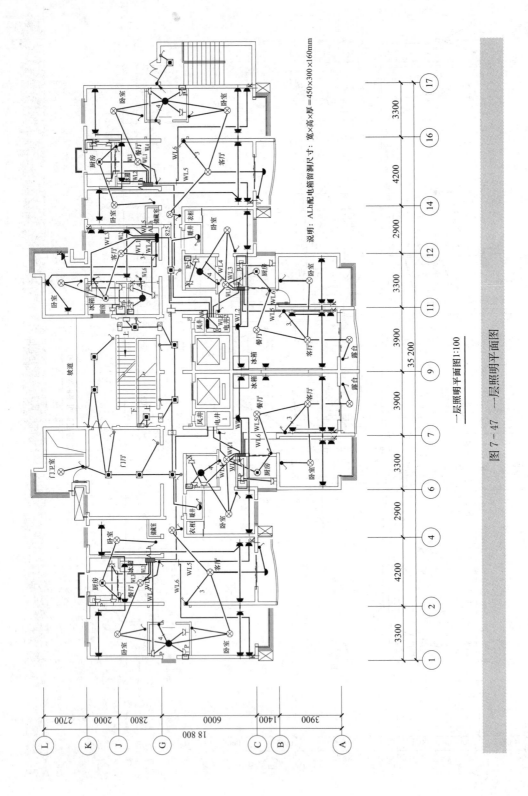

说明：ALh配电箱预留洞尺寸：宽×高×厚=450×300×160mm

一层照明平面图1:100

图7-47 一层照明平面图

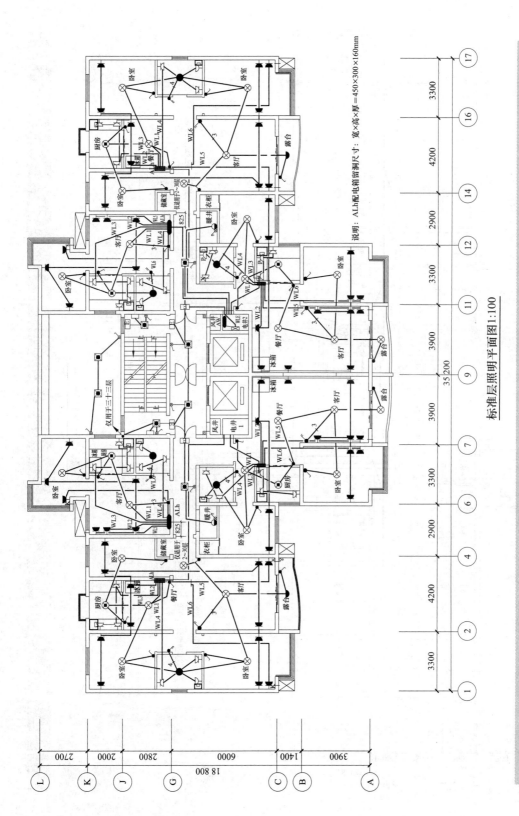

标准层照明平面图 1:100

图 7-48 标准层照明平面图

说明：ALh配电箱留洞尺寸：宽×高×厚=450×300×160mm

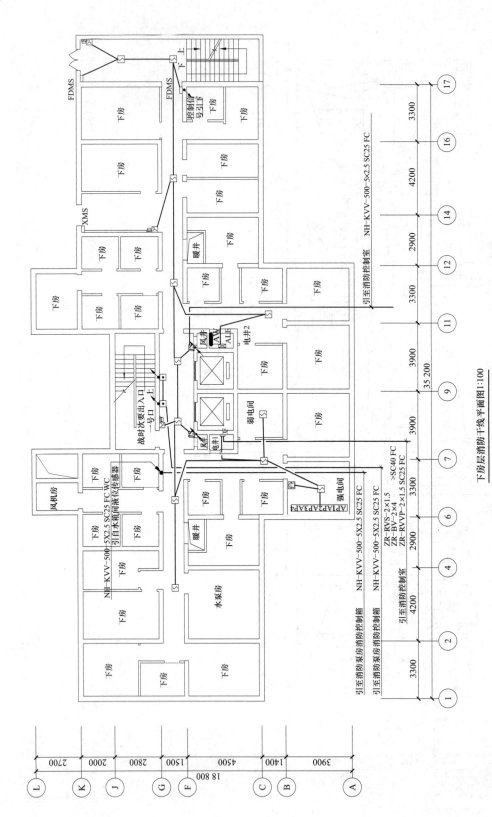

下房层消防干线平面图1:100

图7-49 下房层消防干线平面图

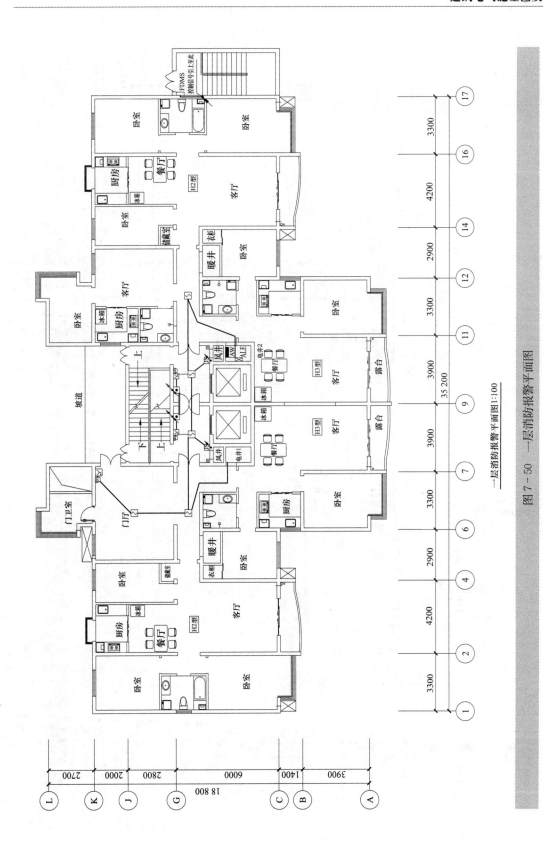

一层消防报警平面图1:100

图7－50 一层消防报警平面图

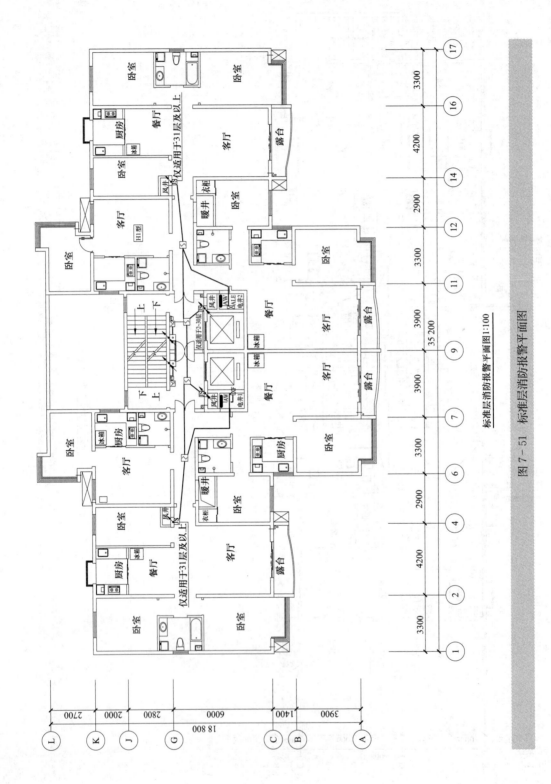

标准层消防报警平面图1:100

图7-51 标准层消防报警平面图

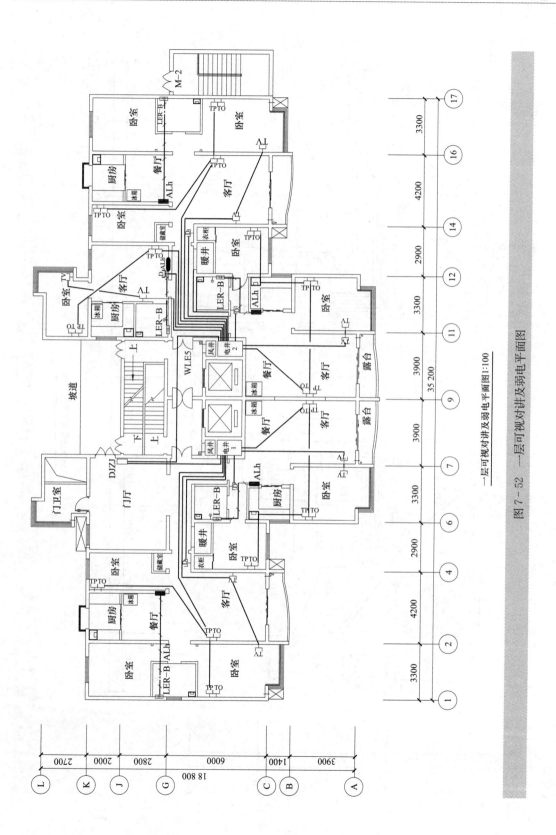

一层可视对讲及弱电平面图1:100

图7－52　一层可视对讲及弱电平面图

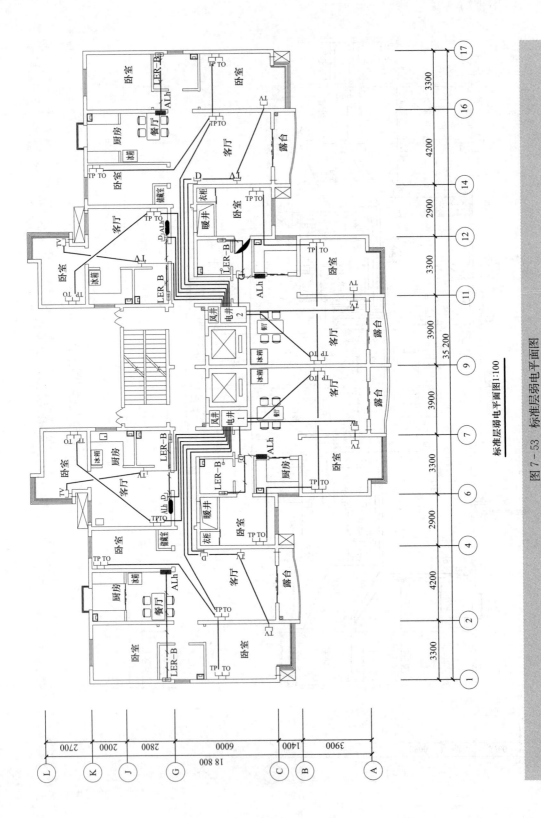

标准层弱电平面图1:100

图7-53 标准层弱电平面图

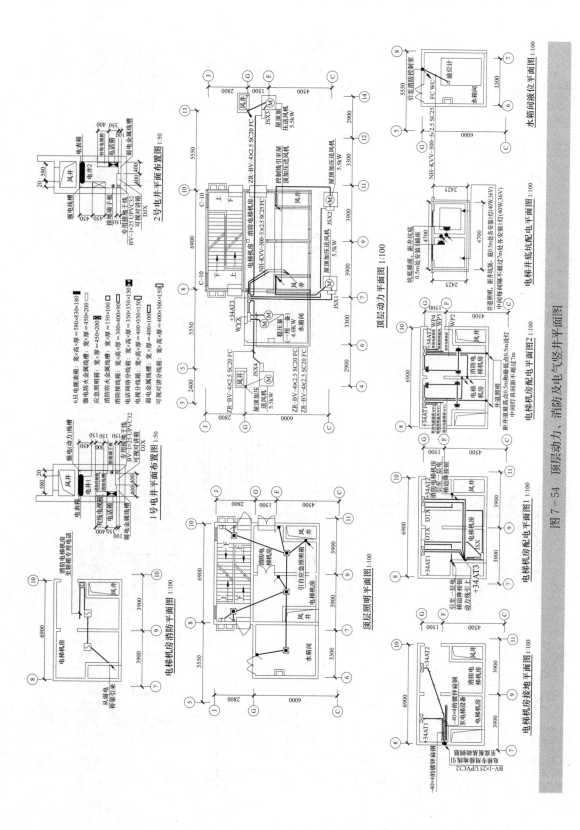

图7-54 顶层动力、消防及电气竖井平面图

263

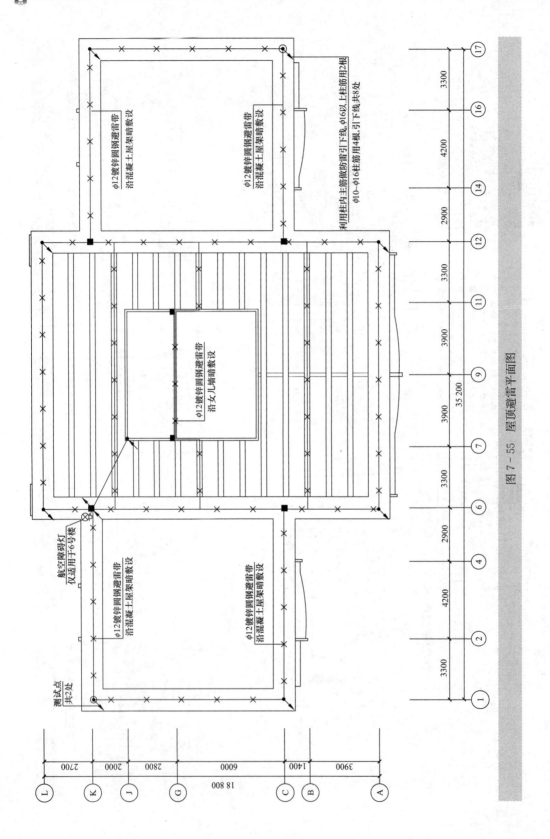

图 7－55　屋顶避雷平面图

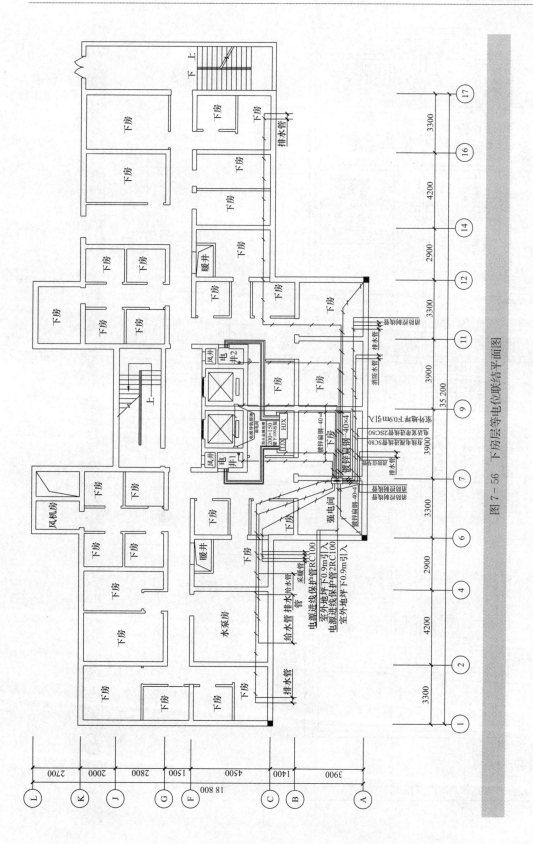

图7-56 下房层等电位联结平面图

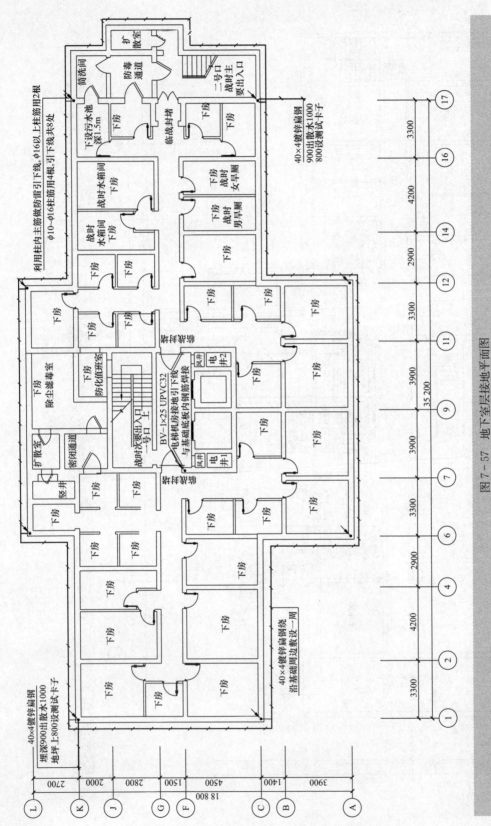

图 7-57　地下室至接地平面图

设 备 材 料 表							
序号	图形符号	文字符号	名称	型号及规格	单位	安装方式	备注
1	▬	AP	动力照明配电箱	见配电系统图	台	落地式	
2	▬	AW	电表箱	见配电系统图	台	底边距地 1.4m 明装	
3	▬	ALh	照明配电箱	见配电系统图	台	底边距地 1.4m 暗装	
4	 ▭	AC DTX WYX JSX	设备电控箱（随设备自带）	见配电系统图	台	底边距地 1.4m 明装	
5	 ⊠	ALE AT	双电源自动切换箱	见配电系统图	台	底边距地 1.4m 明装	
6	 ▭	AL	下房照明箱				
7	 ⊞	MER－B	总等电位联结盒	400×150×65（宽×高×厚）	台	底边距地 0.3m 暗装	
8	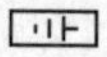 ⊞	LER－B	局部等电位联结盒	200×120×60（宽×高×厚）	台	底边距地 0.3m 暗装	
9	⊗		白炽灯	1×60W	盏	吸顶	
10	◗		吸顶灯	60W	套	吸顶	
11	●		防水圆球灯	1×40W	套	吸顶	
12	▣		应急照明灯	1×40W　$t>$90min	套	吸顶	带蓄电池
13	 ⊢✕⊣		两用型双管荧光灯	2×36W　$t>$90min	套	底边距地 3.0m 链吊	带蓄电池
14	▽		安全型　单相二三极插座	250V　10A	只	底边距地 0.3m 暗装	
15	▽$_K$		安全型　单相空调插座	250V　16A	只	起居室底边距地0.3m暗装卧室底边距地1.8m暗装	
16	▽$_P$		排气扇二极防溅插座	250V　10A	只	底边距地 2.3m 暗装	
17	▽		防溅型　单相二三极插座	250V　10A	只	底边距地 1.8m 暗装	
18	 ⚬⚬⚬		单相单、双、三联开关	250V　10A	只	底边距地 1.4m 暗装	
19	⊘		带指示灯单相单联开关	250V　10A	只	底边距地 1.4m 暗装	
20	 ●^{t}		声光控延时开关	250V　10A	只	底边距地 1.4m 暗装	

图 7-58　设备主要材料表（一）

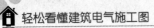

序号	图形符号	文字符号	名称	型号及规格	单位	安装方式	备注
21	▭	DJZJ	可视对讲分线箱	系统集成商定	台	底边距地 1.4m 暗装	400×500×150
22	 ▭	TFX	有线电视分线箱	有线电视部门定	台	底边距地 1.4m 明装	400×450×150
23	 ▭	TJX	有线电视进线箱	有线电视部门定	台	底边距地 1.4m 明装	450×450×150
24	 ◰	HGX	电话过路箱	电信部门定	台	底边距地 1.4m 明装	350×350×150
25	 ▭	HJX	电话网络机柜	电信部门定	台	落地式	1000×1800×400
26	⌐TP⌐		电话出线座	自选	个	底边距地 0.3m 暗装	
27	⌐TO⌐		信息出线座	自选	个	底边距地 0.3m 暗装	
28	⌐TV⌐		有线电视出线座	自选	个	底边距地 0.3m 暗装	
29	⌐DJ⌐		可视对讲出线座	自选	个	底边距地 1.4m 暗装	
30	▭	XF	消防接线端子箱	系统集成商定	个	底边距地 1.4m 明装	400×400×100
31	S		编码感烟探测器	JTY－GD－G3	个	吸顶	
32	⬒		火灾警报扬声器	HX－100B	个	距顶棚 0.2m 明装	
33	⊻		编码手动报警按钮（带电话插孔）	J－SAP－8402	个	底边距地 1.4m 暗装	
34	⊡		编码消火栓按钮	LD－8304	个	底边距地 1.4m 暗装	
35	⌂		火灾报警电话	TS－100A	个	底边距地 1.4m 暗装	

图 7-58 设备主要材料表（二）

附录 A 常用电气图用图形符号表

符　号　名　称	图形符号（GB/T 4728）	备　　注
电 压 和 电 流		
直流电	例：2M ———— 220/220V 注：电压可标注在符号右边，系统类型可标注在符号左边	＝IEC
交流电	例～50Hz380V 注：频率及电压应标注在符号右边，系统类型应标注在符号左边	＝IEC
中性线	N	＝IEC
中间线	M	＝IEC
保护线	PE	＝IEC
保护和中性共用线	PEN	＝IEC
交流系统电源第一相	L1	
交流系统电源第二相	L2	
交流系统电源第三相	L3	
交流系统设备端第一相	U	
交流系统设备端第二相	V	
交流系统设备端第三相	W	
导线、电缆、母线及导线的连接		
导线、电线、电缆母线的一般符号		＝IEC
一根导线		＝IEC
多根导线	///　3根 n　n根	
软导线、软电缆		
电缆终端头		
电缆中间接线盒		
电缆分支接线盒		
导线的电气连接	•	＝IEC
端子	○	＝IEC
导线的连接		＝IEC

269

符 号 名 称	图形符号（GB/T 4728）	备 注
连 接 器 件		
插头和插座	─C ■ 优选形 ─<< 其他形	=IEC
连接片	─○─○─ 接通 ─○ ○─ 断开	=IEC
电阻器、电容器和电感器		
电阻器	─▭─	=IEC
可调电阻器	─▱─	=IEC
压敏电阻器	─▱─ U	=IEC
带滑动触点的电位器	─▭─	=IEC
电容器	─┤├─ 优选形 ─┤⟨─ 其他形	=IEC
可变电容器	╪ 优选形 ╪ 其他形	=IEC
极性电容器	─⁺┤├─ 优选形 ─⁺┤⟨─ 其他形	=IEC
电感器	∿∿∿∿	=IEC
带铁芯（磁芯）的电感器	⎯∿∿∿∿	=IEC
电 机		
电机的一般符号	星号用下列字母之一代替： (*) M—电动机 MS—同步电动机 SM—伺服电机 G—发电机 GS—同步发电机 TG—测速发电机	=IEC
三相笼型异步电动机	$\overset{\|\|\|}{\underset{3\sim}{M}}$	=IEC

续表

符 号 名 称	图形符号（GB/T 4728）	备 注
电　　机		
三相线绕转子异步电动机		＝IEC
串励直流电动机		＝IEC
变压器　电抗器　互感器		
双绕组变压器或电压互感器		＝IEC
三绕组变压器或电压互感器		＝IEC
自耦变压器		＝IEC
电抗器		＝IEC
三相变压器星形-星形连接		＝IEC
带有载分接开关的三相变压器星形-三角形连接		＝IEC
电流互感器		＝IEC

符 号 名 称	图形符号（GB/T 4728）	备 注
变压器　电抗器　互感器		
具有两个铁芯和两个二次绕组的电流互感器		＝IEC
在一个铁芯上具有两个二次绕组的电流互感器		＝IEC
原电池或蓄电池		
原电池或蓄电池		＝IEC
带抽头的原电池或蓄电池组		＝IEC
触点（触头）		
动合（常开）触点		＝IEC
动断（常闭）触点		＝IEC
先断后合的转换触点		＝IEC
当操作器件被吸合时延时闭合的动合触点		＝IEC
当操作器件被释放时延时断开的动合触点		＝IEC
当操作器件被释放时延时闭合的动断触点		＝IEC
当操作器件被吸合释放时延时断开的动断触点		＝IEC

续表

符 号 名 称	图形符号（GB/T 4728）	备 注
开 关 和 开 关 装 置		
手动开关的一般符号		＝IEC
按钮开关（不闭锁）（动合触点）		＝IEC
按钮开关（不闭锁）（动断触点）		＝IEC
按钮开关（闭锁）（动合触点）		＝IEC
按钮开关（闭锁）（动断触点）		＝IEC
拉拔开关（不闭锁）		＝IEC
旋钮开关旋转开关（闭锁）		＝IEC
位置开关限制开关（动合触点）		＝IEC
位置开关限制开关（动断触点）		＝IEC
接触器（在非动作位置触点断开）		＝IEC
接触器（在非动作位置触点闭合）		＝IEC

续表

符 号 名 称	图形符号（GB/T 4728）	备 注
开 关 和 开 关 装 置		
断路器		＝IEC
低压断路器		＝IEC
隔离开关		＝IEC
负荷开关		＝IEC
保 护 器 件		
熔断器的一般符号		＝IEC
具有独立报警电路的熔断器		＝IEC
熔断器式开关		＝IEC
熔断器式隔离开关		＝IEC
熔断器式负荷开关		＝IEC
避雷器		＝IEC

符 号 名 称	图形符号（GB/T 4728）	备 注
灯 和 信 号 器 件		
灯的一般符号 信号灯的一般符号	灯的颜色：RD—红 　　　　　YE—黄 　　　　　GN—绿 　　　　　BU—蓝 　　　　　WH—白 灯的类型：Ne—钠 　　　　　Hg—汞 　　　　　IN—白炽 　　　　　FL—荧光 　　　　　IR—红外线 　　　　　UV—紫外线	＝IEC
闪光型信号灯		＝IEC
电喇叭		＝IEC
电铃		＝IEC
电警铃　报警器		＝IEC
蜂鸣器	优选形　　其他形	＝IEC
电动汽笛		＝IEC
接 地		
接地一般符号		＝IEC
无噪声接地（抗干扰接地）		＝IEC
保护接地		＝IEC
接机壳或接底板		＝IEC

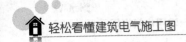

附录 B　常用平面图用图形符号表

符 号 名 称	图形符号（GB/T 4728）		备 注
发 电 厂 和 变 电 所			
发电厂（站）	运行的	规划（设计）的	＝IEC
热电站	运行的	规划（设计）的	
变电所，配电所	运行的	规划（设计）的	＝IEC
水力发电站	运行的	规划（设计）的	＝IEC
火力发电站	运行的	规划（设计）的	＝IEC
核能发电站	运行的	规划（设计）的	＝IEC
变电所（示出改变电压）	V/V 运行的	V/V 规划（设计）的	
杆上变电站	运行的	规划（设计）的	
地下变电所	运行的	规划（设计）的	

续表

符 号 名 称	图形符号（GB/T 4728）	备 注
线 路 及 配 线		
导线 电缆 线路传输通道一般符号		
地下线路		=IEC
水下（海底）线路		=IEC
架空线路		=IEC
管道线路	一般 6孔管道	=IEC
母线的一般符号		
中性线		=IEC
保护线		=IEC
保护和中性共用线		=IEC
具有保护线和中性线的三相配线		=IEC
向上配线		=IEC
向下配线		=IEC
垂直通过配线		=IEC
配电 控制和用电设备		
屏、台、箱、柜一般符号		
动力或动力—照明配电箱		
信号板，信号箱（屏）		

符 号 名 称	图形符号（GB/T 4728）	备　注
配电　控制和用电设备		
照明配电箱（屏）		
事故照明配电箱（屏）		
多种电源配电箱（屏）		
直流配电盘（屏）		
交流配电盘（屏）		
启 动 和 控 制 设 备		
启动器一般符号		
阀的一般符号		
电磁阀		
电动阀		
按钮的一般符号		
一般或保护型按钮盒	一个按钮　　　两个按钮	
密闭型按钮盒		
防爆型按钮盒		
带指示灯的按钮		
限制接近的按钮		

符 号 名 称	图形符号（GB/T 4728）	备 注
	插 座 和 开 关	
单相插座		
暗装单相插座		
密闭（防水）单相插座		
防爆单相插座		
带接地插孔的单相插座		＝IEC
带接地插孔的暗装单相插座		＝IEC
带接地插孔的密闭（防水）单相插座		＝IEC
带接地插孔的防爆单相插座		＝IEC
带接地插孔的三相插座		
带接地插孔的暗装三相插座		
带接地插孔的密闭（防水）三相插座		
带接地插孔的防爆三相插座		
插座箱（板）		
多个插座		＝IEC

符 号 名 称	图形符号（GB/T 4728）	备 注
插 座 和 开 关		
具有护板的插座		=IEC
具有单极开关的插座		=IEC
具有联锁开关的插座		=IEC
具有隔离变压器的插座		=IEC
电信插座的一般符号 TP—电话　FM—调频　TX—电传　M—传声器　TV—电视		=IEC
带熔断器的插座		=IEC
开关的一般符号		=IEC
单极开关		
暗装单极开关		
密闭（防水）单极开关		
防爆单极开关		
双极开关		=IEC
暗装双极开关		=IEC
密闭（防水）双极开关		=IEC
防爆双极开关		=IEC

续表

符 号 名 称	图形符号（GB/T 4728）	备 注
插 座 和 开 关		
三极开关		
暗装三极开关		
密闭（防水）三极开关		
防爆三极开关		
单极拉线开关		＝IEC
单极双控拉线开关		
单极限时开关		＝IEC
双控开关（单极三线）		＝IEC
具有指示灯的开关		＝IEC
多拉开关		＝IEC
照 明 灯 具		
灯或信号等的一般符号		＝IEC
投光灯一般符号		＝IEC
聚光灯		＝IEC
泛光灯		

续表

符 号 名 称	图形符号（GB/T 4728）	备 注
照 明 灯 具		
示出配线的照明引出线位置		=IEC
在墙上引出照明线（示出配线向左边）		=IEC
荧光灯一般符号		=IEC
三管荧光灯		=IEC
五管荧光灯	5	=IEC
防爆荧光灯		
在专用电路上的事故照明灯		=IEC
自带电源的事故照明灯（应急灯）		=IEC
气体放电灯的辅助设备 注：用于辅助设备与光源不在一起时		=IEC
深照型灯		
广照型灯（配照型灯）		
防水防尘灯		
球形灯		
局部照明灯		
矿山灯		

续表

符 号 名 称	图形符号（GB/T 4728）	备 注
照 明 灯 具		
安全灯		
隔爆灯		
天棚灯		
花灯		
弯灯		
壁灯		

参 考 文 献

[1] 唐志平. 供配电技术 [M]. 北京：电子工业出版社，2005.

[2] 俞丽华. 电气照明 [M]. 上海：同济大学出版社，2001.

[3] 中国市政工程中南设计研究院. 给排水设计手册 [M]. 北京：中国建筑工业出版社，2004.

[4] 华东建筑设计研究院. 智能建筑设计技术 [M]. 上海：同济大学出版社，2002.

[5] 刘宝林. 现代建筑电气设计图粹（下）[M]. 北京：机械工业出版社，2006.

[6] 孙成明. 建筑电气施工图 [M]. 北京：化学工业出版社，2008.

[7] 徐第，孙俊英. 建筑安装电工 [M]. 北京：中国电力出版社，2002.

[8] 金亮. 电气安装识图与制图 [M]. 北京：中国建筑工业出版社，2000.

[9] 杨光臣. 建筑电气工程图识图与绘制 [M]. 北京：中国建筑工业出版社，2001.

[10] 杨岳. 电气安全 [M]. 北京：机械工业出版社，2003.

[11] 高涛. 电气控制基础与可编程控制器应用教程 [M]. 西安：西安电子科技大学出版社，2007.

[12] 张少军. 建筑智能化系统技术 [M]. 北京：中国电力出版社，2006.

[13] 张公忠. 现代智能建筑技术 [M]. 北京：中国建筑工业出版社，2004.

[14] 李英姿，等. 住宅弱电系统设计教程 [M]. 北京：机械工业出版社，2006.

[15] 陈红. 楼宇自动化技术与应用 [M]. 北京：机械工业出版社，2003.

[16] 高霞，杨波. 建筑电气施工图识读技法 [M]. 合肥：安徽科学技术出版社，2007.

[17] 侯志伟. 建筑电气工程识图与施工 [M]. 北京：机械工业出版社，2004.

[18] 刘健. 智能建筑弱电系统 [M]. 重庆：重庆大学出版社，2001.

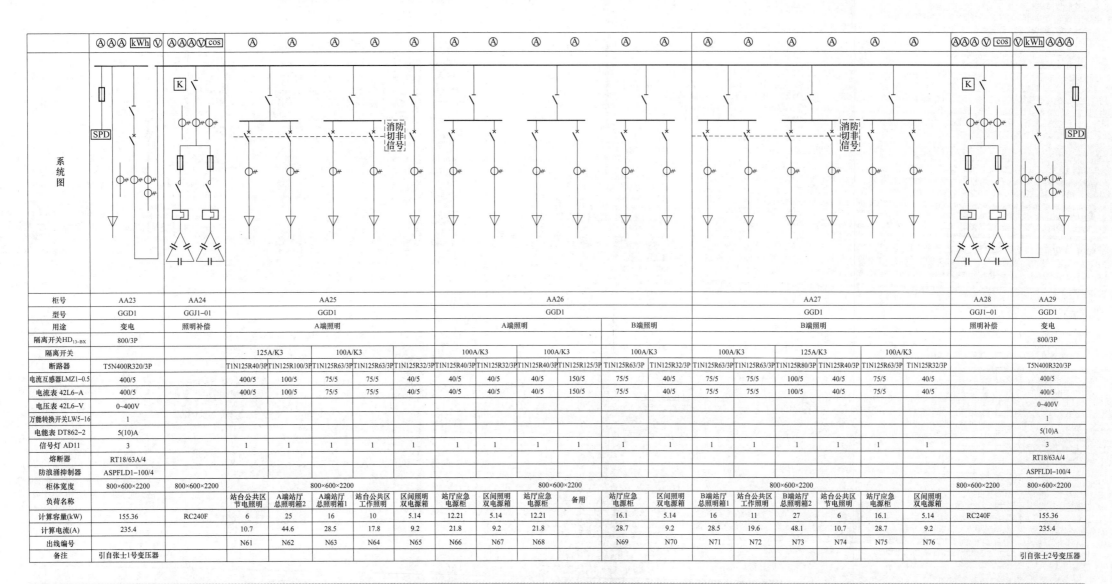

项目	AA23	AA24	AA25	AA26	AA27	AA28	AA29
柜号	AA23	AA24	AA25	AA26	AA27	AA28	AA29
型号	GGD1	GGJ1-01	GGD1	GGD1	GGD1	GGJ1-01	GGD1
用途	变电	照明补偿	A端照明	A端照明 / B端照明	B端照明	照明补偿	变电
隔离开关HD$_{13-BX}$	800/3P						800/3P
隔离开关			125A/K3　100A/K3	100A/K3　100A/K3　100A/K3	100A/K3　125A/K3　100A/K3		
断路器	T5N400R320/3P		T1N125R40/3P　T1N125R100/3P　T1N125R63/3P　T1N125R63/3P　T1N125R32/3P	T1N125R40/3P　T1N125R32/3P　T1N125R40/3P　T1N125R125/3P	T1N125R63/3P　T1N125R32/3P　T1N125R63/3P　T1N125R63/3P　T1N125R80/3P　T1N125R40/3P　T1N125R63/3P　T1N125R32/3P		T5N400R320/3P
电流互感器LMZ1-0.5	400/5		400/5　100/5　75/5　75/5　40/5	40/5　40/5　40/5　150/5	75/5　75/5　75/5　100/5　40/5　75/5　40/5		400/5
电流表 42L6-A	400/5		400/5　100/5　75/5　75/5　40/5	40/5　40/5　40/5　150/5	75/5　75/5　75/5　100/5　40/5　75/5　40/5		400/5
电压表 42L6-V	0-400V						0-400V
万能转换开关LW5-16	1						1
电能表 DT862-2	5(10)A						5(10)A
信号灯 AD11	3		1　1　1　1　1	1　1　1　1	1　1　1　1　1　1　1　1		3
熔断器	RT18/63A/4						RT18/63A/4
防浪涌抑制器	ASPFLD1-100/4						ASPFLDI-100/4
柜体宽度	800×600×2200	800×600×2200	800×600×2200	800×600×2200	800×600×2200	800×600×2200	800×600×2200
负荷名称		RC240F	站台公共区节电照明　A端站厅总照明箱2　A端站厅总照明箱1　站台公共区工作照明　区间照明双电源箱	站厅应急电源柜　区间照明双电源箱　站厅应急电源柜　备用	站厅应急电源柜　区间照明双电源箱　B端站厅总照明箱1　站台公共区工作照明　B端站厅总照明箱2　站台公共区节电照明　站厅应急电源柜　区间照明双电源箱	RC240F	
计算容量(kW)	155.36		6　25　16　10　5.14	12.21　5.14　12.21	16.1　5.14　16　11　27　6　16.1　5.14		155.36
计算电流(A)	235.4		10.7　44.6　28.5　17.8　9.2	21.8　9.2　21.8	28.7　9.2　28.5　19.6　48.1　10.7　28.7　9.2		235.4
出线编号			N61　N62　N63　N64　N65	N66　N67　N68	N69　N70　N71　N72　N73　N74　N75　N76		
备注	引自张士1号变压器						引自张士2号变压器

图 7-9　地铁部分系统图

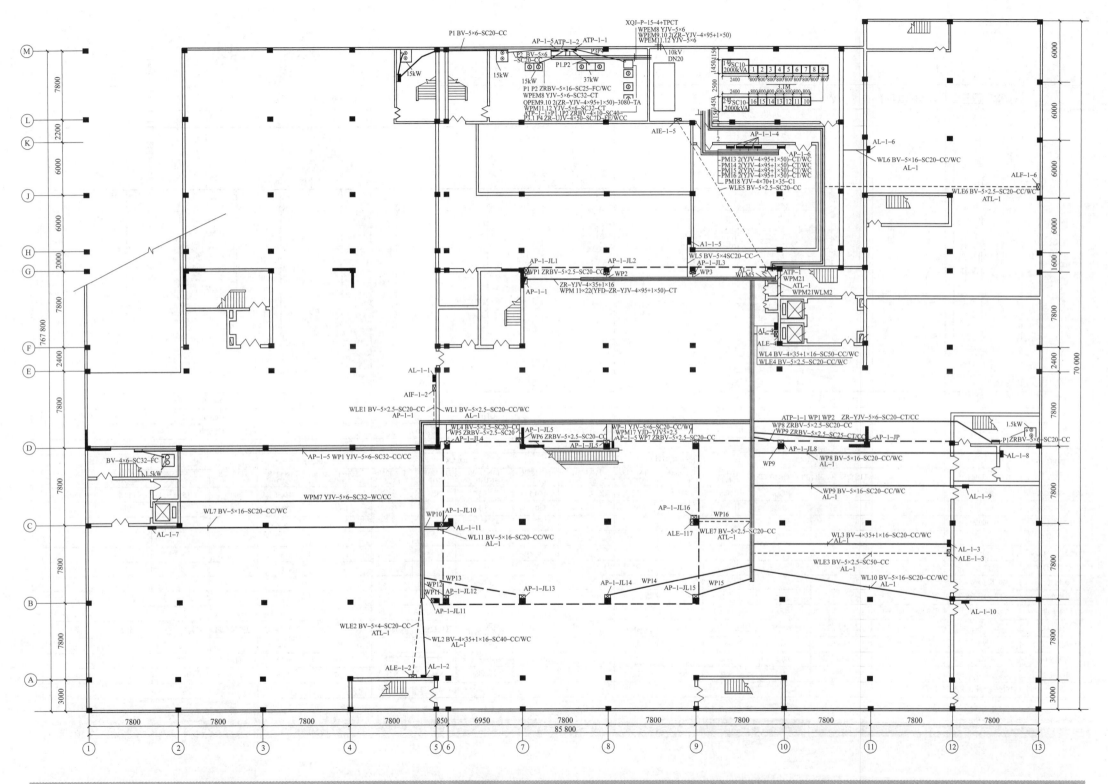

图 7-2 动力系统

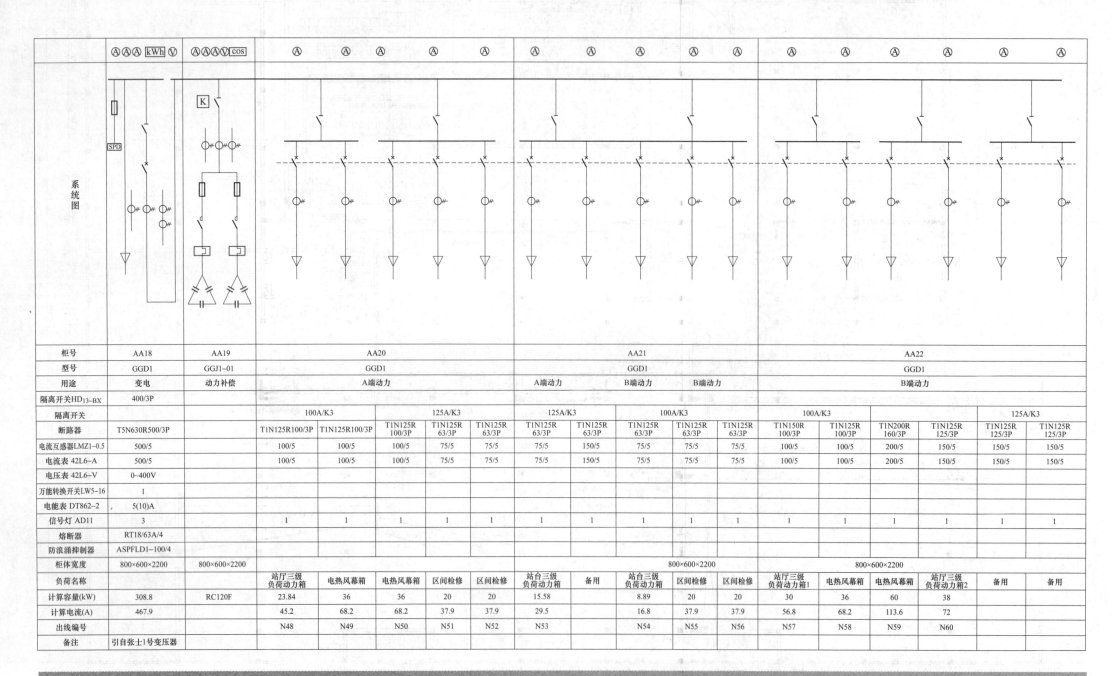

柜号	AA18	AA19	AA20					AA21					AA22					
型号	GGD1	GGJ1-01	GGD1					GGD1					GGD1					
用途	变电	动力补偿	A端动力					A端动力		B端动力		B端动力	B端动力					
隔离开关HD13-BX	400/3P																	
隔离开关			100A/K3		125A/K3			125A/K3		100A/K3			100A/K3				125A/K3	
断路器	T5N630R500/3P		T1N125R100/3P	T1N125R100/3P	T1N125R100/3P	T1N125R63/3P	T1N125R63/3P	T1N125R63/3P	T1N125R63/3P	T1N125R63/3P	T1N125R63/3P	T1N125R63/3P	T1N150R100/3P	T1N125R100/3P	T1N200R160/3P	T1N125R125/3P	T1N125R125/3P	T1N125R125/3P
电流互感器LMZ1-0.5	500/5		100/5	100/5	100/5	75/5	75/5	75/5	150/5	75/5	75/5	75/5	100/5	100/5	200/5	150/5	150/5	150/5
电流表 42L6-A	500/5		100/5	100/5	100/5	75/5	75/5	75/5	150/5	75/5	75/5	75/5	100/5	100/5	200/5	150/5	150/5	150/5
电压表 42L6-V	0~400V																	
万能转换开关LW5-16	1																	
电能表 DT862-2	5(10)A																	
信号灯 AD11	3		1	1	1	1	1	1	1	1	1	1	1	1	1	1	1	1
熔断器	RT18/63A/4																	
防浪涌抑制器	ASPFLD1-100/4																	
柜体宽度	800×600×2200	800×600×2200								800×600×2200				800×600×2200				
负荷名称			站厅三级负荷动力箱	电热风幕箱	电热风幕箱	区间检修	区间检修	站台三级负荷动力箱	备用	站台三级负荷动力箱	区间检修	区间检修	站厅三级负荷动力箱1	电热风幕箱	电热风幕箱	站厅三级负荷动力箱2	备用	备用
计算容量(kW)	308.8	RC120F	23.84	36	36	20	20	15.58		8.89	20	20	30	36	60	38		
计算电流(A)	467.9		45.2	68.2	68.2	37.9	37.9	29.5		16.8	37.9	37.9	56.8	68.2	113.6	72		
出线编号			N48	N49	N50	N51	N52	N53		N54	N55	N56	N57	N58	N59	N60		
备注	引自张士1号变压器																	

图7-8　地铁部分系统图